EFFECTIVE 系列丛书

More Effective C#
50 Specific Ways to Improve Your C#
Second Edition

More Effective C#

改善C#代码的50个有效方法

（原书第2版）

［美］ 比尔·瓦格纳（Bill Wagner） 著

爱飞翔 译

U0343862

机械工业出版社
China Machine Press

图书在版编目（CIP）数据

More Effective C#：改善 C# 代码的 50 个有效方法（原书第 2 版）/（美）比尔·瓦格纳（Bill Wagner）著；爱飞翔译 . —北京：机械工业出版社，2019.3
（Effective 系列丛书）
书名原文：More Effective C#:50 Specific Ways to Improve Your C#, Second Edition

ISBN 978-7-111-62071-6

I. M… II. ① 比… ② 爱… III. C 语言 – 程序设计 IV. TP312.8

中国版本图书馆 CIP 数据核字（2019）第 035131 号

本书版权登记号：图字 01-2017-7866

More Effective C#
改善 C# 代码的 50 个有效方法（原书第 2 版）

出版发行：机械工业出版社（北京市西城区百万庄大街 22 号　邮政编码：100037）
责任编辑：张志铭　　　　　　　　　　　　　责任校对：李秋荣
印　　刷：三河市宏图印务有限公司　　　　　版　　次：2019 年 3 月第 1 版第 1 次印刷
开　　本：186mm×240mm　1/16　　　　　　印　　张：17
书　　号：ISBN 978-7-111-62071-6　　　　　定　　价：79.00 元

凡购本书，如有缺页、倒页、脱页，由本社发行部调换
客服热线：（010）88379426　88361066　　　　投稿热线：（010）88379604
购书热线：（010）68326294　88379649　68995259　　读者信箱：hzit@hzbook.com

版权所有·侵权必究
封底无防伪标均为盗版
本书法律顾问：北京大成律师事务所　韩光 / 邹晓东

Effective

　　本书与作者写的另一本书（即《Effective C#》(第 3 版)⊖）可以结合起来阅读。二者之间的关系也与 Effective 书系中针对其他语言而写的那些作品一样，是相辅相成的。如果说《Effective C#》讲的是基本技巧，那么《More Effective C#》就是在此基础上的拓展和延伸，从而帮助我们把自己的知识体系打造得更加完备。

　　C# 语言经历了较长的发展过程，使用 C# 做开发的人越来越多，在这个过程中，大家也总结出了许多心得。本书作者 Wagner 先生有丰富的经验，他在分享这些经验时所遵循的理念很值得注意。

　　首先，作者经常提醒大家，应该优先采用现有的语言、程序库及开源项目中的机制与工具来实现相关的功能，而不要总是想着从头去写。他通过范例演示了前者的好处，让我们看到这种做法不易出错，而且能跟其他开发者所写的代码兼容。

　　其次，作者告诉我们，如果现有的工具无法满足需求，那么应该怎样编写正确的代码。为此，作者讲述了 C# 语言的许多特性，并通过实际的代码演示了在使用这些特性的过程中所要注意的问题，以及应该避开的陷阱。

　　本书讲解这些内容时很善于在两种视角之间切换。有时它讲的是某个功能怎样实现会比较简单，有时它又提醒你这项功能应该通过什么样的接口开放给外界使用，以便让其他开发者能够准确理解你的设计意图，从而顺畅地使用这套接口。这在多人协作的环境中尤其重要，而且也有助于提升软件设计水平。

<hr />

　　⊖　中文版已由机械工业出版社引进出版，全名为《Effective C#：改善 C# 代码的 50 个有效方法（原书第 3 版）》，ISBN 为 978-7-111-59719-3。——编辑注

另外，作者还特别关注 C# 引入的新特性，并通过详细的范例演示了这些特性的优势以及它们的正确用法。这将促使你逐渐习惯新的写法，而不会总是停在某些过时的资料所给出的旧方案上。

本书虽然介绍了许多新的特性，但依然是按照 C# 的固有理念来讲述这些特性的。你可以由此了解到，怎样才能在尽量发挥 C# 自身优势的前提下，合理运用这些特性及工具实现出更灵活、更高效的解决方案。这种运用方式也能让 C# 开发界在传承的过程中有所创新。

翻译过程中，我得到了机械工业出版社华章公司诸位工作人员的帮助，在此深表谢意。尤其感谢关敏编辑给我机会，让我能够遇见这些优秀的技术书籍。

书中的术语参考了 Microsoft 的语言门户网站（www.microsoft.com/Language/zh-cn/Search.aspx）、技术文档网站（docs.microsoft.com/zh-cn）以及其他一些技术文章。

由于译者水平有限，文中难免有错误与疏漏之处，请读者发邮件至 eastarstormlee@gmail.com ，或访问 github.com/jeffreybaoshenlee/mecs2-errata/issues 留言，给我以批评和指教。

爱飞翔

2018 年 11 月

Effective

C# 语言一直在进化、演变，使用这门语言的开发者社区也是如此。越来越多的程序员都选用 C# 作为自己在职业生涯中首次接触的语言，他们不会受到其他语言的影响。反之，有些开发者是先使用了几年以 C 语言为基础的其他语言，然后才转向 C# 的，这些开发者可能会受到早前那门语言的影响。然而，无论是始终使用 C# 的人，还是从其他语言转过来的人，都需要培养很多新的习惯，以适应 C# 语言近年来的变化。编译器开源之后，C# 的创新速度大增，准备添加到语言中的新特性也会交给整个开发者社区来评审，而不像原来那样只由少数语言专家评审。此外，开发者社区还可以参与新特性的设计工作。

架构与部署方面的变化也要求 C# 开发者改变早前的编程习惯。拼装微服务（microservice）、构建分布式程序、分离算法与数据等做法，在当前的应用程序开发工作中已经很常见了。因此，C# 语言也开始针对这些开发习惯做出调整。

笔者在安排本书第 2 版的内容时，考虑到了语言及开发者社区这两个方面的变化。本书不打算陈述语言的演变历史，而是着重讲解怎样用好当前的 C# 语言。与上一版相比，新版把那些与当前 C# 语言以及当前应用开发工作无关的内容都删掉了。新增的条目涵盖了语言与框架的新特性，以及众多开发者在用 C# 打造软件产品的过程中总结出来的经验。看过旧版 Effective C# 书系的读者稍后会发现，之前版本的《Effective C#》中有很多条目移到了这一版的《More Effective C#》中，此外，笔者还删除了旧版的许多条目。新版《Effective C#》与《More Effective C#》的内容是重新编排过的。本书收录的 50 条建议可以帮助你更高效地使用 C# 语言，从而成为更加专业的开发者。

本书假设你是使用 C# 7 来开发程序的，然而笔者并不会详细地讲到这一版 C# 语言所具备的每一种新特性。与 Effective 软件开发书系的其他作品类似，本书关注的也是怎样运用语言特性来解决日常工作中的实际问题。C# 7 中有一些新特性，可以实现出比旧式做法更为高效的新方案，本书尤其关注这些特性。大家在网上找到的某些解决办法可能是几年前的旧方案，针对这种情况，笔者会专门指出用新特性实现出的方案为什么比早前的那些办法要好。

你可以用基于 Roslyn 的分析器（analyzer）和代码修复程序（code fix）来判断某段 C# 代码有没有遵循书中所提到的某些建议。笔者把相关资源放在了 https://github.com/BillWagner/MoreEffectiveCSharpAnalyzers 上。如果你有任何想法，或是打算给这份代码库提供新的内容，请点击该网页上的 issue 或 pull request。

目标读者

本书适合以 C# 为首选编程语言的专业开发者阅读。你应该熟悉 C# 语言的写法及各项特性，并且能够熟练地运用 C# 语言的一般功能。书中不会再教你如何利用这些特性，而是要告诉你怎样把当前这一版 C# 语言所具备的特性正确地运用于日常开发工作中。

除了要熟悉 C# 本身的特性外，你还应该了解 CLR（Common Language Runtime，公共语言运行时）与 JIT（Just-In-Time，即时）编译器。

每章概述

当今世界，数据无处不在，但对待数据的方式却各有不同。面向对象的编程范式把数据与代码都当成类型及其职责的一部分。函数式的编程范式将方法视为数据。面向服务的编程范式则把数据与操纵数据的代码分隔开来。C# 语言在演变的过程中把这些编程范式用到的习惯写法全都包括了进来，这就要求开发者在选择设计方式时必须多加考虑。第 1 章会告诉你怎样根据不同的编程范式来选用合适的写法。

编写程序在很大程度上是在设计 API。使用 API 的人可以通过 API 看出 API 的设计者所规划的用法，还可以看出设计者是怎样理解其他开发者的需求和期望的。第 2 章介绍如何利用 C# 语言的众多特性来准确表达自己的设计思路，例如，怎样利用惰性初始化机制，怎样创建易于拼接的接口，以及怎样避免公有接口中的各种语言特性给人们带来困惑，等等。

基于任务的异步编程要求开发者采用一些新的写法，把这些基本的异步单元组合成完整的应用程序。掌握这些异步特性，有助于创建良好的异步操作 API，这些 API 要能够准确地反映出代码的执行方式，从而令调用者使用起来更加顺畅。第 3 章讲解怎样使用 C# 语言中基于任务的异步特性来创建合适的 API，以便准确地告诉调用方这个 API 会如何利用各种服务及资源。

第 4 章专门讲解异步编程中的一个领域：多线程并行执行。你会看到怎样利用 PLINQ 方便地拆解复杂的算法，从而令其能够运行在多个处理器核心及多个 CPU 上。

第 5 章讨论怎样把 C# 当成动态语言来使用。C# 本身是强类型的静态类型语言，然而当今很多程序都在同时运用动态类型与静态类型这两种机制。C# 一方面可以继续发挥静态类型的优势，另一方面又允许开发者在程序中同时运用动态编程的一些写法。第 5 章会讲解如何使用这些动态特性，以及怎样避免动态类型在整个程序中过于泛滥。

第 6 章会提出一些建议，告诉你怎样更好地与全世界的 C# 开发者交流。你可以通过各种办法为 C# 语言的发展做出贡献，并帮助大家把这门日常语言打造得更加优秀。

代码约定

在书中展示代码需要兼顾版面与清晰度。笔者尽量将范例代码写得较为精简，使其能够专注于该段代码所要讲解的问题，这就意味着类或方法中与本问题无关的部分可能会省略，而且错误恢复代码可能也不会写出，以求节省篇幅。公有方法应该验证调用方所传入的参数及其他输入数据，不过，由于篇幅的限制，这些内容同样会省略。此外，复杂的算法通常会对方法调用做出验证并编写 try/finally 结构，这些内容也会因篇幅过大而被略去。

笔者假设你能够从代码中看出它用到的几个常见命名空间。你可以认为每段范例代码都采用了下面几条 using 语句：

```
using System;
using static System.Console;
using System.Collections.Generic;
using System.Linq;
using System.Text;
```

提供反馈

笔者尽量保证书中的文字与代码准确，这些内容也经过了其他人审阅，然而其中或许还是会有一些错误。如果你发现了错误，那么请发送邮件到 bill@thebillwagner.com，或通过 Twitter 号 @billwagner 联系我。本书的勘误表发布在 http://thebillwagner.com/Resources/

More EffectiveCS 上。书中有很多条目都是笔者通过电子邮件或 Twitter 与其他 C# 开发者讨论时想出来的。如果对这些条目所给出的建议有想法或评论，也请联系我。更一般的话题则可以在博客 http://thebillwagner.com/blog 上讨论。

致谢

本书能够写成，得益于很多朋友所提供的帮助。这些年来，笔者有幸结识了很多优秀的 C# 开发者。C# Insiders 邮件列表中的每个人（无论是否在 Microsoft 公司）都提供了见解，并跟我交流，让我能把这本书写得更好。

其中，有几位 C# 开发者不仅直接提供了思路，而且还帮我把这些思路落实成具体的条目。感谢 Jon Skeet、Dustin Campbell、Kevin Pilch、Jared Parsons、Scott Allen 与我讨论本书内容，尤其要多谢 Mads Torgersen，这一版中有很多新的想法都源自他的见解。

这一版的技术评审团队也很棒。Jason Bock、Mark Michaelis 与 Eric Lippert 认真检查了书里的文字和范例，使得本书质量大幅提高。他们细致而详尽的态度令笔者特别佩服。此外，他们还给出了一些建议，使我能把书中的许多话题解释得更加清楚。

与 Addison-Wesley 团队共事相当愉快。Trina Macdonald 是位出色的编辑与督导，是她敦促我写成这本书。Mark Renfrow 与 Olivia Basegio 极力支持 Trina 的编辑工作，他们也给我提供了许多帮助，以确保整份书稿都包含高品质的内容。Curt Johnson 依然很好地完成了本书的营销工作，无论你现在读到的是哪种格式，都离不开他的努力。

本书能够收录在 Scott Meyers 的 Effective 书系中，笔者深感荣幸。他读过每一本书稿，并提出了修改意见。Scott 是一位水平高超、经验丰富的软件开发者，他虽然不做 C#，但却能在书稿中发现那些解释得不够清楚、论证得不够充分之处。他为这一版所提供的建议与早前一样，都十分宝贵。

最后，感谢家人给我留出时间，让我能够写完本书。妻子 Marlene 总是能耐心地等我把文字或范例代码安排好。我能够写出包括本书在内的许多作品，并且写得如此顺畅，全靠她支持。

目录 · CONTENTS

Effective

Effective

CHAPTER 1 · 第 1 章

处理各种类型的数据

　　C# 语言原本是设计给面向对象的开发者使用的，这种开发方式会把数据与功能合起来处理。在 C# 逐渐成熟的过程中，它又添加了一些新的编程范式，以便支持其他一些常用的开发方式。其中有一种开发方式强调把数据存储方法与数据操作方法分开，这种方式随着分布式系统而兴起，此类系统中的应用程序分成多个小的服务，每个服务只实现一项功能，或者只实现一组相互联系的功能。如果要把数据的存储与操作分开，那么开发者就得有一些新的编程技术可供使用，正是这些需求促使 C# 语言添加了与之相应的一些特性。

　　本章会介绍怎样把数据本身与操纵或处理该数据的方法分开。此处所说的数据不一定都是对象，也有可能是函数或被动的数据容器。

第 1 条：使用属性而不是可直接访问的数据成员

　　属性一直是 C# 语言的特色，目前的属性机制比 C# 刚引入它的时候更为完备，这使得开发者能够通过属性实现很多功能，例如，可以给 getter [⊖] 与 setter 设定不同的访问权限。与直接通过数据成员来编程的方式相比，自动属性可以省去大量的编程工作，而且开发者可以通过该机制轻松地定义出只读的属性。

　　⊖　本书中的 get accessor（get 访问器）与 set accessor（set 访问器）也可以称为 getter 和 setter。——译者注

此外还可以结合以表达式为主体的（expression-bodied）写法将代码变得更紧凑。有了这些机制，就不应该继续在类型中创建公有（public）字段，也不应该继续手工编写 get 与 set 方法。属性既可以令调用者通过公有接口访问相关的数据成员，又可以确保这些成员得到面向对象式的封装。在 C# 语言中，属性这种元素可以像数据成员一样被访问，但它们其实是通过方法来实现的。

　　类型中的某些成员很适合用数据来表示，如顾客的名字、点的（x, y）坐标以及上一年的收入等。

　　如果用属性来实现这些成员，那么在调用你所创建的接口时，就可以像使用方法那样，通过这些属性直接访问数据字段。这些属性就像公有字段一样，可以轻松地访问。而另一方面，开发这些属性的人则可以在相关的方法中定义外界访问该属性时所产生的效果。

　　.NET Framework 会做出这样一种预设：它认为开发者都是通过属性来表达公有数据成员的。这可以通过其中与数据绑定（data binding）有关的类而得到印证，因为这些类是通过属性而非公有数据字段来提供支持的。WPF（Windows Presentation Foundation）、Windows Forms 以及 Web Forms 在把对象中的数据与用户界面中的控件绑定时，都以相关的属性为依据。数据绑定机制会通过反射在类型中寻找与名称相符的属性：

```
textBoxCity.DataBindings.Add("Text",
    address, nameof(City));
```

　　这段代码会把 textBoxCity 控件的 Text 属性与 address 对象的 City 属性绑定。假如你在 address 对象中用的是名为 City 的公有数据字段，而不是属性，那么这段代码将无法正常运作，因为 Framework Class Library 的设计者本来就没打算支持这种写法。直接使用公有数据成员是一种糟糕的编程方式，Framework Class Library 不为这种方式提供支持。这也是促使开发者改用属性来编程的原因之一。

　　数据绑定机制只针对那些其元素需要显示在用户界面（UI）中的类，然而，属性的适用范围却不仅仅局限于此。在其他的类与结构中，也应该多使用属性，这样可以让你在发现新的需求时，更为方便地修改代码。比方说，如果你现在决定 Customer 类型中的 name（名字）数据不应出现空白值，那么只需修改 Name 属性的代码即可：

```
public class Customer
{
    private string name;
    public string Name
    {
        get => name;
        set
        {
            if (string.IsNullOrWhitespace(value))
```

```
            throw new ArgumentException(
                "Name cannot be blank",
                nameof(Name));
        name = value;
    }
    // More elided
}
}
```

假如当初没有通过公有属性来实现 Name，而是采用了公有数据成员，那么现在就必须在代码库里找到设置过该成员的每行代码，并逐个修改，这会浪费很多时间。

由于属性是通过方法实现的，因此，开发者很容易就能给它添加多线程支持。例如可以像下面这样实现 get 与 set 访问器，使外界对 Name 数据的访问得以同步（本书第 39 条会详细讲解这个问题）：

```
public class Customer
{
    private object syncHandle = new object();

    private string name;
    public string Name
    {
        get
        {
            lock (syncHandle)
                return name;
        }
        set
        {
            if (string.IsNullOrEmpty(value))
                throw new ArgumentException(
                    "Name cannot be blank",
                    nameof(Name));
            lock (syncHandle)
                name = value;
        }
    }
    // More elided
}
```

C# 方法所具备的一些特性同样可以体现在属性身上，其中很明显的一条就是属性也可以声明为 virtual：

```
public class Customer
```

```
{
    public virtual string Name
    {
        get;
        set;
    }
}
```

请注意，刚才那几个例子在涉及属性的地方用的都是隐式写法。还有一种常见的写法，是通过属性来包装某个 backing store [⊖]（后援字段）。采用隐式写法时，开发者不用自己在属性的 getter 与 setter 中编写验证逻辑。也就是说，我们在用属性来表示比较简单的字段时，无须通过大量的模板代码来构建这个属性，编译器会为我们自动创建私有字段（该字段通常称为后援字段，并实现 get 与 set 这两个访问器所需的简单逻辑。

属性也可以是抽象的，从而成为接口定义的一部分，这种属性写起来与隐式属性相似。下面这段代码，就演示了怎样在泛型接口中定义属性。虽然与隐式属性的写法相似，但这种属性没有对应的实现物。定义该属性的接口只是要求实现本接口的类型都必须满足接口所订立的契约，也就是必须正确地提供 Name 及 Value 这两个属性。

```
public interface INameValuePair<T>
{
    string Name { get; }

    T Value { get; set; }
}
```

在 C# 语言中，属性是功能完备的"一等公民"，它可以视为对方法所做的扩充，用以访问或修改内部数据。凡是能在成员方法上执行的操作都可以在属性上执行。此外，由于属性不能传递给方法中用 ref 或 out 关键字所修饰的参数，因此与直接使用字段相比，它可以帮我们避开与此有关的一些严重问题。

对于类型中的属性来说，它的访问器分成 getter（获取器）与 setter（设置器）这两个单独的方法，这使我们能够对二者施加不同的修饰符，以便分别控制外界对该属性的获取权与设置权。由于这两种权限可以分开调整，因此我们能够通过属性更为灵活地封装数据元素：

```
public class Customer
{
    public virtual string Name
    {
        get;
```

⊖　backing store 字面意思为"后备存储"，而具体到 C# 语境下，指的就是"后援字段"，与 backing field 相同。——译者注

```
        protected set;
    }
    // Remaining implementation omitted
}
```

属性不只适用于简单的数据字段。如果某个类型要在其接口中发布能够用索引来访问的内容，那么就可以创建索引器，这相当于带有参数的属性，或者说参数化的属性。下面这种写法很有用，用它创建出的属性能够返回序列中的某个元素：

```
public int this[int index]
{
    get => theValues[index];
    set => theValues[index] = value;
}
    private int[] theValues = new int[100];

// Accessing an indexer:
int val = someObject[i];
```

与只代表单个元素的属性相似，索引器在 C# 语言中也受到很多支持。由于它们是根据你所编写的方法来实现的，因此可以在索引器的逻辑代码中进行相关的验证或计算。索引器可以是 virtual（虚拟）的，也可以是 abstract（抽象）的，可以声明在接口中，也可以设为只读或可读可写。若参数是整数的一维索引器，则可以参与数据绑定；若参数不是整数的一维索引器，则可以用来定义映射关系：

```
public Address this[string name]
{
    get => addressValues[name];
    set => addressValues[name] = value;
}
private Dictionary<string, Address> addressValues;
```

和 C# 中的数组类似，索引器也可以是多维的，而且对于每个维度使用的索引，其类型可以互不相同：

```
public int this[int x, int y]
    => ComputeValue(x, y);

public int this[int x, string name]
    => ComputeValue(x, name);
```

注意，索引器一律要用 this 关键字来声明。由于 C# 不允许给索引器起名字，因此同一个类型中的索引器必须在参数列表上有所区别，否则就会产生歧义。对于属性所具备的功能，索引器几乎都有，如索引器可以声明成 virtual 或 abstract，也可以为 setter 与 getter 指定不同的访问权限。然而有一个地方例外，那就是索引器必须明确地实现出来，而不能像属性那样可以由系统默认实现。

属性是个相当好的机制，而且它在当前的 C# 语言中所受的支持比在旧版 C# 语言中更多。尽管如此，有些人还是想先创建普通的数据成员，然后在确实有必要的情况下再将其替换成属性，以便利用属性所具备的优势。这种想法听上去很有道理，但实际上并不合适。例如，我们考虑下面这个类的定义代码：

```
// Using public data members, bad practice:
public class Customer
{
    public string Name;

    // Remaining implementation omitted
}
```

这个类描述的是 Customer（客户），其中有个名为 Name 的数据成员，用来表示客户的名称。可以用大家很熟悉的写法来获取或设置这个成员：

```
string name = customerOne.Name;
customerOne.Name = "This Company, Inc.";
```

上面这两种用法都很直观。有人可能就觉得，将来如果要把 Name 从数据成员换为属性，那么程序中的其他代码是不需要改动的。这种说法在某种程度上也对，因为从语法上来看，属性确实可以像数据成员那样来访问。然而，从 MSIL（MicroSoft Intermediate Language）的角度来看却不是这样，因为访问属性时所用的指令与访问数据成员时所用的指令是有区别的。

尽管属性与数据成员在源代码层面可以通用，但在二进制层面却无法兼容。这显然意味着：如果把公有的数据成员改成对应的公有属性，那么原来使用公有数据成员的代码就必须重新编译。C# 把二进制程序集视为语言中的“一等公民”，因为 C# 的一项目标就是让开发者能够只针对其中某个程序集来发布更新，而无须更新整个应用程序。如果把数据成员改成属性，那么就破坏了这种二进制层面的兼容机制，使得自己很难单独更新某个程序集。

看到了访问属性时所用的 MSIL 指令后，你可能会问：是以属性的形式来访问数据比较快，还是以数据成员的形式来访问比较快？其实，前者的效率虽然不会超过后者，但也未必落后于它。因为 JIT 编译器可能会对某些方法调用进行内联，这也包括属性访问器。如果 JIT 编译器对属性访问器做了内联处理，那么它的效率就会与数据成员相同。即便没有内联，两者在函数调用效率上的差别也可以忽略不计。只有在极个别的情况下，这种差别才会比较明显。

尽管属性需要由相关的方法来实现，但从主调方的角度来看，属性在代码中的用法其实与数据是一样的，因此，使用属性的人总是会认为自己能够像使用数据成员那样来使用它们，或者说，他们会认为访问属性跟访问数据成员没什么区别，因为这两种写法看起来是一样的。了解到这一点之后，你就应该清楚自己所写的属性访问器需要遵循用户对属性的使用习惯，其中，get 访问器不应产生较为明显的副作用；反之，set 访问器则应该明确地修改状态，使得用户能够看到这种变化。

除了要在写法与效果方面贴近数据字段，属性访问器在性能方面也应该给用户类似的感觉。为了使属性的访问速度能够与数据字段一样，你只应该在访问器中执行较为简单的数据访问操作，而不应该执行特别影响性能的操作；此外，也不应该执行非常耗时的运算或是跨应用程序的调用（如执行数据库查询操作）。总之，凡是让用户感到它与普通数据成员访问起来不太一样的操作都不要在属性的访问器中执行。

如果要在类型的公有或受保护（protected）接口中发布数据，那么应该以属性的形式来发布，对于序列或字典来说，应以索引器的形式发布。至于类型中的数据成员，则应一律设为私有（private）。做到了这一点，你的类型就能够参与数据绑定，而且以后也可以方便地修改相关方法的实现逻辑。在日常工作中，用属性的形式来封装变量顶多会占用你一到两分钟的时间，反之，如果你一开始没有使用属性，后来却想要改用属性来设计，那么就得用好几个小时去修正。现在多花一点时间，将来能省很多工夫。

第 2 条：尽量采用隐式属性来表示可变的数据

C# 为属性提供了很多支持，允许通过属性清晰地表达出自己的设计思路，而且当前的 C# 语言还允许我们很方便地修改这些属性。如果你一开始就能采用属性来编写代码，那么以后便可以从容地应对各种变化。

在向类中添加可供访问的数据时，要实现的属性访问器通常很简单，只是对相应的数据字段做一层包装而已。在这种情况下，其实可以采用隐式写法来创建属性，从而令代码变得更加简洁：

```
public string Name { get; set; }
```

编译器会生成一个名字来表示与该属性相对应的后援字段。可以用属性的 setter 修改这个后援字段的值。由于该字段是编译器生成的，因此，即便在自己所写的类中，也得通过属性访问器进行操作，而不是直接修改字段本身。这种区别其实并不会造成太大影响，因为编译器所生成的属性访问器中只包含一条简单的赋值语句，因此，很有可能得到内联，这样一来，通过属性访问器来操纵数据就和直接操纵后援字段差不多了。从程序运行时的行为来看，访问隐式属性与访问后援字段是一样的，就算从性能角度观察，也是如此。

隐式属性也可以像显式实现的属性那样对访问器施加修饰符。例如，可以像下面这样缩小 set 访问器的使用范围：

```
public string Name
{
    get;
    protected set;
}
// Or
public string Name
{
    get;
    internal set;
}
// Or
public string Name
{
    get;
    protected internal set;
}
// Or
public string Name
{
    get;
    private set;
}
// Or
// Can be set only in the constructor:
public string Name { get; }
```

隐式属性是通过后援字段来实现的，它与在早前版本的 C# 代码中手工创建出来的属性效果相同，好处在于写起来更加方便，而且类的代码也变得更加清晰。声明隐式属性可以准确呈现出设计者所要表达的意思，而不像手工编写属性时那样要添加很多其他代码，那些代码可能会掩盖真实的设计意图。

由于编译器为隐式属性所生成的代码与开发者显式编写出来的属性实现代码相同，因此，也可以用隐式属性来定义或覆盖 virtual 属性，或实现接口所定义的属性。

对于编译器所生成的后援字段，派生类是无法访问的，但派生类在覆盖基类的 virtual 属性时，可以像覆盖其他 virtual 方法那样调用基类的同名方法。如下面这段代码就用到了基类的getter 与 setter：

```
public class BaseType
```

```
{
    public virtual string Name
    {
        get;
        protected set;
    }
}

public class DerivedType : BaseType
{
    public override string Name
    {
        get => base.Name;
        protected set
        {
            if (!string.IsNullOrEmpty(value))
                base.Name = value;
        }
    }
}
```

使用隐式属性还有两个好处。第一，如果以后要自己实现这个属性，以便验证数据或执行其他处理，那么这种修改不会破坏二进制层面的兼容性。第二，数据的验证逻辑只需要写在一个地方就可以了。

使用旧版的 C# 编程时，很多开发者都在自己的类中直接访问后援字段，这样做会让源文件中出现大量的验证代码与错误检测代码。现在，我们不应该再这么写了。由于访问属性的后援字段相当于调用对应的属性访问器（这个访问器可能是私有的），因此，只需要把隐式属性改成显式实现的属性，并将验证逻辑放到自己新写的属性访问器中就可以了：

```
// Original version
public class Person
{
    public string FirstName { get; set;}
    public string LastName { get; set; }
    public override string ToString() =>
        $"{FirstName} {LastName}";
}
// Later updated for validation
public class Person
{
    public Person(string firstName, string lastName)
    {
```

```
        // Leverage validation in property setters:
        this.FirstName = firstName;
        this.LastName = lastName;
    }
    private string firstName;
    public string FirstName
    {
        get => firstName;
        set
        {
            if (string.IsNullOrEmpty(value))
                throw new ArgumentException(
                    "First name cannot be null or empty");
            firstName = value;
        }
    }

    private string lastName;
    public string LastName
    {
        get => lastName;
        private set
        {
            if (string.IsNullOrEmpty(value))
                throw new ArgumentException(
                    "Last name cannot be null or empty");
            lastName = value;
        }
    }
    public override string ToString() =>
        $"{FirstName} {LastName}";
}
```

使用隐式属性，可以在一处创建所有的验证。如果继续使用访问器而不是直接访问后援字段，那么所有的验证只需要一次就够了。

隐式属性有一项重要的限制，就是无法在经过 Serializable 修饰的类型中使用。因为持久化文件的存储格式会用到编译器为后援字段所生成的字段名，而这种自动生成的字段名却不一定每次都相同。如果修改了包含该字段的类，那么编译器为这个字段所生成的名字就有可能发生变化。

尽管隐式属性有上述两个方面的问题需要注意，但总体来说，它还是具备很多优点的，例如，可以节省开发者的时间，可以产生更容易读懂的代码，还可以让开发者在有需要的时候把与该属性有关的修改及验证逻辑都放在一个地方来处理。借助隐式属性，可以写出更为清晰的代码，并有助于我们更好地维护这些代码。

第 3 条：尽量把值类型设计成不可变的类型

不可变的类型是个很容易理解的概念，这种类型的对象一旦创建出来，就始终保持不变。把构建该对象所用的参数验证好之后，可以确保这个对象以后将一直处于有效的状态中。由于它的内部状态无法改变，因此不可能陷入无效的状态中。这种对象创建出来之后，状态保持不变，于是无须再编写错误检测代码来阻止用户将其切换到某种无效的状态上。此外，不可变的类型本身就是线程安全的（或者说本身就具备线程安全性），因为多个线程在访问同一份内容时，看到的总是同样的结果，你用不着担心它们会看到彼此不同的值。在设计其他对象的时候，可以从对象中把这些类型的值发布给调用方，而无须担心后者会修改它们的内部状态。

不可变的类型很适合用在基于哈希的集合中。例如 Object.GetHashCode() 方法所返回的值必须是个实例不变式（也叫作对象不变式，参见第 10 条），而不可变的类型本身就能保证这一点。

实际工作中，很难把每一种类型都设计成不可变的类型，因此笔者的建议是，尽量把原子类型与值类型设计成不可变的类型。其他的类型应该拆分成小的结构，使每个结构都能够相当自然地同某个单一实体对应起来。例如 Address（地址）类型就可以算作单一实体，因为它虽然可以细分为很多小的字段，但只要其中一个字段发生变化，其他字段就很有可能也需要同步修改。反之，Customer（客户）类型则不是原子类型，因为它是由很多份信息组成的，这些信息能够各自独立地发生变化。例如，客户在修改电话号码的时候不一定同时要修改住址，而在修改住址的时候，也不一定要同时修改电话号码。同理，他在修改姓名的时候，依然可以沿用原来的地址与电话号码。这种对象虽然不是原子对象，但可以拆分成许多个不可变的值，或者说，它可以由许多个不可变的值通过组合来构建，例如可以拆分成地址、姓名以及一份联系方式清单，该清单中的每个条目都是由电话号码及类型所形成的值对。这些不可变的值可以通过原子类型来体现，这种类型就属于刚才说的单一实体：如果某个对象是原子类型的对象，那么不能单独修改其中的某一部分内容，而是要把整套内容全都替换掉。下面举例说明单独修改其中的某一个字段所引发的问题。

假设我们还是像往常那样，把 Address 类实现成可变类型：

```
// Mutable Address structure
public struct Address
{
    private string state;
```

```
    private int zipCode;

    // Rely on the default system-generated
    // constructor

    public string Line1 { get; set; }
    public string Line2 { get; set; }
    public string City { get; set; }
    public string State
    {
        get => state;
        set
        {
            ValidateState(value);
            state = value;
        }
    }

    public int ZipCode
    {
        get => zipCode;
        set
        {
            ValidateZip(value);
            zipCode = value;
        }
    }
    // Other details omitted
}

// Example usage:
Address a1 = new Address();
a1.Line1 = "111 S. Main";
a1.City = "Anytown";
a1.State = "IL";
a1.ZipCode = 61111;
// Modify:
a1.City = "Ann Arbor"; // Zip, State invalid now
a1.ZipCode = 48103; // State still invalid now
a1.State = "MI"; // Now fine
```

　　上面这段代码在修改 a1 对象的内部状态时，有可能破坏该对象所要求的不变关系，因为设置完 City（城市）属性后，a1 对象会（暂时）处于无效的状态——此时的 ZipCode（邮编）与 State（州）无法与 City 相匹配。这种写法虽然看上去没有太大的问题，但要放在多线程的环境中执行就有可能引发混乱，因为系统可能在当前线程刚修改完 City 属性但还没来得及修改 ZipCode 与 State 时进行上下文切换，从而导致切换到的线程在获取 a1 对象的内容时，看到彼此不协调的 3 个属性。

就算不在多线程环境中执行，这种修改对象内部状态的写法也会导致错误。例如开发者在修改完 City 属性后，确实想到了自己应该同步修改 ZipCode 属性，然而他却给 ZipCode 设定了无效的值，于是程序就会在执行 setter 时抛出异常，从而令 a1 对象陷入无效的状态中。要想解决这个问题，必须在对象内部添加大量的验证代码，以确保构成该结构体的属性能够相互协调。这些验证代码会令项目膨胀，从而变得更加复杂。为了确保程序在抛出异常时也能够处于有效的状态中，必须在修改字段之前先给这些字段做一份拷贝，以防修改到一半的时候突然发生异常。此外，为了使程序支持多线程，还必须在每个属性访问器上进行大量的线程同步检查，set 与 get 访问器都要这样处理。总之，工作量特别大，并且还会随着新功能的增多而不断增多。

Address 这样的对象如果要设计成 struct（结构体），那么最好是设计成不可变的 struct。首先，把所有的实例字段都改成外界只能读取而无法写入的字段。

```
public struct Address
{
    // Remaining details elided
    public string Line1 { get; }
    public string Line2 { get; }
    public string City { get; }
    public string State { get; }
    public int ZipCode { get; }
}
```

现在，从公有接口的角度来看，Address 已经是不可变的类型了。为了使调用便于使用这个类型，必须提供适当的构造函数，以便能把 Address 结构体中的各项内容全都设置好。具体到本例来说，只需要提供一个构造函数，用来对 Address 中的每个字段进行初始化。不需要实现拷贝构造函数，因为赋值运算符已经够用了。要注意：默认的构造函数依然能够访问。在由那个函数所生成的地址中，每一个字符串型的字段都是 null，ZipCode 字段的值是 0。

```
public Address(string line1,
    string line2,
    string city,
    string state,
    int zipCode) :
    this()
```

```
{
    Line1 = line1;
    Line2 = line2;
    City = city;
    ValidateState(state);
    State = state;
    ValidateZip(zipCode);
    ZipCode = zipCode;
}
```

改为不可变的类型之后，调用方需要用另一种写法来修改地址对象的状态。具体到本例来说，就是要初始化一个新的 Address 对象，并将其赋给原来的变量，而不能直接修改原实例：

```
// Create an address:
Address a1 = new Address("111 S. Main",
    "", "Anytown", "IL", 61111);

// To change, re-initialize:
a1 = new Address(a1.Line1,
    a1.Line2, "Ann Arbor", "MI", 48103);
```

a1 只可能有两种状态：要么是本来的取值，也就是 City 属性为 Anytown 时的状态；要么是更新之后的取值，也就是 City 属性为 Ann Arbor 时的状态。由于它的属性在设置完后便无法修改，因此不会像上一个例子那样，其中有些属性已经修改，另一些属性却尚未同步更新，而暂时陷入无效的状态。它只会在执行构造函数的那一小段时间内出现这种不协调的现象，然而这种现象在构造函数之外是看不出来的。只要新的 Address 对象构造完成，它的各项属性值就会固定下来，始终不发生变化。这种写法还能保证程序状态不会在抛出异常时陷入混乱，因为 a1 要么是原来的地址，要么就是新的地址。即便在构造新地址的过程中发生异常，程序的状态也依然稳固，因为此时的 a1 仍指向原来的旧地址。

创建不可变的类型时，要注意代码中是否存在漏洞导致客户代码可以改变该对象的内部状态。值类型由于没有派生类，因此无须防范通过派生类来修改基类内容的做法。但是，如果不可变类型中的某个字段引用了某个可变类型的对象，那么就要多加小心了。在给这样的不可变类型编写构造函数时，应该给可变类型的参数做一份拷贝。下面通过几段范例代码来说明这个问题。为了便于讨论，这些代码都假设 Phone 是值类型，而且是不可变的值类型。

```
// Almost immutable: There are holes that would
// allow state changes.
public struct PhoneList
{
    private readonly Phone[] phones;
```

```
    public PhoneList(Phone[] ph)
    {
        phones = ph;
    }

    public IEnumerable<Phone> Phones
    {
        get { return phones; }
    }
}

Phone[] phones = new Phone[10];
// Initialize phones
PhoneList pl = new PhoneList(phones);

// Modify the phone list:
// also modifies the internals of the (supposedly)
// immutable object.
phones[5] = Phone.GeneratePhoneNumber();
```

数组（array）类是个引用类型。在本例中，PhoneList 结构体中的 phones 数组与该结构体外的 phones 数组其实指向同一块存储空间。因此，我们可以通过后者来修改数组的内容。如果想预防这个问题，那就需要把该数组在结构体中拷贝一份。还有一种办法是采用 System.Collections.Immutable 命名空间中的 ImmutableArray 类来取代 Array，该类与 Array 的功能相似，但它是不可变的。直接使用可变的集合有可能出现刚才说的这种问题，此外，假如 Phone 是个可变的引用类型，那么依旧会产生类似的问题。就本例来说，通过 readonly 来修饰 phones 数组只能保证数组本身不变，无法保证其中的元素不被替换。要想保证这一点，可以改用 ImmutableList 集合类型来实现 phones 字段：

```
public struct PhoneList
{
    private readonly ImmutableList<Phone> phones;

    public PhoneList(Phone[] ph)
    {
        phones = ph.ToImmutableList();
    }

    public IEnumerable<Phone> Phones => phones;
}
```

不可变的类型应该怎样初始化，这取决于它本身是否较为复杂。有下面 3 种办法可供考虑。第一种办法是像 Address 结构体那样定义一个构造函数，使客户代码可以通过这个构造函数来初始化对象。提供一系列合适的构造函数给外界使用，这是最为简单的做法。

第二种办法是创建工厂方法，让外界通过该方法来对结构体做初始化。这种办法适合创建常用的值。例如 .NET Framework 中的 Color 类型就是用这种办法来初始化系统颜色的。该类型中有两个静态方法，分别叫作 Color.FromKnownColor() 与 Color.FromName()，它们可以根据某个已知的颜色或颜色名称来确定与这种系统颜色相对应的 Color 值，并返回该值的一份拷贝。

第三种办法是创建一个与不可变类型相配套的可变类，允许外界通过多个步骤来构建这个可变类的对象，进而将其转化为不可变类的对象。.NET 的 String 类就搭配有这样一个名为 System.Text.StringBuilder 的可变类，可以先多次操作该类的对象，以构建自己想要的字符串，等这些操作全都执行好之后，就可以把该字符串从 StringBuilder 对象中获取出来。

不可变类型的编写和维护比较容易，因此不要盲目地给类型中的每个属性都创建 get 访问器与 set 访问器。如果你的类型只用来保存数据，那就应该考虑将其实现成不可变的原子值类型。用这些类型充当实体可以更加顺利地构建出更为复杂的结构。

第 4 条：注意值类型与引用类型之间的区别

某个类型应该设计成值类型，还是设计成引用类型？是应该设计成结构体，还是应该设计成类？这些都是我们在编写 C# 代码时经常要考虑的问题。C# 不像 C++ 那样把所有的类型都默认视为值类型，同时允许开发者创建指向这些对象的引用，它也不像 Java 那样把所有的类型都视为引用类型（除非你是 C++ 或 Java 语言设计者）。对于 C# 来说，必须在创建类型时决定该类型的所有实例应该表现出什么样的行为。这是个很重要的决定。一旦做出，就得在后续的编程工作中遵守，因为以后如果要改动，可能导致许多代码都出现微妙的问题。刚开始创建类型时，只是在 struct 与 class 这两个关键字中挑选一个，并用它来定义该类型，然而稍后如果要修改这个类型，那么所有用到该类型的客户代码恐怕就全都要做出相应的更新了。

究竟应该定义成值类型，还是应该定义成引用类型，这没有固定的答案，而是要根据该类型的用法来判断。值类型不是多态的，因此，更适合用来存放应用程序所要操纵的数据，而引用类型则可以多态，因此，应该用来定义应用程序的行为。创建新类型的时候，首先要考虑该类型的职责，然后根据职责来决定它是值类型还是引用类型。如果用来保存数据，那就定义成结构体；如果用来展示行为，那就定义成类。

.NET 与 C# 之所以要强调值类型与引用类型之间的区别，是因为 C++ 与 Java 代码经常会在这里出现问题。比方说，在 C++ 代码中，所有的参数与返回值都是按值传递的。这样做固然很有效率，但可能会导致局部拷贝，这种现象有时也叫作对象切割。如果在本来应该使用基类对象的地方用了派生类的对象，那么系统只会把该对象中与基类相对应的那一部分拷贝过去，这就意味着，对象中与派生类有关的信息全都丢失了。就算在这样的对象上调用虚函数，系统也会把该调用发送到基类的版本上。

Java 为了应对这个问题，把值类型从语言中几乎给抹掉了。它规定，由用户所定义的类型都是引用类型。所有参数与返回值都按引用传递。这么做的好处是程序表现得更加协调，但缺点则是降低了性能，因为实际上，并非所有类型都必须多态，而且有些类型根本就不需要多态。Java 必须在堆上分配对象实例，而且最后还要对这些实例进行垃圾回收。此外，访问对象中的任何一个成员时，都必须对 this 进行解引用，这本身也要花时间。在 Java 中，所有的变量都是引用类型。

C# 与这两种语言不同，你需要通过 struct 或 class 关键字来区分自己新创建的对象是值类型还是引用类型。较小的或者说轻量级的对象应该设计成值类型，而彼此之间形成一套体系的对象则应该以引用类型来表示。本节将通过这两种类型的用法来帮助你理解值类型与引用类型之间的区别。

首先，考虑下面这个类型。我们想在某个方法中把该类型的对象当成返回值使用：

```csharp
private MyData myData;
public MyData Foo() => myData;

// Call it:
MyData v = Foo();
TotalSum += v.Value;
```

如果 MyData 是值类型，那么系统会把 Foo() 方法所返回的内容复制到 v 所在的存储区域中。反之，如果 MyData 是引用类型，那么上述代码会把内部变量 myData 引用的 MyData 对象通过 Foo() 方法的返回值公布给外界，从而破坏封装。于是，客户代码可以绕过你所设计的 API，直接修改 myData 的内容（详情参见第 17 条）。

现在考虑另一种写法：

```csharp
public MyData Foo2() => myData.CreateCopy();

// Call it:
MyData v = Foo2();
TotalSum += v.Value;
```

如果采用这种写法，那么系统会把 myData 复制一份存放到 v 中。由于 MyData 是引用类型，因此这将导致堆上出现两个对象，一个是本来的 MyData 对象，另一个是从该对象中复制出来的 MyData 对象。这样写确实不会暴露内部数据，但必须在堆上多创建一个对象，总之，这是一种效率比较低的写法。

通过公有方法导出的数据以及充当属性的数据都应该设计成值类型。这当然不是说所有的公有成员都必须返回值类型而不应该返回引用类型，这只是说，如果要返回的对象是用来存放数值的，那么应该把它设计成值类型。例如在早前的代码中，MyData 类型就是这样一个用来存放数值的类型，因此，应该设计成值类型。

下面这段代码演示了另外一种情况：

```
private MyType myType;
public IMyInterface Foo3()
    => myType as IMyInterface;

// Call it:
IMyInterface iMe = Foo3();
iMe.DoWork();
```

myType 变量在这里充当的是 Foo3() 方法的返回值，然而此处提供这个变量并不是为了让人去访问其中的数值，而是为了通过该对象调用 IMyInterface 接口中所定义的 DoWork() 方法。

这段代码体现了值类型与引用类型之间的重要区别。前者是为了存储数值，而后者则用来定义行为。以类的形式来创建引用类型可以让我们通过各种机制定义出很多复杂的行为。例如可以实现继承，或是方便地管理这些对象的变化情况。把某个类型的对象当成接口类型来返回并不意味着一定会引发装箱与取消装箱等操作。与引用类型相比，值类型的运作机制比较简单，你可以通过这种类型来创建公有 API，以确保某种不变关系，但若想通过它们表达较为复杂的行为则比较困难。这些较为复杂的行为最好是通过引用类型来建模。

现在，我们进一步观察这些类型在内存中的保存方式，以及由这些方式所引发的性能问题。考虑下面这个类：

```
public class C
{
    private MyType a = new MyType();
    private MyType b = new MyType();

    // Remaining implementation removed
}

C cThing = new C();
```

这种写法创建了多少个对象？每个对象又是多大？这要依照具体情况来定。如果 MyType

是值类型，那么就只需要做一次内存分配。分配的内存空间相当于 MyType 大小的两倍。如果 MyType 是引用类型，那么需要做 3 次内存分配，其中一次针对 C 类型的对象，另外两次分别针对该对象中的两个 MyType 对象。在采用 32 位指针的情况下，第一次分配的内存空间是 8 个字节，这是因为需要给 C 对象中的两个 MyType 各设立一个指针，而每个指针要占据 4 个字节。内存分配的次数之所以有区别，是因为值类型的对象会内联在包含它们的对象中（或者说，随着包含它们的对象一起分配），而引用类型则不会。如果某个变量表示的是引用类型的对象，那么必须为该引用分配空间。

为了更加清楚地理解这种区别，我们考虑下面这种写法：

```
MyType[] arrayOfTypes = new MyType[100];
```

如果 MyType 是值类型，那么只需要分配一次内存，而且分配的内存空间是单个 MyType 对象的 100 倍。如果 MyType 是引用类型，那么也只分配一次内存，但是，在这种情况下，数组里的每一个元素都是 null。等到需要给这些元素做初始化的时候，就得再执行 100 次内存分配，因此，实际上需要分配 101 次内存，这样做花的时间比只分配 1 次要多。像这样频繁地给引用类型的对象分配内存空间会导致堆内存变得支离破碎，从而降低程序的性能。如果只是为了保存数值，那么就应该创建值类型，这样可以减少内存的分配次数。不过，在值类型与引用类型之间选择时，首先还是要根据类型的用法来判断，至于内存分配次数也是一项可供考虑的因素，但与用法相比，它并不是最为重要的因素。

一旦把某个类型实现成了值类型或引用类型，以后就很难改变了，因为那样做可能需要调整大量的代码。比方说，我们把 Employee 设计成了值类型：

```
public struct Employee
{
    // Properties elided
    public string Position { get; set; }

    public decimal CurrentPayAmount { get; set; }

    public void Pay(BankAccount b)
        => b.Balance += CurrentPayAmount;
}
```

这个类型很简单，只有一个方法，该方法用来支付薪酬。这种写法起初并没有问题，但是过了一段时间，公司的员工变多了，于是，你想把这些人分开对待，例如销售人员可以获取提成，管理人员可以得到奖金。为此，需要把 Employee 类型从结构体改为类：

```
public class Employee
```

```
{
    // Properties elided
    public string Position { get; set; }

    public decimal CurrentPayAmount { get; set; }

    public virtual void Pay(BankAccount b) =>
        b.Balance += CurrentPayAmount;
}
```

修改之后，原来使用这个类型的代码可能就会出问题，因为按值传递变成了按引用传递，早前按值传递的参数现在也要按引用来传递了。比方说，下面这段代码的功能在修改之后就与早前有很大区别：

```
Employee e1 = Employees.Find(e => e.Position == "CEO");
BankAccount CEOBankAccount = new BankAccount();
decimal Bonus = 10000;
e1.CurrentPayAmount += Bonus; // Add one-time bonus
e1.Pay(CEOBankAccount);
```

本来是打算给 CEO 发一次奖金，但修改之后，这段代码会把奖金永久地加到 CEO 的工资上，让他每次都能多领 10 000 元。之所以出现这种效果，是因为修改之前，这段代码只在拷贝出来的值上进行操作，而修改之后，则是在引用上进行操作，因此，实际上修改的是原对象本身。编译器当然会忠实地按照修改后的含义来做，CEO 可能也乐意看到这种效果，但掌管财务的 CFO 显然不会同意，他肯定要汇报这个 bug。通过本例我们可以看到，值类型不能随意改成引用类型，因为这可能导致程序的行为也发生变化。

上面例子所演示的问题其实是由于 Employee 类型的用法而导致的。它名义上是个值类型，但实际上并没有遵守值类型的设计规范，因为除了存放数据元素，它还担负了一些职责，具体来说，就是担负了给雇员支付薪酬的职责。这些职责应该由类来实现才对，而不应该放在值类型中。类可以通过多态机制实现各种常用的功能，反之，结构体只应该用来存放数值，而不应该用来实现功能。

.NET 文档建议根据类型的大小（size）来决定它是应该设计成值类型，还是应该设计成引用类型。但实际上，根据用法（use）来判断或许更加合适。简单的结构体与数据载体很适合设计成值类型。从内存管理的角度来看，这种类型的效率要比引用类型高，因为它不会导致堆中出现过多的碎片，也不会产生过多的垃圾，此外，它使用起来要比引用类型更为直接。最重要的一点在于，从方法或属性中返回值类型的对象时，调用方所收到的其实只是该对象的一份副本，这样你就不用担心类型内部的某些可变结构体会通过引用暴露给外界，从而令程序状态出现反常的变化。然而，使用值类型也是有缺点的，因为有许多特性都无法利用。如常见的面向对象技术就有很多无法用在这些类型上。比如，你无法通过值类型构建对象体系，因为所有的值类型都会自动设为 sealed 类型（密封类型），从而无法为其他类型所继承。值类型虽然能实现接口，但会引发装箱操作，令程序的性能变低。这个问题请参见《Effective C#》（第 3 版）第 9 条。总之，应该把值类型当成存储容器来用，而不要将其视为面向对象意义上的对象。

编程工作中需要创建的引用类型肯定比值类型要多。但如果对下面这 6 个问题都给出肯定的回答，那就应该考虑创建值类型。可以把这些问题放在刚才那个例子中思考一遍，看看它们能够怎样指导你在引用类型与值类型之间做出抉择：

1. 这个类型是否主要用来存放数据？
2. 这个类型能否做成不可变的类型？
3. 这个类型是否比较小？
4. 能否完全通过访问其数据成员的属性把这个类型的公有接口定义出来？
5. 能否确定该类型将来不会有子类？
6. 能否确定该类型将来不需要多态？

底层的数据对象最好是用值类型来表示，而应用程序的行为则适合放在引用类型中。在适当的地方使用值类型，可以让你从类对象中安全地导出数据副本。此外，还可以提高内存的使用效率，因为这些类型的值是基于栈来存放的，而且可以内联到其他的值类型中。在适当的地方使用引用类型，可以让你利用标准的面向对象技术来编写应用程序的逻辑代码。如果你还不确定某个类型将来会怎么用，那就优先考虑将其设为引用类型。

第 5 条：确保 0 可以当成值类型的有效状态使用

.NET 系统的初始化机制默认会把所有的对象都设置成 0。你无法强迫其他开发者必须用 0 以外的值来初始化值类型的某个实例。如果他是按照默认方式来创建实例的，那么系统自然会把该实例初始化为 0。因此，你所创建的值类型必须能够应对初始值为 0 的情况。

enum（枚举）类型尤其需要注意。如果某个类型无法将 0 当作有效的枚举值来看待，那就不应该把类型设计成 enum。所有的 enum 都继承自 System.ValueType，其中的枚举值（也叫枚举数）是从 0 开始算的。不过，你也可以手工指定每个枚举值所对应的整数：

```
public enum Planet
{
    // Explicitly assign values.
    // Default starts at 0 otherwise.
    Mercury = 1,
    Venus = 2,
    Earth = 3,
```

```
        Mars = 4,
        Jupiter = 5,
        Saturn = 6,
        Uranus = 7,
        Neptune = 8
        // First edition included Pluto.
}

Planet sphere = new Planet();
var anotherSphere = default(Planet);
```

sphere 与 anotherSphere 变量的值都是 0，这并不是有效的枚举值。如果早前编写的一些代码都认为 Planet 类型的变量总是会取某个有效的枚举值，那么那些代码在遇到这两个变量的时候就无法正常运作了。因此，你自己定义的 enum 类型必须能够把 0 当成有效的枚举值来用。如果你的 enum 是用位模式⊖来表示各种特性的启用情况，那就将 0 值视为任何特性都没有启用的状态。

就本例来说，可以要求用户必须把 Planet 类型的枚举变量初始化成某个有效的枚举值：

```
Planet sphere2 = Planet.Mars;
```

但是，如果其他类型需要使用你所定义的枚举类型来表示其中的数据，那么使用那个类型的人就很难满足你的要求了。

```
public struct ObservationData
{
    private Planet whichPlanet; //What am I looking at?
    private double magnitude; // Perceived brightness
}
```

比方说，他们可能只是简单地新建一个 ObservationData 对象，而没有把其中的 whichPlanet 字段设置成有效的枚举值：

```
ObservationData d = new ObservationData();
```

对于这个新建的 ObservationData 对象，其 magnitude（星等）字段为 0，这当然是个合理的取值，然而值同样为 0 的 whichPlanet 字段却没有合理的解释，因为 0 对 Planet（行星）枚举来说是个无效的值。为了解决这个问题，应该规定一种与默认值 0 相对应的枚举值，但对于本例来说，我们似乎看不出有哪个行星适合设置成默认的行星。在这种情况下，可以用 0 来表示 enum 暂时还不具备的具体取值，稍后需要加以更新：

⊖　某个数位为 1，代表与该数位相对应的特性已经启用，若为 0，则表示该特性未启用。——译者注

```
public enum Planet
{
    None = 0,
    Mercury = 1,
    Venus = 2,
    Earth = 3,
    Mars = 4,
    Jupiter = 5,
    Saturn = 6,
    Neptune = 7,
    Uranus = 8
}

Planet sphere = new Planet();
```

这样修改之后，sphere 变量所对应的枚举值就是 None 了，它用来表示该变量还没有真正设置成某个具体的行星。这也会影响到包含 Planet 枚举的 ObservationData 结构体，使得新建的 ObservationData 对象能够处于合理的初始状态。此时，这份观测数据的星等是 0，其观测目标是 None（表示还没有加以设定）。你可以明确地提供构造函数，让用户通过该函数来给所有的字段指定初始值：

```
public struct ObservationData
{
    Planet whichPlanet; //What am I looking at?
    double magnitude; // Perceived brightness

    ObservationData(Planet target,
        double mag)
    {
        whichPlanet = target;
        magnitude = mag;
    }
}
```

但是，用户依然可以通过系统默认提供的无参构造函数来创建结构体，这样还是会将每个字段都设置成默认值。你无法阻止用户这么写。

意识到这一点之后，我们就会发现刚才那段代码仍然有问题：如果用户在创建结构体之后一直都不给它的 ObservationData 字段指定具体的行星，那么该字段始终是 None，而针对 None 的观测数据是没有意义的。为了防止程序中出现这样的情况，我们可以考虑把 ObservationData 从结构体改成类，使得用户无法通过不带参数的构造函数来新建对象。但即便这样，你也只能照顾到 ObservationData 这一个类型，而无法阻止开发者使用 Planet 枚举去实现其他类型中的字段。假如他们还是把类型设计成结构体，而不是设计成类，那么用户依然可以通过无参数的构造函数加以构建。枚举只不过是在整数外面稍微封装了一层而已，如果想要表达的抽象概念无法用某套整数常量来体现，那就要考虑采用其他语言特性来实现了。

在讨论其他数值类型之前，再讲几条与 enum 有关的特殊规则。如果用 Flags 特性修饰 enum，那么要记得给 0 这个标志值赋予对应的含义。比方说，在下面这个表示样式的 Styles 枚举类型中，0 的意思是没有运用任何样式（None）：

```
[Flags]
public enum Styles
{
    None = 0,
    Flat = 1,
    Sunken = 2,
    Raised = 4,
}
```

很多开发者喜欢用按位 AND（与）运算符来判断枚举变量是否设定了某个标志（或者说是否启用了某个选项），然而，对于值为 0 的标志来说，这样判断是无效的。例如，下面这种写法可以判断出 flag 变量是否运用了由 Styles.Flat 枚举值所表示的样式，但是，若想判断该变量所运用的样式是不是 None（或者说，是不是根本就没有运用任何样式），则不能这么写。

```
Styles flag = Styles.Sunken;
if ((flag & Styles.Flat) != 0) // Never true if Flat == 0.
    DoFlatThings();
```

如果你也像本例这样采用 Flags 特性来修饰自己所定义的枚举类型，那么应该在其中设计一个与 0 相对应的枚举值，用来表示任何标志都没有设定（或任何选项都没有开启）。

如果值类型中包含引用，那么在做初始化的时候也有可能出现问题。例如，我们经常会看到下面这种包含 string 引用的结构体：

```
public struct LogMessage
{
    private int ErrLevel;
    private string msg;
}

LogMessage MyMessage = new LogMessage();
```

这样制作出来的 MyMessage，其 msg 字段是 null。你没有办法强迫用户在构造 MyMessage 的时候必须把 msg 设置成 null 以外的引用，然而我们可以利用属性机制把这个问题局限在 LogMessage 结构体之内，不让它影响到外界。比方说，可以创建 Message 属性，将 msg 字段的值发布给客户端使用。有了这个属性，就可以在 get 访问器中添加逻辑，以便在 msg 是 null 的情况下返回空的字符串：

```
public struct LogMessage
{
    private int ErrLevel;
    private string msg;
    public string Message
    {
        get => msg ?? string.Empty;
        set => msg = value;
    }
}
```

你在自己的类中也应该使用这个属性，这样做可以确保检测 msg 引用是不是 null 的逻辑出现在同一个地方，也就是出现在该属性的 get 访问器中。而且，对于本例来说，如果你是从自己的程序集中获取 Message 属性的，那么包含检测逻辑的 get 访问器应该会得到内联。这种写法既能保证效率，又可以降低风险。

系统会把值类型的所有实例都初始化为 0，而且你无法禁止用户创建这种内容全都是 0 的值类型实例。因此，应该让程序在遇到这种情况时能够进入某个较为合理的状态中。有一种特殊情况尤其要注意：如果用枚举类型的变量来表示某组标志或选项的使用情况，那么应该将值为 0 的枚举值与未设定任何标志或未开启任何选项的状态关联起来。

第 6 条：确保属性能够像数据那样运用

属性是个"双面人"。对于外界来说，它与被动的数据元素很像，但对于包含该属性的类来说，则必须通过方法加以实现。如果不能正确认识这种一体两面的特征，那么就有可能创建出令用户感到困惑的属性。用户通常认为，从外界访问某个属性时，其效果应该与访问相应的数据成员类似，如果创建出来的属性做不到这一点，那么他们就有可能误用你所提供的类型。属性本来应该给人这样一种感觉：调用属性方法与直接访问数据成员有着相同的效果。

如果编写客户代码的开发者能够像平常那样使用你的属性，那就说明该属性正确地表示了它所要封装的数据成员。首先，这要求程序在不受其他语句干扰的情况下前后两次访问该属性都能够得到相同的结果：

```
int someValue = someObject.ImportantProperty;
Debug.Assert(someValue == someObject.ImportantProperty);
```

在多线程环境中，其他线程可能会在当前线程执行完第一条语句后把控制权抢走，等到本线程拿回控制权并执行第二条语句时，someObject.ImportantProperty 属性的值可能已经发生了变化。但是，如果程序没有受到这种干扰，那么反复访问该属性应该得到相同的值。

此外，开发者在使用你所提供的类型时，会认为这个类型的属性访问器与其他类型一样，不会做太多的工作。这就是说，你所编写的 getter 访问器不应该执行太费时间的操作，而 setter 访问器虽然可以进行一些验证，但是调用起来也不应该太慢。

开发者为什么会对你的类做出这样的假设呢？这是因为，他们想把类中的属性当成数据来用，而且想在频繁执行的循环中多次访问这些属性。其实 .NET 的集合类也是如此。用 for 循环列举数组中的元素时，有可能每次都会获取数组的 Length 属性：

```
for (int index = 0; index < myArray.Length; index++)
```

数组越长，访问 Length 属性的次数就越多。假如每访问一次 Length，系统都要把数组中的元素个数重新计算一遍，然后才能给出数组的长度，那么整个循环的执行时间就会与数组长度的平方成正比。这样一来，就没有人会在循环中调用 Length 属性了。

让自己的类符合其他开发者的预期其实并不困难。首先，要尽量使用隐式属性。这些属性只是在编译器所生成的后援字段外面稍微封装了一层。访问这样的属性与直接访问数据字段差不多。由于这种属性的访问器实现起来比较简单，因此经常会得到内联。只要能坚持用隐式属性设计自己的类，那么编写客户代码的人就可以顺畅地使用类中的属性。

如果你的属性还带有隐式属性无法实现的行为，那么就必须自己来编写这些属性了。然而，这种情况也是很容易应对的。可以把验证逻辑放在自己编写的 setter 中，这样也能做出符合用户期望的设计。例如，我们早前在给 LastName 属性编写 setter 时就是这么做的：

```
public string LastName
{
    // Getter elided
    set
    {
        if (string.IsNullOrEmpty(value))
            throw new ArgumentException(
            "last name can't be null or blank");
        lastName = value;
    }
}
```

　　这样的验证代码并没有破坏属性应满足的基本要求，因为它只是用来确保对象中的数据有效，而且执行起来也相当快。

　　有些属性的 getter 可能要先做运算，然后才能返回属性值。比方说，下面这个 Point 类的 Distance 属性用来表示该点与原点之间的距离。它的 getter 必须先算出这个距离，然后才能将其返回给调用方：

```
public class Point
{
    public int X { get; set; }
    public int Y { get; set; }
    public double Distance => Math.Sqrt(X * X + Y * Y);
    }
}
```

　　计算坐标点与原点之间的距离是很快就能完成的操作，因此，像刚才那样实现 Distance 属性通常并不会引发性能问题。假如 Distance 确实成了性能瓶颈，那可以考虑把计算好的距离值缓存起来，这样就不用每次都去计算了。但是，如果计算距离所用的某个分量（或者说某个因子）发生变化，那么缓存就会失效；于是下次执行属性的 getter 时，就必须重新计算缓存。（另一种办法是把 Point 类设计成不可变的类型，这样就不用担心其中的分量会发生变化了。）

```
public class Point
{
    private int xValue;
    public int X
    {
        get => xValue;
        set
        {
            xValue = value;
            distance = default(double?);
        }
    }
    private int yValue;
    public int Y
    {
        get => yValue;
        set
        {
            yValue = value;
```

```
                  distance = default(double?);
            }
      }
      private double? distance;
      public double Distance
      {
            get
            {
                  if (!distance.HasValue)
                        distance = Math.Sqrt(X * X + Y * Y);
                  return distance.Value;
            }
      }
}
```

如果属性的 getter 特别耗时，那么可能要重新设计公有接口。

```
// Bad property design: lengthy operation required for getter
public class MyType
{
      // lots elided
      public string ObjectName =>
            RetrieveNameFromRemoteDatabase();
}
```

其他开发者在使用这个类时，不会料到访问 ObjectName 属性竟然要在本机与远程数据库之间往返，也不会想到访问过程中还有可能发生异常。为了不使他们感到意外，应该修改公有 API。具体怎样修改，要看每个类型的实际用法。就本例来说，可以考虑把远程数据库中的值缓存到本地。

```
// One possible path: evaluate once and cache the answer
public class MyType
{
      // Lots elided
      private string objectName;
      public string ObjectName =>
            (objectName != null) ?
            objectName : RetrieveNameFromRemoteDatabase();
}
```

上面这种实现方式也可以改用 .NET Framework 的 Lazy<T> 类来完成。也就是说，我们还可以这样写：

```
private Lazy<string> lazyObjectName;
```

```
public MyType()
{
    lazyObjectName = new Lazy<string>
        (() => RetrieveNameFromRemoteDatabase());
}
public string ObjectName => lazyObjectName.Value;
```

如果开发者只是偶尔才会用到 ObjectName 属性，那么上面的写法就比较合适，因为当用户还没有要求获取该属性时，程序不需要提前把它算出来。但是，这种写法在第一次查询该属性的时候会多花一些时间。如果开发者要频繁使用 ObjectName 属性，而且这个属性能够有效地予以缓存，那么可以改用另一种写法，也就是在构造函数中提前获取该属性的值，等到用户查询这个属性的时候，直接把早前获取的值返回给他。当然，这样做的前提是 ObjectName 属性确实能够正确地纳入缓存。假如程序中的其他代码或是系统中的其他线程要修改远程数据库中的对象名称，那么这种写法就会失效。

从远程数据库中获取数据并将其写回远程数据库其实是相当常见的功能，而且用户完全有理由去调用这些功能。可以把这样的操作放在专门的方法中执行，并且给这些方法起个合适的名字，以免令用户感到意外。例如，我们可以用下面这种办法来编写 MyType 类：

```
//Better solution: use methods to manage cached values
public class MyType
{
    public void LoadFromDatabase()
    {
        ObjectName = RetrieveNameFromRemoteDatabase();
        // Other fields elided
    }

    public void SaveToDatabase()
    {
        SaveNameToRemoteDatabase(ObjectName);
        // Other fields elided
    }
    // Lots elided

    public string ObjectName { get; set; }
}
```

与 getter 类似，setter 也有可能令用户感到意外，或者说，用户可能没有想到你会在 setter 中执行某些任务。现在举个例子。如果 ObjectName 是可读可写的属性，而你要在它的 setter 中把这个值写回远程数据库，那么用户使用起来可能就会觉得有些奇怪：

```
public class MyType
{
    // Lots elided
    private string objectName;
    public string ObjectName
    {
        get
        {
            if (objectName == null)
                objectName = RetrieveNameFromRemoteDatabase();
            return objectName;
        }
        set
        {
            objectName = value;
            SaveNameToRemoteDatabase(objectName);
        }
    }
}
```

由 setter 来访问远程数据库会让用户在几个方面都感到奇怪。首先，他们不会料到这样一个简单的 setter 居然会对远程数据库做调用，而且要花费这样长的时间。其次，他们不会料到在执行 setter 的过程中，还有可能发生各种各样的错误。

除了刚才讲到的问题之外，还有一个问题要注意：调试器为了显示属性的值，可能会自动调用相应的 getter。因此，如果 getter 抛出异常、耗时过多或是修改了对象的内部状态，那么调试工作就会变得更加复杂。

开发者对属性提出的要求与方法不同，他们希望属性能够迅速执行完毕，从而可以方便地观察或修改对象的状态。他们认为属性在行为与性能这两个方面都应该与数据字段类似。如果你要创建的属性无法满足这些要求，那就应该考虑修改公有接口，把不适合由属性执行的操作放到方法中去执行，从而将属性恢复到它们应有的面貌，也就是只充当访问并修改对象状态的渠道。

第 7 条：用元组来限制类型的作用范围

C# 给开发者提供了很多种方式使其能够创建自定义的类型，以表示程序中的对象与数据结构。开发者可以自己来定义类、结构体、元组类型以及匿名类型。其中，类与结构体的功能较为丰富，可以用来实现各种设计方案，但是，许多开发者过于盲目地使用这两种类型，而没有考虑到除此之外是否还能采用其他办法。类与结构体虽然很强大，但却要求开发者必须编写许多例行的代码，这对于简单的设计方案来说有些不太值得，因为我们完全可以改用匿名类型或元组类型来实现这些方案。为此，大家应该了解这些类型的写法以及各写法之间的区别，而且还要知道它们与类和结构体之间的差异。

匿名类型是由编译器所生成的不可变的引用类型。为了更好地理解其工作原理，我们现在根据它的定义来逐步进行讲解。要创建匿名类型，应该声明新的变量，并把相应的字段定义在一对花括号中。

```
var aPoint = new { X = 5, Y = 67 };
```

这行代码给编译器传达了很多信息。首先，编译器知道要新建一个内部的密封类。其次，它知道这是个不可变的类型，而且其中含有两个只读属性，这两个属性分别用来封装与 X 及 Y 相对应的两个后援字段。

于是，刚才那行代码的效果就相当于下面这段代码：

```
internal sealed class AnonymousMumbleMumble
{
    private readonly int x;

    public int X
    {
        get => x;
    }

    private readonly int y;
    public int Y
    {
        get => y;
    }

    public AnonymousMumbleMumble(int xParm, int yParm)
    {
        x = xParm;
        y = yParm;
    }
    // Free implementations of ==, and GetHashCode()
    // elided
}
```

上面这段代码不需要手写，编译器会自动为你生成。这样做有很多好处。首先，最根本的一点就是：编译器生成比你写代码更快。很多人都能迅速敲出 new 表达式，用以生成某个类型的对象，但在编写这个类型的定义时可就没那么快了。其次，定义这样的类型属于重复性很强的工作，如果我们自己来做，可能会偶尔打错字。本例中的代码比较简单，不太会出现这种错误，但这样的情况毕竟是有可能发生的。反之，交给编译器来做，则不会出现这种只有人类才会犯的错误。最后，这样做可以降低我们需要维护的代码量，不然的话，其他开发者就要专门查看这段代码、理解它的意思、确定它的功能，并找到程序中有哪些地方用到了该代码。由于这段代码现在是由编译器自动生成的，因此开发者需要查阅并加以理解的代码就可以少一些。

　　使用匿名类有个很大的缺点，就是你不知道类型究竟叫什么名字，于是无法将方法的参数或返回值明确地设定成这种类型。尽管如此，我们还是可以运用一些技巧，把属于某个匿名类型的单个对象或一系列对象传给某方法，或在该方法中返回这样的对象。下面就来编写这样的方法或表达式，以便对定义在某个方法中的匿名类型加以运用。在这种情况下，需要在创建匿名类的外围方法中，通过 lambda 表达式或匿名 delegate 来表达要对这种对象所做的处理逻辑。由于泛型方法允许调用者传入函数，因此可以把自己想要实现的方法设计成泛型方法，并像刚才说的那样，将自己对匿名类型的用法写在匿名方法中，从而可以把这个匿名方法当成函数（或者说，以 Func 的形式）传进来。例如，下面的 Transform 方法就是这样一个泛型方法，它会处理由匿名类型的对象所表示的坐标点，并将该点的 X 与 Y 坐标分别变成原来的 2 倍：

```
static T Transform<T>(T element, Func<T, T> transformFunc)
{
    return transformFunc(element);
}
```

可以把匿名类型的对象传给 Transform 方法：

```
var aPoint = new { X = 5, Y = 67 };
var anotherPoint = Transform(aPoint, (p) =>
    new { X = p.X * 2, Y = p.Y * 2 });
```

　　这个例子中的算法比较简单，如果算法较为复杂，那么 lambda 表达式可能也会变得复杂起来，而且有可能要多次调用不同的泛型方法。但是，创建这样的算法其实并不难，因为只需要对刚才那个例子加以扩展即可，而无须重新设计。由此可见，匿名类型很适合用来保存计算过程中的临时结果。匿名类型只在定义它的外围方法中起作用。你可以把算法在第一阶段所得到的结果保存在某个匿名类型的对象中，然后把该对象传给算法的第二阶段。可以在定义匿名类型的方法中编写 lambda 表达式并调用相关的泛型方法，以处理这种类型的对象，并对其做出必要的变换。

　　另外要说的是，用匿名类型的对象来保存算法的中间结果不会"污染"到应用程序的命名空间。由于这些简单的类型是编译器自动创建的，因此，开发者在理解应用程序的工作原理时，不用特意去查看这些类型的实现代码。匿名类型只在声明它的方法中起作用，开发者一看到这样的类型，就会明白该类型只是专门针对那个方法而写的。

　　早前笔者只是粗略地说，编译器会在你需要匿名类型的时候，自动通过一段与手写方式等效的代码把该类型定义出来。其实，编译器还添加了一些特性，这些特性是无法通过手写而实现的。匿名类型也属于不可变的类型，然而它支持对象初始化语句○。如果不可变的类型是你自己创建的，那就必须手工编写相应的构造函数，使得客户代码能够通过该函数给每个字段或属性赋予初始值。在这种情况下，由于这些类型没有给其中的属性安排可以从外界调用的 setter，因此，它们不支持对象初始化语句。与之相对，如果不可变的类型是编译器自动生成的，那么可以（而且必须）通过对象初始化语句来构建匿名类型的实例。编译器会创建一个公有（public）构造函数，用来给每个属性设定初始值，并且会让代码中本来应该调用 setter 的地方转而调用这个构造函数。

　　比方说，如果你在代码中是这样写的：

```
var aPoint = new { X = 5, Y = 67 };
```

那么，编译器就会把它换成

```
AnonymousMumbleMumble aPoint =
    new AnonymousMumbleMumble(5, 67);
```

　　如果你想创建支持对象初始化语句的不可变类型，那么只能把它定义成匿名类型。手工编写的不可变类型无法利用刚才说的自动转换机制。

　　最后要说的是，匿名类型在运行期的开销可能没有想象中那样大。有人可能认为，只要写出一个匿名类型，编译器就必然要重新给出一份定义，实际上，它并没有这么机械。如果后来写的匿名类型与早前写过的相同，那么编译器就会复用它早前所生成的定义。

　　这里必须准确地说明：出现在不同地点的匿名类型必须满足什么样的条件才能算作"同一个匿名类型"。首先，这些类型必须声明在同一个程序集中。

　　其次，两个匿名类型的各个属性在名称与类型上必须相互匹配，而且属性之间的顺序也必须相同。比方说，下面这两种写法会产生两个不同的匿名类型：

```
var aPoint = new { X = 5, Y = 67 };
var anotherPoint = new { Y = 12, X = 16 };
```

　　如果两个匿名类型中的各属性其名称与类型都相同，但顺序不同，那么编译器会将这两者当成两个不同的匿名类型。因此，在用某个匿名类型的多个对象来表达同一个概念时，应

○ object initializer，也称为对象初始化器、对象初始值设定项，后同。——译者注

该按照同一套顺序来书写这些对象中的各个属性，只有这样，编译器才知道这些对象所属的匿名类型是同一个匿名类型。

　　结束匿名类型之前，还有一种特殊情况要讲。同一个匿名类型的两个对象是否相等是根据其中的值来决定的，这意味着，可以把这样的对象当作复合键使用。比方说，如果要根据给客户提供服务的销售人员以及客户所在地的邮编对客户分组，那么可以像下面这样进行查询：

```
var query = from c in customers
            group c by new { c.SalesRep, c.ZipCode };
```

　　这样做会产生一个字典（dictionary）。字典中每个元素的键都是复合键，其中包含 SalesRep（销售代表）与 ZipCode（邮编）两个字段。字典中每个元素的值都是一个列表，用以表示由这位销售人员负责且其地址位于同一个邮编之下的客户。

　　元组与匿名类型在某种程度上较为相似，它们都属于轻量级的类型，而且都是在创建实例的时候当场予以定义的。可是，它们又不完全相同，因为元组是带有公有字段的值类型，并且是可变的类型，而匿名类型则是不可变的类型。编译器在实际定义元组的时候，会参照泛型的 ValueTuple 来定义，并且会参照你所写的名字来生成相应的字段。

　　此外，编译器在新建元组类型时所用的办法与新建匿名类型时所用的办法是不同的。它新建的元组类型是个封闭的泛型类型，该类型源自 ValueTuple 的某种泛型形式。（ValueTuple 之所以有很多种形式，是为了应对字段数量不同的元组。）

　　下面这种写法可以创建元组实例：

```
var aPoint = (X: 5, Y: 67);
```

　　这行代码会告诉编译器你要创建含有两个整型字段的元组。编译器会把你给这两个字段起的语义名称（也就是 X 与 Y）记下来。这意味着，可以通过这些名字来访问元组中的相应字段：

```
Console.WriteLine(aPoint.X);
```

　　System.ValueTuple 泛型结构体中，有一些方法用来判断元组是否相等，还有一些方法用来进行比较，此外，它的 ToString() 方法能够打印出元组中每个字段的值。在刚才实例化的 ValueTuple 中，X 字段与 Y 字段的真实名称其实是 Item1 与 Item2，假如当时还写了其他字段，那么那些字段也会按照 Item 加编号的格式来命名。

　　C# 的类型兼容机制是根据类型的名称而构建的，这意味着，它通常会按照类型的字面写法来判断两个类型之间是否相互兼容；然而，在判断两个元组是否属于同一类型时，它依据的却是其结构。也就是说，即便两个元组的字段名称不同（无论是你自己起的名字，还是编译器生成的名字），只要它们的模样相同，那么就属于同一种元组。例如，凡是像 aPoint 这样包含两个整数字段的元组都算作同一种元组，它们都是从 System.ValueTuple<int, int> 实例化而来的。

　　字段的语义名称是在初始化的时候设定的。你可以在声明元组变量时直接指明，也可以把初始化语句右侧的元组所用的字段命名方式套用在左侧的元组上。如果左右两侧使用了不同的字段命名方式，那么以左侧为准。

```
var aPoint = (X: 5, Y: 67);
// Another point has fields 'X' and 'Y'
var anotherPoint = aPoint;

// pointThree has fields 'Rise' and 'Run'
(int Rise, int Run) pointThree = aPoint;
```

　　元组类型与匿名类型都是轻量级的类型，都是在实例化该类型对象的语句中定义的。如果你只想简单地保存数据，而不想定义任何行为，那么就可以考虑使用这两种类型。

　　在匿名类型与元组之间选择时，必须先从这两者的区别入手。元组之间是否相同是依照其结构来判断的，因此，元组很适合用来声明方法的返回值及参数。匿名类型是不可变的类型，它适合充当集合的复合键。元组类型属于值类型，能够发挥出值类型的各种优势，而匿名类型则是引用类型，因此具备引用类型的各项特性。你可以分别尝试这两种类型，看看其中哪一种更符合当前的需求。回顾一下刚才的例子，你就会发现，给这两种类型创建实例时，所用的写法其实差不多。

　　匿名类型与元组并没有看上去那样奇怪，只要合理地使用它们，就不用担心代码会变得难懂。如果想记录算法的中间结果，而且这种结果很适合用不可变的类型来表示，那就应该使用匿名类型，反之，若要记录具体的而且有可能发生变化的值，则可以考虑使用元组。

第 8 条：在匿名类型中定义局部函数

　　从名称的角度观察元组与匿名类型，我们会发现：C# 语言不依照字面名称（或者说名义上的称呼）来判断两种元组是否相同，而匿名类型虽然有名称，但开发者不知道这些名称具体应该怎么写（参见第 7 条）。要想用元组对象或匿名类型的对象来充当方法参数、方法返回值或属性，就必须学会某些技巧，而且还得知道通过这些技巧来使用这两种对象时会受到哪些限制。

　　首先说元组。如果方法需要返回元组类型，那么把元组的样子描述出来就可以了：

```
static (T sought, int index) FindFirstOccurrence<T>(
    IEnumerable<T> enumerable, T value)
{
    int index = 0;
    foreach (T element in enumerable)
    {
        if (element.Equals(value))
        {
            return (value, index);
        }
        index++;
    }
    return (default(T), -1);
}
```

你不用给元组中的字段起名，但是，应该把这些字段的含义告诉调用者。

明白了各字段的含义之后，调用者就可以把上述方法的返回值赋给自己所声明的元组变量，也可以将其拆分到多个不同的变量中（这叫作对该元组做析构）：

```
// assign the result to a tuple variable:
var result = FindFirstOccurrence(list, 42);
Console.WriteLine(
    $"First {result.sought} is at {result.index}");
// Assign the result to different variables:
(int number, int index) = FindFirstOccurrence(list, 42);
Console.WriteLine($"First {number} is at {index}");
```

把元组当成方法的返回值来用是比较容易的，然而若想用匿名类型的对象来充当返回值则较为困难，因为这种类型虽然有名字，但你没办法在源代码里输入名字。不过，可以创建泛型方法，并通过该方法的类型参数来指代这个匿名类型。

比方说，下面这个泛型方法可以把集合中与某个值相符的对象作为序列返回给调用方。

```
static IEnumerable<T> FindValue<T>(IEnumerable<T> enumerable,
    T value)
{
    foreach (T element in enumerable)
    {
        if (element.Equals(value))
        {
            yield return element;
        }
    }
}
```

可以像下面这样，用刚才编写的 FindValue() 方法来处理匿名类型的对象：

```
IDictionary<int, string> numberDescriptionDictionary =
    new Dictionary<int, string>()
{
    {1,"one"},
    {2, "two"},
    {3, "three"},
    {4, "four"},
    {5, "five"},
    {6, "six"},
    {7, "seven"},
    {8, "eight"},
    {9, "nine"},
    {10, "ten"},
};
List<int> numbers = new List<int>()
    { 1, 2, 3, 4, 5, 6, 7, 8, 9, 10 };
var r = from n in numbers
        where n % 2 == 0
        select new
        {
            Number = n,
            Description = numberDescriptionDictionary[n]
        };
r = from n in FindValue(r,
    new { Number = 2, Description = "two" })
    select n;
```

其实 FindValue() 方法并不关心匿名类型具体叫什么，它只是将其当作一个可以用泛型来表示的类型。

像 FindValue() 这样简单的函数当然只能实现这种比较直白的功能。如果要访问的是匿名类型对象中的某个属性，那就需要借助高阶函数才行。高阶函数是以其他函数为参数或返回其他函数的函数。由于它们能够把另一个函数当成参数来用，因此可以考虑将涉及匿名类型的逻辑实现成匿名函数，并将该匿名函数当作参数传给高阶函数。如果高阶函数本身支持泛型，那么可以依次使用各种匿名函数来实现较为丰富的功能。比方说，可以像下面这样执行稍微复杂一些的查询操作：

```
Random randomNumbers = new Random();
var sequence = (from x in Utilities.Generator(100,
                  () => randomNumbers.NextDouble() * 100)
                let y = randomNumbers.NextDouble() * 100
                select new { x, y }).TakeWhile(
                point => point.x < 75);
```

该操作以 TakeWhile() 方法收尾，从这个方法的签名可以看出，它正是支持泛型的高阶
函数：

```
public static IEnumerable<TSource> TakeWhile<TSource>
    (this IEnumerable<TSource> source,
    Func<TSource, bool> predicate);
```

注意，该函数的返回值类型是 IEnumerable<TSource>，而且其中一个参数的类型也是
IEnumerable<TSource>。早前所做的查询操作用到了包含 X 及 Y 属性的匿名类型，而这个匿
名类型正可以用 TSource 来表示。该函数的另一个参数是 Func<TSource, bool> 类型，这种
类型的对象本身也是一个函数，此函数接受 TSource 类型的对象（也就是查询操作所涉及的
匿名类型的对象）作为参数。

通过这项技巧，我们可以创建出庞大的程序库，并编写相当多的代码来操作匿名类型
的对象。刚才编写 lambda 查询表达式的时候，用到了像 TakeWhile() 那样能够处理匿名类
型的泛型方法。由于表达式与匿名类型声明在同一个作用范围内，因此，它完全知道这个
匿名类中都有哪些属性。编译器会创建 private 嵌套类，以便能将匿名类型的实例传给其他
方法。

下面这段代码创建了一种匿名类型，并把该类型的对象依次交给多个泛型方法来处理：

```
var sequence = (from x in Funcs.Generator(100,
                    () => randomNumbers.NextDouble() * 100)
                let y = randomNumbers.NextDouble() * 100
                select new { x, y }).TakeWhile(
                point => point.x < 75);
var scaled = from p in sequence
                select new {x = p.x * 5, y = p.y * 5};
var translated = from p in scaled
                    select new { x = p.x - 20, y = p.y - 20};

var distances = from p in translated
                    let distance = Math.Sqrt(
                        p.x * p.x + p.y * p.y)
                    where distance < 500.0
                    select new { p.x, p.y, distance };
```

这段代码其实并没有太过神奇的地方：编译器只是生成了相应的 delegate，并调用它们。
编译器针对每个查询方法生成与之对应的另一个方法，后者接受匿名类型的对象作为参数。
然后，编译器针对它所生成的方法分别创建 delegate，并把 delegate 当作参数传给相关的查
询方法。

过一阵子，程序或许就会逐渐膨胀起来，因为你有可能在其中写了很多算法，而这些算法有可能包含重复的代码。为此，我们应该想办法来整理这些算法，使得程序在功能逐渐增加的过程中依然能够保持简洁，并形成清晰且易于扩展的模块。

其中一种办法是把某些逻辑移动到简单的通用方法中，从而令各种算法都可以调用这个通用方法。例如，我们可以创建下面这个通用的泛型方法，让它接受 lambda 表达式，这样一来，就可以重构早前的算法，把其中对匿名类型的对象所做的各种处理都转换成相应的 lambda 表达式，并将这些表达式分别传给泛型方法。

这样写实际上只是相当于通过泛型方法来做简单的变换，也就是把一种匿名类型的对象变换成另一种匿名类型的对象，甚至仅仅是用修改后的数值来创建同一种匿名类型的对象。

```
public static IEnumerable<TResult> Map<TSource, TResult>
    (this IEnumerable<TSource> source,
    Func<TSource, TResult> mapFunc)
{
    foreach (TSource s in source)
        yield return mapFunc(s);
}
// Usage:
var sequence = (from x in Utilities.Generator(100,
                    () => randomNumbers.NextDouble() * 100)
               let y = randomNumbers.NextDouble() * 100
               select new { x, y }).TakeWhile(
               point => point.x < 75);

var scaled = sequence.Map(p =>
new {
    x = p.x * 5,
    y = p.y * 5 }
);
var translated = scaled.Map(p =>
new {
    x = p.x - 20,
    y = p.y - 20
});
var distances = translated.Map(p => new
{
    p.x,
    p.y,
    distance = Math.Sqrt(p.x * p.x + p.y * p.y)
});
var filtered = from location in distances
                where location.distance < 500.0
                select location;
```

这种技巧的关键之处在于，将算法中与匿名类型的具体细节关系不大的地方给提取出来。所有的匿名类型都重写了 Equals() 方法，以实现基于数值（而非基于身份或引用）的比较逻辑。如果某段代码只是把匿名类型的对象当成普通的 System.Object 来看待，并假设对象中有一些由匿名类型定义的公有成员，那么这样的代码就可以像刚才那样提取成相应的 lambda 表达式。重构后的代码与早前并没有太大区别，它仅仅是把我们想要对匿名类型的对象所做的处理写在了 lambda 表达式中，并把 lambda 表达式传给了泛型的通用方法，令通用方法去操作匿名类型的对象，而不像早前那样直接以查询语句的形式来操作。

在原方法中，我们已经把对匿名类型的对象所做的操作逻辑抽象到通用的 Map 函数中，然而，该方法中可能还有其他一些代码也会用在许多不同的地方，于是，我们还应该把那些代码提取到相应的泛型函数中，使得原方法与项目中的其他代码都可以调用该函数。

在这样做的时候必须把握尺度，不能滥用这项技巧。如果某个类型对于许多算法来说都相当重要，那么这个类型就不应该表示成匿名类型。要是发现自己频繁使用同一个类型的对象，并且总是在这种对象上做各种各样的处理，那么恐怕应该把对象的类型从匿名类型改成带有名称的普通类型。每个人可能都会针对匿名类型给出各自的建议，但有一条建议或许大多数人都会赞同，那就是：如果使用某个匿名类型的主要算法超过三个，那么最好把该类型改成非匿名的普通类型。如果必须编写很长、很复杂的 lambda 表达式才能够继续使用某个匿名类型的对象，那就意味着需要把该类型转换成普通的类型。

匿名类型是轻量级的类型，能够包含可读可写的属性，这些属性通常用来表示简单的数值。许多算法都能用简单的匿名类型来编写，你可以借助 lambda 表达式及泛型方法等机制，在算法中更加方便地操作匿名类型的对象。此外，你平常可能会用 private 嵌套类来限制类型的作用范围，而匿名类型在这一点上也是相似的，它也只会在某个方法中起作用。结合泛型与高阶函数来使用匿名类型的对象可以在代码中构建出更为清晰的模块。

第 9 条：理解相等的不同概念及它们之间的关系

在创建类型的时候，可能会同时定义一套规则来判断与该类型有关的两个对象是否相等（无论这个类型是类还是结构体，可能都会涉及这个问题）。C# 提供了 4 种不同的函数，用来决定两个对象是否"相等"：

```
public static bool ReferenceEquals
    (object left, object right);
public static bool Equals
    (object left, object right);
public virtual bool Equals(object right);
public static bool operator ==(MyClass left, MyClass right);
```

C# 语言允许你为上面的 4 个方法创建自己的版本。当然，你可以这么做，并不意味着你应该这么做。例如，对于前面那两个 static 函数，就不应该重新去定义。而对于第 3 个函数，也就是名为 Equals() 的实例方法，则通常可以根据自己的类型所具备的语义来重新定义。在极个别情况下，可能要重写第 4 个函数，也就是 operator==()，这通常是为了能够更快地比较值类型的对象。此外还要注意，这 4 个函数是相互关联的，如果修改了其中的一个，那么有可能会影响另一个函数的行为。判断对象是否相等竟然要牵涉 4 个函数，这听上去有些复杂。不过别担心，这个过程可以整理得简单一些。

其实，除了这 4 个方法，还有其他一些机制，也会用来判断对象是否相等。例如，凡是重写了 Equals() 的类型都应该同时实现 IEquatable<T> 接口。如果某个类型是从值的意义上（而不是从引用或身份的意义上）来判断对象是否相等的，那么该类型还应该实现 IStructuralEquatable 接口。这样算起来，总共可以从 6 个角度判断对象是否相等。

与 C# 语言中的其他一些复杂机制类似，之所以要从不同的角度来考虑两个对象是否相等，是因为 C# 既允许创建值类型，又允许创建引用类型。两个引用类型的对象是否相等，要看它们引用的是不是同一个实例，也就是要根据对象身份（或者说对象标识）来判断。与之相对，两个值类型的对象是否相等，要看它们是否属于同一种类型，以及是否具有相同的内容。值类型与引用类型之间的差异导致我们需要用不同的方法来判断两个对象是否相等。

为了把判断机制讲清楚，我们首先来看那两个不应该重写的 static 函数。第一个是 ReferenceEquals() 函数。如果两个引用指向同一个对象，那么该函数返回 true（真），此时我们说这两个引用所指的对象在身份上是相同的（或者说，这两个引用具备相同的对象标识）。无论是面对引用类型的对象还是面对值类型的对象，这个函数都是根据对象的身份来判断的，而不考虑对象的内容。这意味着，如果把同一个值类型的两个不同对象交给它去比较，那么即便这两个对象的内容一样，也依然会得出 false（假）。有时候，你以为自己是在比较两个不仅内容相同而且身份也相同的对象，但实际上，比较的还是两个身份不相同的对象，因为你可能忽略了装箱问题（内容相同、身份也相同的两个对象装箱之后变成了两个身份不同的对象）。该问题参见《Effective C#》（第 3 版）第 9 条。

```
int i = 5;
int j = 5;
if (Object.ReferenceEquals(i, j))
    WriteLine("Never happens.");
else
    WriteLine("Always happens.");

if (Object.ReferenceEquals(i, i))
    WriteLine("Never happens.");
else
    WriteLine("Always happens.");
```

决不应该重新定义 Object.ReferenceEquals()，因为这个函数完全能够把它应该做的事情做好，也就是按照对象的身份来比较两个引用是否相等。

还有一个函数也不应该重新定义，那就是早前提到的第 2 个静态方法：Object.Equals()。如果你不清楚两个引用的运行期类型，那么可以用这个方法来判断它们是否相等。C# 语言的其他所有类型都是从 System.Object 继承而来的，因此无论要比较的是两个什么样的变量，都可以将它们视为 System.Object 实例。问题在于，值类型的实例与引用类型的实例要根据不同的标准来进行判断，那么在不清楚这两个引用所指向的实例究竟是值类型还是引用类型的情况下，Object.Equals() 是怎样判断它们是否相等的呢？答案很简单：该方法把任务委托给其中一个类型来处理。下面我们用手工编写的 C# 代码来模拟 Object.Equals() 静态方法所用的判断逻辑：

```
public static bool Equals(object left, object right)
{
    // Check object identity
    if (Object.ReferenceEquals(left, right) )
        return true;
    // Both null references handled above
    if (Object.ReferenceEquals(left, null) ||
        Object.ReferenceEquals(right, null))
        return false;
    return left.Equals(right);
}
```

有个新方法出现在了这段代码中，它就是名为 Equals() 的实例方法。该方法会在稍后进行详细讲解，但是现在，我们先把 static（静态）版本的 Equals() 讨论完。这里的重点是：静态版本的 Equals() 方法会在 left 参数上调用实例版本的 Equals() 方法，以判断两个对象是否相等。

与 ReferenceEquals() 静态方法类似，Object.Equals() 静态方法同样不需要被重写或重新予以定义，因为它本身就能够很好地完成自己应该实现的功能，也就是在不清楚运行期类型的情况下判断两个对象是否相同。由于 static Equals() 方法把判断任务委派给了 left 参数的 Equals() 实例方法，因此，它的判断结果取决于 left 参数所指向的对象是什么类型，以及那种类型会采用什么样的规则来进行判断。

知道了为什么不需要重写 static ReferenceEquals() 及 static Equals() 方法之后，我们就该讲一讲可以由开发者来重写的那几个方法了。然而，在开始讨论重写之前，首先必须从数学角度看看等同关系具备哪些性质。你所定义并实现出来的 Equals() 方法也应该具备这些性质，这样才能与其他开发者的想法相符，而不至于令他们产生误解。重写 Equals() 方法的时候，应该编写相应的单元测试，以确保自己所提供的实现逻辑确实满足这些要求。这意味着，你的 Equals() 方法必须满足等同关系的 3 项数学性质：自反性、对称性、可传递性。自反性意味着任何对象都与它自身相等，或者说，无论对象 a 是什么类型，a==a 都必定成立。对称性意味着比较的顺序不影响比较的结果，或者说，如果 a==b 成立，那么 b==a 也成立，如果 a==b 不成立，那么 b==a 也不成立。传递性意味着如果 a==b 与 b==c 同时成立，那么 a==c 也一定成立。

现在就来讲解实例版本的 Object.Equals() 方法，并谈一谈在什么情况下应该重写这个方法，以及该方法具体应该怎样重写。如果该方法的默认行为不适用于你所创建的类型，那么就可以为该类型创建自己的 Equals() 方法。在默认情况下，Object.Equals() 方法会依照对象的身份（或者说对象的标识）来判断两个引用所指向的对象是否相等，这种判断方式与 Object.ReferenceEquals() 所采用的方式一样。

但要注意：值类型的默认行为不是这样。用 struct 关键字创建的所有值类型都继承自 System.ValueType，而 System.ValueType 重写了 Object.Equals() 方法。由 ValueType 所实现的 Equals() 方法在比较两个值类型的引用是否指向同一个对象时，看的是这两个引用所指向的对象是不是同一个类型以及它们的内容是不是也相同。问题在于，ValueType 所给出的实现方式的效率并不是很高。由于它是所有值类型的基类，因此它必须按照最通用的方式来实现，以便应对各种各样的值类型，为此，它不能去具体地判断某个对象的运行期类型，而是在这个类型的每一个成员字段上分别进行比较。在 C# 语言中，这需要通过反射来实现。反射有很多缺点，在追求性能的场合尤其不适合用反射，而判断两个对象是否相等恰恰就是这样一种需要在程序中频繁执行的操作，因此，我们应该寻找比反射更快的办法。而且对于绝大多数的值类型来说，我们确实能够找到更快的实现方式来重写 ValueType 所提供的 Equals() 方法。因此，就值类型而言，有这样一条简单的原则：创建值类型的时候，总是应该针对这个类型重写 ValueType.Equals() 方法。

对于引用类型来说，只有当你需要修改该类型所定义的语义时，才应该重写实例版本的 Equals() 方法。.NET Framework Class Library 中的很多类采用值语义而不采用引用语义来判断是否相等。例如，判断两个 string（字符串）对象是否相等，看的是它们有没有包含一样的内容；判断两个 DataRowView 对象是否相等，看的是它们有没有指向一样的 DataRow。总之，如果你的类型需要采用值语义而不是引用语义（或者说，需要按照对象内容而不是对象身份来进行比较），那么就应该针对这个类型重写实例版本的 Object.Equals() 方法。

明白了何时应该重写 Object.Equals() 方法之后，现在来看看具体怎样实现它。处理值类型的等同关系时，需要考虑与装箱机制有关的一些问题，对于这些问题请参见《Effective C#》（第 3 版）第 9 条。处理引用类型的时候，应该确保自己所实现的实例方法不要与预定义的行为有明显的差别，否则，使用你这个类的人就会觉得奇怪。此外，重写 Equals() 的时候，还应该让该类型实现 IEquatable<T> 接口。（稍后会讲到这个问题。）

下面是重写 System.Object.Equals 的标准流程⊖，其中考虑到了该类型所要实现的
IEquatable<T> 接口：

```
public class Foo : IEquatable<Foo>
{
    public override bool Equals(object right)
    {
        // Check null:
        // This reference is never null in C# methods
        if (object.ReferenceEquals(right, null))
            return false;

        if (object.ReferenceEquals(this, right))
            return true;

        // Discussed later
        if (this.GetType() != right.GetType())
            return false;

        // Compare this type's contents here:
        return this.Equals(right as Foo);
    }

    // IEquatable<Foo> Members
    public bool Equals(Foo other)
    {
        // Elided
        return true;
    }
}
```

Equals() 方法决不应该抛出异常，即便抛出了，也没有太大意义，因为调用者在这里所
关心的仅仅是两个引用所指向的对象是否相等，而不关心其他方面的错误。如果你认为某些
情况属于错误（例如引用是 null，或者参数的类型不对），那就返回 false。

现在我们仔细看看这个方法的每个步骤，以便了解它为什么做这些检测，另外，还
要谈一下它为什么把某些检测给省略掉了。首先，判断右侧对象是否为 null。至于左侧
的 this 引用，在 C# 中绝对不可能是 null，因为试图在 null 引用上调用实例方法一定会导
致 CLR（Common Language Runtime，公共语言运行时）抛出异常。这样的判断方式其实
并不具备对称性，因为在 a 不是 null 但 b 是 null 的情况下调用 a.Equals(b)，会得到 false

---

⊖　实际使用的时候，需要把 public bool Equals(Foo other) 中的"return true;"改为具体的判断逻辑。——译者注

的结果，反过来调用 b.Equals(a) 的时候，按道理也应该得出 false，但实际上，却会引发
NullReferenceException 异常。

接下来，需要判断两个引用是否指向同一个对象，也就是按照对象的身份进行判断。这
是个效率很高的做法，因为如果连身份都相同的话，那么内容必然也相同，所以不需要再判
断具体的内容。如果身份不同，那么开始按照内容执行正式的判断。有个很关键的地方值得
注意：这段代码没有认定 this（本对象）一定是 Foo 类型，而是在它上面调用了 this.
getType()，并把获取到的类型与 right（右侧对象）的类型相比较。这样做有两个原因。第一，
调用该方法的实例 this 可能不一定属于 Foo 类型本身，而是属于它的某个子类型。第二，此
处必须判断 right 参数所指向的对象其类型是否与 this 完全一致，而不能只是简单地通过 as
运算符试着将其转换成 Foo 类型，因为 right 与 this 一样，未必一定是 Foo 类型本身，它同
样有可能是 Foo 的某个子类型。假如你以为，只要能保证 right 可以顺利地从 object 转成
Foo 就够了（或者说，只要 as 运算符的转换结果不是 null 就行），那么写出来的代码可能会
出现一些微妙的 bug。下面用一套简单的继承体系来演示这些 bug⊖：

```
public class B : IEquatable<B>
{
    public override bool Equals(object right)
    {
        // Check null:
        if (object.ReferenceEquals(right, null))
            return false;

        // Check reference equality:
        if (object.ReferenceEquals(this, right))
            return true;

        // Problems here, discussed later
        B rightAsB = right as B;
        if (rightAsB == null)
            return false;

        return this.Equals(rightAsB);
    }
}
```

⊖　为了与作者稍后讲解时所用的思路相符，建议读者在尝试这段代码时，把 B 类 public override bool
Equals(object right) 方法中的“return this.Equals(rightAsB);”改成“return true;”，并把 public bool
Equals(B other) 方法中的“return true;”改成“return Equals((object)other);”。D 类的代码也应该在这两处
做相应修改，此外，还要把 base.Equals(rightAsD) 改成 base.Equals(right)。这个例子是为了演示错误的写
法而举的，正确的写法请参见 C# 文档：https://docs.microsoft.com/en-us/dotnet/csharp/programming-guide/
statements-expressions-operators/how-to-define-value-equality-for-a-type。——译者注

```csharp
    // IEquatable<B> members

    public bool Equals(B other)
    {
        // Elided
        return true; // or false, based on test
    }
}

public class D : B, IEquatable<D>
{
    // Et cetera
    public override bool Equals(object right)
    {
        // Check null:
        if (object.ReferenceEquals(right, null))
            return false;

        if (object.ReferenceEquals(this, right))
            return true;

        // Problems here
        D rightAsD = right as D;
        if (rightAsD == null)
            return false;

        if (base.Equals(rightAsD) == false)
            return false;

        return this.Equals(rightAsD);
    }

    // IEquatable<D> members
    public bool Equals(D other)
    {
        // Elided
        return true; // Or false, based on test
    }
}
//Test:
B baseObject = new B();
D derivedObject = new D();

// Comparison 1:
if (baseObject.Equals(derivedObject))
```

```
        WriteLine("Equals");
else
        WriteLine("Not Equal");

// Comparison 2:
if (derivedObject.Equals(baseObject))
        WriteLine("Equals");
else
        WriteLine("Not Equal");
```

按道理来说，Comparison 1（第一次比较）的结果应该与 Comparison 2（第二次比较）的一样，如果前者打印 Equals（相等），那么后者也应该打印 Equals；如果前者打印 Not Equal（不相等），那么后者也应该打印 Not Equal。但实际上，这两次比较有可能得出相互矛盾的结果，因为早前的代码中有一些地方写得并不正确。就本例而言，第二次比较是决不会得出 Equals 这一结果的，因为 derivedObject 是 D 类型（派生类型）的对象，而 baseObject 则是 B 类型（基础类型）的对象。由于 B 类型无法自动转换成 D 类型，因此，系统会把 derivedObject.Equals(baseObject) 解析到 B 类型所实现的 Equals(B other) 方法中。与之相反，第一次比较却有可能得出 Equals 这一结果，因为它是在基类对象 baseObject 上，以派生类的对象 derivedObject 为参数来调用 Equals() 方法的。系统可以把 derivedObject 参数从 D 类型自动转换成 B 类型，因此，它会把 baseObject.Equals(derivedObject) 也解析到 B 类型所实现的 Equals(B other) 方法上。于是，按照那个方法所采用的判断逻辑，只要由 other 参数所表示的 derivedObject 对象中与 B 类型有关的内容和由 this 所表示的 baseObject 对象中的对应内容相等，程序就会判定这两个对象相等，而不会考虑 derivedObject 中是否还有其他一些 baseObject 所不具备的内容。由此可见，系统在继承体系中所做的自动转换会破坏 Equals 方法本来应该具备的对称性质。

下面这样写会令系统把 derivedObject 从 D 类型自动转换成 B 类型：

```
baseObject.Equals(derivedObject)
```

如果 baseObject.Equals() 方法仅仅根据与 B 类型有关的字段是否分别相等来判断两个对象是否相同，那么它就会判定 baseObject 与 derivedObject 相同。反过来说，如果把 derivedObject 写在前面，那么系统无法将参数 baseObject 从 B 类型自动转换成 D 类型：

```
derivedObject.Equals(baseObject)
```

调用 derivedObject.Equals(baseObject) 总会得出 false。由此可见，如果没有通过

GetType() 来比较两个参数的实际类型是否完全相同，而是只根据能否对 right 参数顺利执行 as 操作来判断它是否与本对象同属一个类型，那么就会遇到刚才演示的情况，使得比较的结果会因两个对象的先后顺序而有所差别。

　　前面的例子还体现出另一个重要的问题，就是如果你的类型重写了 Equals(object)，那么应该实现 IEquatable<T> 接口。该接口包含名为 Equals(T other) 的方法。实现这个接口，意味着向使用这个类型的开发者传达了一条信息，告诉他们自己所写的类型能够以类型安全的方式来判断两个对象是否相等。如果你认定只有当右侧对象与左侧对象是同一种类型时 Equals() 才有可能返回 true，那么采用了这种写法⊖之后，编译器就能帮你把左右两侧对象不是同一类型的情况给拦截下来⊜。

　　重写 Equals(object) 方法的时候，要记住一条原则：只有在基类型的 Equals (object) 不是由 System.Object 或 System.ValueType 所提供的情况下，才需要调用基类型的版本。刚才的例子就演示了这种情况。对于 D 类型的基类 B 来说，它的 Equals(object) 并不是由 System.Object 或 System.ValueType 所提供的，而是由编写 B 类的开发者自己定制的，因此，D 类型的 Equals(object) 方法应该通过 base.Equals(right) 来调用基类版本的 Equals(object) 方法。与之相反，B 类型的 Equals(object) 方法则不需要再通过 base.Equals(right) 来调用其基类型的版本了，因为假如那样做的话，调用的就是 System.Object 所实现的 Equals(object) 方法，该方法是根据两个对象的身份而不是内容来判断它们是否相等。这种判断方式并不是编写 B 类型的开发者想要实现的效果，如果他真的要实现这种效果，就没有必要专门在 B 类型中重写 Equals(object) 方法了，而是可以直接沿用其基类型 System.Object 的版本。

　　总之，在创建值类型的时候，总是应该考虑重写 Equals() 方法，而在创建引用类型的时候，如果你认为这种类型不应该像 System.Object 预设的那样根据引用来判断两个对象是否相等，而是需要根据内容来进行判断，那么也应该考虑重写 Equals() 方法。重写该方法的时候，请参考早前那个 Foo 类型的例子来编写判断逻辑⊕。重写 Equals() 方法意味着需要同时重写 GetHashCode() 方法，这将在第 10 条中详述。

　　现在还剩下 == 运算符需要考虑。这个运算符是否应该重写是比较容易判断的：如果创建的是值类型，那么可能应该重新定义 operator ==()，因为你需要像重写实例版本的 Equals() 方法那样，通过重载该运算符来实现高效的比较逻辑。默认版本的 == 运算符会通

⊖　这是针对早前那个 Foo 与 IEquatable<Foo> 的例子而言的。——译者注
⊜　因为编译器在这种情况下不会把对 Equals 所做的调用解析到接口方法 Equals(T other) 上，而是会解析到（重写后的）Equals(object other) 方法上，该方法如果发现两个对象根本就不是同一个类型，那么直接返回 false，而不再继续比较。——译者注
⊕　判断逻辑写在 Equals(Foo other) 方法的"return true;"那里。——译者注

过反射来比较两个值类型的对象是否相等，这么做的效率当然比你自己实现出来的要低。然而你自己在实现这个运算符的时候，应该遵照《Effective C#》（第 3 版）第 9 条所说的建议，不要在对比两个值类型的对象时触发装箱操作。

请注意，这并不意味着只要重写了实例版本的 Equals() 方法，就必须重新定义 operator==()。这只是说，当你创建的类型是值类型的时候，应该考虑重新定义 operator==()。反之，如果创建的是引用类型，那么几乎不需要重写这个操作符。.NET Framework 中的类都认为 == 运算符在 string 以外的引用类型上应该按照引用（或者说身份）来比较两个对象是否相等。

最后要说 IStructuralEquality 接口，System.Array 与 Tuple<> 泛型类都实现了这个接口。它使得这些类型本身可以从数值的角度，根据其中的各个元素来判断该类型的两个对象是否相等，而不要求那些对象所在的类型必须实现基于数值的判定逻辑。你自己在创建新类型的时候，很少需要实现这个接口，除非你创建的类型确实是个相当轻量的类型。实现这个接口，意味着该类型的对象需要作为字段或元素融入某个较大的对象中，而那种对象所在的类型需要按照数值来判断两个对象是否相同。

C# 提供了很多手段来判断两个对象是否相等，然而你在编写自己的类型时，通常只需要考虑其中的两个手段，并实现与之对应的接口。静态版本的 Object.ReferenceEquals() 与 Object.Equals() 方法决不需要重新予以定义，因为无论待比较的两个对象在运行期是什么类型，这两个方法都能正确地进行比较。你要考虑的是针对自己所创建的值类型来重写实例版本的 Equals() 方法，并重载 == 运算符，以求提升比较的效率。如果你创建的某个引用类型需要按照内容而非身份来判断两个对象是否相等，那么应该针对该类型重写实例版本的 Equals() 方法。重写 Equals() 方法的时候，还应该考虑实现 IEquatable<T> 接口。笔者把如何判断两个对象是否相等总结成了刚才的几条建议，这个问题现在看起来是不是变得简单一些了呢？

第 10 条：留意 GetHashCode() 方法的使用陷阱

这本书中的其他一些条目谈的是应该怎样去编写某个方法，或者应该在什么样的情况下编写某个方法，只有这一条专门用来谈为什么不应该编写某个方法。这个方法指的就是 GetHashCode()。它只有一个用途，就是在基于哈希⊖的集合中定义键的哈希值（也叫哈希码）。这种集合通常指的是 HashSet<T> 或 Dictionary<K, V> 这样的容器。在这种场合，你确实有理由针对键所在的类型来重写这个方法，因为那个类型的基类所提供的版本可能会有一些问题。

⊖　hash，也叫作杂凑或散列。——译者注对于引用类型来说，那个版本的效率不是很高，对于值类型来说，那个版本可能根本就不正确。然而更严重的问题是：你或许无法写出既高效又正确的 GetHashCode() 方法来。没有哪个函数能像 GetHashCode() 这样引发如此多的争论，并给开发者带来如此多的困扰。现在就来谈谈怎样避免这些困扰。

如果你创建的类型根本就不会在容器中当作键（key）来使用，那就不用担心 GetHashCode() 方法该怎么定义了。窗口控件、网页控件或数据库连接就属于这种类型，因为你不太会把这些对象当成集合中的键来用。在这些情况下，不要自己去定义 GetHashCode()。如果你创建的类型是引用类型，那么它默认采用的 GetHashCode() 方法是可以正常运作的，只不过效率比较低罢了。如果你创建的类型是值类型，那么应该尽量将其设计为不可变的类型（具体做法参见第 3 条。在这种情况下，默认的 GetHashCode() 方法也可以正常运作，然而效率同样很低）。总之，无论你创建的是引用类型还是值类型，在绝大多数情况下，最好不要去动 GetHashCode() 方法。

如果你创建的类型确实要充当哈希键，那么才需要考虑怎样实现 GetHashCode() 方法，此时需要看看下面讲的内容。每个对象都可以产生哈希码，这是个整数值。基于哈希的容器在其内部会根据每个元素的哈希码来做出优化，以便更快地进行搜索。这些容器要把存储空间划分成多个桶，从而能够把每个元素都放到对应的桶中。其哈希码符合某项条件的那批元素会放在与该条件相对应的桶中。在保存元素时，容器要计算该元素的键所具备的哈希值，以决定它究竟应该放在哪个桶中。而获取元素时，容器也要根据键的哈希值来确定自己究竟应该在哪个桶中寻找这个元素。哈希机制就是为了提升搜索效率而设计的。在理想的情况下，容器的每一个桶中都应该只包含少数几个元素。

.NET 中的每个对象都有哈希码，其哈希码由 System.Object.GetHashCode() 决定。如果要重写该方法，那么必须遵守下面 3 条规则：

1. 如果（实例版本的 Equals() 方法认定的）两个对象相等，那么这两个对象的哈希码也必须相同，否则，容器无法通过正确的哈希码来寻找相应的元素。

2. 对于任何一个对象 A 来说，GetHashCode() 必须在实例层面上满足这样一种不变条件（或者说，在实例层面上具备这样一种固定的性质）——在 A 的生命期内，无论实例 A 在执行完 GetHashCode() 方法之后还执行过其他哪些方法，当它再度执行 GetHashCode() 时，必定返回与当初相同的值。这条性质用来确保容器总是能把 A 放在正确的桶中。

3. 对于常见的输入值来说，哈希函数应该把这些值均匀地映射到各个整数上，而不应该使自己所输出的哈希码仅仅集中在几个整数上。如果每一个整数都能有相似的概率来充当对象的哈希码，那么基于哈希的容器就能够较为高效地运作。简单来说，就是要保证自己所实现的 GetHashCode() 能够让元素均匀地保存在容器的每一个桶中。此外，每个桶的元素个数也不宜太多。

要想写出正确而高效的哈希函数，就必须透彻地了解调用该函数的对象所属的真实类型，这样才能确保该函数遵守刚才所说的最后那条规则。System.Object 和 System.ValueType 所定义的版本显然无法确定这个函数究竟在什么类型的对象上调用。由于它不知道具体的类型，所以只能按照最通用的办法来计算。Object.GetHashCode() 方法是根据 System.Object 类的内部字段来生成哈希值的。

现在，我们先看看系统默认提供的 Object.GetHashCode() 是否符合上面的 3 条规则。如果两个对象相等，那么 Object.GetHashCode() 会返回相同的哈希值，因为系统是按照对象的身份来判断两个对象是否相等的。如果两个对象相等，那么说明它们具备相同的身份标识，而 Object.GetHashCode() 同样是根据对象内部代表身份标识的字段来产生哈希码的，因此，它会为这两个对象输出相同的哈希码。由此可见，系统默认提供的 GetHashCode() 方法确实符合第 1 条规则。但是，如果你决定重写 Equals() 方法，那么必须同时重写 GetHashCode() 方法，以确保第 1 条规则能够继续得到遵守（详情参见第 9 条）。

接下来看第 2 条规则。由于对象创建出来之后系统为它生成的哈希码总是固定不变的，因此，默认版本的 Object.GetHashCode() 也符合第 2 条规则。

最后看第 3 条规则，也就是看 Object.GetHashCode() 是否能够根据有可能出现的输入值把哈希码均匀地分布到各个整数上。Object.GetHashCode() 并不了解调用该方法的对象究竟属于 Object 类本身，还是属于某个具体的子类，但该方法确实会在它所能做到的范围内尽量保证生成的哈希码是均匀分布的。因此，我们可以认为，它很好地遵守了第 3 条规则。

在开始讲解如何重写 GetHashCode 之前，我们还要看看 System.ValueType 所实现的 GetHashCode() 方法是否符合刚才那 3 条规则。System.ValueType 重写了 GetHashCode() 方法，以便给所有的值类型都提供一份默认的实现。它所返回的哈希码，就是类型中第一个字段的哈希码。例如：

```
public struct MyStruct
{
    private string msg;
    private int id;
    private DateTime epoch;
}
```

MyStruct 对象所返回的哈希码就是 msg 字段的哈希码。这意味着只要 msg 不是 null，下面这段代码便总是返回 true：

```
MyStruct s = new MyStruct();
s.SetMessage("Hello");
return s.GetHashCode() == s.GetMessage().GetHashCode();
```

第 1 条规则要求两个（由实例版的 Equals() 方法判定为）相等的对象必须返回相同的哈希码。在大多数情况下，值类型的对象都遵守这条规则，但有人可能会故意违反或是在无意之间违背这条规则。（此外，在编写引用类型的对象时，常常出现两个对象经由 Equals() 判定为相等但哈希码却不相等的情况。）在本例中，Equals() 方法会对比两个结构体（struct）的首个字段，当然也会对比其他的字段，而 GetHashCode() 则只关注首个字段。在这种实现方式下，它是符合第 1 条规则的。如果你自己重写了 Equals() 方法，那么只要该方法在判断两个对象是否相等时顾及了结构体的首个字段，那么 GetHashCode() 方法就依然有效。反之，如果你编写的结构体类型在判断两个对象是否相等时根本就不参考第一个字段，那么由 System.ValueType 默认提供的 GetHashCode() 方法就会违背上述第 1 条规则。

第 2 条规则要求哈希码必须在实例层面上保持不变。只有当 struct 的首个字段是不可变的字段时，GetHashCode() 才能满足这条规则。如果首个字段的值是可以修改的，那么修改了之后，GetHashCode() 所返回的哈希码也会发生相应的变化，从而违背了第 2 条规则。因此，只要你创建的 struct 类型允许该类型的对象在其生命期中修改首个字段的值，那么默认的 GetHashCode() 方法就会在该值发生变化后失效。值类型之所以应该设计成不可变的类型，这也是其中一项理由（参见第 3 条）。

第 3 条规则是否得到满足，要看首个字段是什么类型，以及该字段在这种结构体的各个对象中是怎样取值的。如果这个字段所在的类型其 GetHashCode() 方法能够产生分布较为均匀的哈希码，而且该结构体的各个对象能够在首个字段的取值上相互错开，那么整个 struct 的 GetHashCode() 方法就能够生成排列较为均匀的哈希码。反之，如果有许多对象都在第一个字段上具备相同的值，那么 GetHashCode() 方法就不能很好地满足第 3 条规则了。比方说，稍微修改一下早前的 struct：

```csharp
public struct MyStruct
{
    private DateTime epoch;
    private string msg;
    private int id;
}
```

如果有多个 MyStruct 对象都把 epoch 字段设置成当前这一天（这里假设只精确到天，而不包含更为具体的时刻），那么这些对象的哈希码就都一样。这种取值情况会令 GetHashCode() 无法产生均匀分布的哈希码。

现在把系统默认提供的哈希函数总结一下。Object.GetHashCode() 方法能够为引用类型的对象生成正确的哈希码，然而它所生成的哈希码未必是均匀分布的。（如果你在自己的类型中重写了实例版本的 Object.Equals() 方法，那么该方法有可能失效。）对于值类型来说，只有当结构体的第一个字段是只读字段时，ValueType.GetHashCode() 才能够正常地运作。如果这种 struct 的各个对象能够在该字段的取值上相互错开，那么 ValueType.GetHashCode() 方法所给出的哈希码用起来就比较高效。

　　如果你想产生更好的哈希码，那么需要对类型做出一些限制。最好是能创建不可变的值类型，因为这种类型的 GetHashCode() 方法写起来要比不受限制的类型简单得多。现在我们就来看看怎样实现 GetHashCode() 才能确保早前那 3 条规则都得到遵守。

　　首先，第 1 条规则要求，如果 Equals() 方法认定两个对象相等，那么 GetHashCode() 方法为这两个对象所生成哈希码也必须相等。这意味着，凡是在生成哈希码的过程中用到的属性或数据都需要在判断两个对象是否相等的时候予以考虑，只有这样，才能确保这条规则得到遵守。反之，在判断相等的时候所用到的属性也应该在计算哈希码的过程中予以考虑。有些 GetHashCode() 方法虽然遵守第 1 条规则，但却没有做到刚才说的那一点，例如 System. ValueType 所提供的 GetHashCode() 方法在计算哈希码的时候，就不一定会把判断两个对象是否相等时所用到的属性考虑进去。于是，这样计算出来的哈希码无法很好地遵守第 3 条规则。总之，判断两个对象是否相等与计算对象的哈希码这两种操作，都应该依据同一套元素来执行。

　　第 2 条规则要求 GetHashCode() 方法的返回值在实例层面上必须固定不变。假如你定义了下面这个 Customer 引用类型：

```
public class Customer
{
    private decimal revenue;

    public Customer(string name) =>
        this.Name = name;

    public string Name { get; set; }

    public override int GetHashCode() =>
        Name.GetHashCode();
}
```

然后，又执行了下面这段代码：

```
Customer c1 = new Customer("Acme Products");
myHashMap.Add(c1, orders);
// Oops, the name is wrong:
c1.Name = "Acme Software";
```

那么以后就无法在 hash map 中找到 c1 这个对象了。刚开始把 c1 添加到 map 的时候，它的哈希码是根据内容为 Acme Products 的字符串而生成的，可是后来又把客户（Customer）的名字（Name）改成了 Acme Software，于是该对象现在的哈希码也随之改变，因为 GetHashCode() 方法会根据新的名字（也就是 Acme Software）来计算哈希码。刚开始保存 c1 的时候，hash map 会依照从字符串 Acme Products 计算出来的哈希码来决定这个 c1 应该保存到哪个桶中，但是，当它的名字变成 Acme Software 之后，hash map 可能就会误以为它保存在另外一个桶中。由于对象的哈希码没有在该对象的生命期内保持不变（或者说不具备对象层面上的不变性质），因此 hash map 以后无法正确地寻找这个对象。如果对象在存储到容器之后其哈希码发生变化，那么容器就有可能找不到这个对象。尽管对象此时依然位于容器中，但容器会误以为它存放在另一个桶中。

这个问题只有当 Customer 是引用类型时才有可能出现，如果它是值类型，那么就不会出现这个问题，但是，程序的行为依然不太正常，因为它会表现出别的问题。Customer 若是值类型，那么保存到 hash map 中的就是 c1 的一份副本，刚才写的最后一行代码虽然修改了 c1 对象的 Name，但却影响不到那份副本的 Name，因此 hash map 中保存的 Customer 对象根本不会得到修改。由于装箱与解除装箱等机制也会涉及副本问题，因此值类型的对象在添加到集合中后，其成员是不太可能发生变化的。

要想遵守第 2 条规则，你只能根据对象中某个（或某些）不会发生变化的属性来计算该对象的哈希码。例如 System.Object 就是用对象标识符来计算哈希码的，因为同一个对象在其生命期内标识符始终不变。在计算哈希码的时候，System.ValueType 会假设该类型的首个字段不会发生变化，如果你无法将自己所写的值类型设计成不可变的值类型，那么恐怕也找不出比这更好的办法。如果某个值类型的对象打算在 hash 容器中当作 key（键）来用，那么该类型必须是不可变的类型。如果某个类型做不到这一点，但你却把该类型的对象当成 key 来用，那么使用这个类型的人就有可能会破坏这个容器，令它无法正常运作。

为了解决这个问题，我们可以修改 Customer 类的代码，令它的 Name 属性不可变：

```csharp
public class Customer
{
    private decimal revenue;

    public Customer(string name) => this.Name = name;

    public string Name { get; }

    public decimal Revenue { get; set; }

    public override int GetHashCode() =>
```

```
        Name.GetHashCode();

    public Customer ChangeName(string newName) =>
        new Customer(newName) { Revenue = revenue };
}
```

修改后的 Customer 类可以提供名为 ChangeName() 的方法，该方法通过构造函数与对象初始化语句来构建新的 Customer 对象，并把本对象的 revenue 值赋给新对象的对应属性。这样修改之后，开发者就不能再像早前那样直接修改 Name 属性了，而是要通过 ChangeName() 来创建新的对象，该方法会把新对象的 Name 属性设置成开发者通过参数所传入的那个名字：

```
Customer c1 = new Customer("Acme Products");
myDictionary.Add(c1, orders);
// Oops, the name is wrong:
Customer c2 = c1.ChangeName("Acme Software");
Order o = myDictionary[c1];
myDictionary.Remove(c1);
myDictionary.Add(c2, o);
```

使用修改后的 Customer 类时，开发者为了修改客户名称，必须先把该客户从 myDictionary 中移走，然后通过 ChangeName() 方法创建出具备正确名称的另一个 Customer 对象，以代表改名之后的客户。接下来，还要把新的 Customer 对象重新放回 myDictionary 中。与早前的写法相比，这样写虽然较为麻烦，但是能够得出正确的结果，而不像原来那样会让程序出现问题。早前的写法有可能导致开发者写出错误的代码。如果你能像本例这样把计算哈希码时所用到的属性设计成不可变的属性，那么就能够确保程序表现出正确的行为，因为使用该类型的人现在已经无法修改计算哈希码时需要用到的属性了。现在这种写法要求类型的设计者与使用者都必须编写更多的代码才行，然而，这却是很有必要的，因为只有这样做，才能使程序正常运作。总之，如果在计算哈希码的过程中需要用到某个数据成员，那么就必须把该成员设为不可变的成员。

第 3 条规则要求，GetHashCode() 应该把有可能出现的各种输入值都均匀地映射到可以充当哈希码的整数上。至于如何满足这项要求，则要看你所创建的类型具体是怎么使用的。假如真的有一个奇妙的公式能适用于所有的类型，那么 System.Object 早就拿它来计算哈希码了，这样的话，现在的这一条目（即本书的第 10 条）也就不用写了。有一种常用的哈希算法，是在类型中的每个字段上分别调用其 GetHashCode() 方法，并把返回的哈希码进行异或（XOR）运算，这样就得到了对象本身的哈希码（注意：可变的字段不参与计算）。只有当该类型的各字段之间相互独立时，这样的算法才能见效，否则，这种算法所生成的哈希码还是有可能集中在某几个值或某几个范围内的值上，从而无法实现均匀分布。这样的话，容器只会把元素集中保存在少数几个桶中，使得这些桶过于拥挤。

.NET 框架中有两个例子，可以用来演示怎样才算较好地实现了第 3 条规则。第一个例子是 int，这个类型的 GetHashCode() 方法会直接把 int 所表示的整数值当成哈希码返回，这相当于根本就没有做随机处理，于是，取值相近的一组源数据其哈希码也必然会聚集到某个较小的范围中，而无法实现均匀分布。第二个例子是 DateTime，它的 GetHashCode() 方法把内部 64 比特的 Ticks 属性⊖分成高 32 位与低 32 位两个部分，并对二者做 XOR 运算，这样得到的哈希码不会过于聚集。在给自己的类型编写 GetHashCode() 方法时，如果能利用 DateTime 所实现的版本，而不是直接根据年、月、日等字段计算，那么获得的结果可能会好一些。比方说，如果要编写某个类型来表示学生的信息，那么就要考虑到许多学生都是在同一年出生的，因此，根据年份算出的哈希值就有可能分布得过于密集。总之，要想构建出合适的 GetHashCode() 方法，就必须先清楚地知道自己所写的类型在各字段的取值上有什么样的特点或规律。

GetHashCode() 方法对开发者提出了 3 个很具体的要求，也就是要求相等的对象必须具备相等的哈希码，而且要求同一个对象在其生命期内必须返回同一个哈希码。此外，为了使基于哈希的容器能够高效地运作，它还要求哈希码必须均匀分布，而不能过于密集。只有当你实现的类型是不可变的类型时，才有可能写出满足这 3 个要求的 GetHashCode() 方法。如果这个类型是可变的，那你恐怕就得依赖系统所提供的默认版本了，在这种情况下，你必须了解这么做可能带来哪些问题。

⊖　Ticks 属性是指当前 DateTime 对象所表示的时刻与 DateTime 所能表示的最早时刻之间距离多少个 tick，其中 1 tick 等于 100 纳秒。——译者注

Effective

CHAPTER 2 · 第 2 章

API 设计

在编写自己的类型时，要设计该类型的 API，而这些 API 实际上就是你与其他开发者相互沟通的一种渠道。你应该把公开发布的构造函数、属性及方法写得好用一些，让使用这些 API 的开发者很容易就能编出正确的代码。要想令 API 更加健壮，就必须从许多方面来考虑这个类型。例如，其他开发者会如何创建该类型的实例？你怎样通过方法与属性把该类型所具备的功能展示出来？该类型的对象应该怎样触发相应的事件或调用其他的方法来表示自己的状态发生了变化？不同的类型之间具备哪些共同的特征，这些特征又应该如何体现？

第 11 条：不要在 API 中提供转换运算符

转换运算符使得某个类型的对象可以取代另一种类型的对象。所谓可以取代，意思是说能够当成另一种类型的对象来使用。这当然有好处，例如，派生类的对象可以当成基类的对象来用。几何图形（Shape）就是个很经典的例子。如果用 Shape 充当各种图形的基类，那么矩形（Rectangle）、椭圆（Ellipse）及圆（Circle）等图形就都可以继承该类。这样的话，凡是需要使用 Shape 对象的地方，就都可以传入 Circle 等子类对象，而且在 Shape 对象上执行某些方法时，程序还可以根据该对象所表示的具体图形体现出不同的行为，也就是会产生多态的效果。之所以能够这样用，是因为 Circle 是一种特殊的 Shape。

对于你创建出的新类来说，某些转换操作是可以由系统自动执行的。例如，凡是需要用到 System.Object 实例的地方，系统都允许开发者用这个新类的对象来代替 object，因为不管这个新类是什么类型，它都是从 .NET 类型体系中最根本的那个类型（也就是 System.Object）中派生出来的。同理，如果你的类实现了某个接口，那么凡是需要用到该接口的地方，就都可以使用该类。此外，如果该接口还有其他的基接口，或是这个新类与 System.Object 之间还隔着其他的一些基类，那么凡是用到基接口与基类的地方也都可以使用这个类来代替。另外要注意，C# 语言还能在许多种数值之间转换。

如果给自己的类型定义了转换运算符，那就相当于告诉编译器可以用这个类型来代替目标类型。然而这种转换很容易引发某些微妙的错误，因为你自己的这种类型不一定真的能够像目标类型那样运作。有些方法在处理目标类型的对象时会产生附带效果，令对象的状态发生变化，而这种效果可能不适用于你自己所写的类型。还有一个更严重的问题在于，开发者可能并没有意识到，它操作的并不是自己想操作的那个对象，而是由转换运算符所产生的某个临时对象。在这样的对象上操作是没有意义的，因为这种对象很快就会让垃圾收集器给回收掉。最后还有一个问题：转换运算符是根据对象的编译期类型来触发的，为此，开发者在使用你的类型时可能必须经过多次转换才能触发该运算符，而这样写会导致代码难于维护。

如果允许开发者把其他类型的对象转换为本类型的对象，那么就应该提供相应的构造函数，这样能够使他们更为明确地意识到这是在创建新的对象。假如不这样做，而是通过转换运算符来实现，那么可能会出现难以排查的问题。以一个继承体系为例⊖，在该体系中，Circle（圆形）类与 Ellipse（椭圆）类都继承自 Shape 类，之所以这样做，是因为假如 Circle 继承自 Ellipse，那么在编写实现代码时，可能会遇到一些困难，因此，我们决定不让 Circle 从 Ellipse 中继承。然而你很快就会发现，在几何意义上，每一个圆形其实都可以说成是特殊的椭圆。反之，某些本来用于处理圆形的逻辑其实也可以用来处理某些椭圆。

⊖　原书这里给出了一幅图，但其与此处的例子不符，因此译文略去该图。那张图想要说的意思是：圆形（Circle）在数学意义上可以当成半长轴与半段轴恰好相等的特殊椭圆（Ellipse）；但在编程的意义上则不行，因为它的所谓半长轴与半段轴其实指的都是半径，因此必须同步变动，而不能像后者那样可以各自独立地变化。因此，圆形与椭圆应该分别继承自 Shape（图形），而不能让圆形从椭圆中继承。正方形与长方形（矩形）之间，也有类似的问题，这体现在前者的边长与后者的长、宽上。——译者注

意识到这个问题之后，可能就想添加两种转换运算符，以便在这两种类型的对象之间进行转换。由于每一个圆形都可以当作特殊的椭圆，因此，会添加一种隐式的（implicit）转换操作符，根据 Circle 对象新建与之相仿的 Ellipse 对象。凡是本来应该使用 Ellipse 但却出现了 Circle 对象的地方，都会自动触发这种转换操作。与之相反，假如把转换操作设计成显式的（explicit）操作，那么这种转换操作就不会自动触发，而是必须由开发者在源代码里通过 cast（强制类型转换）来明确地触发。

```csharp
public class Circle : Shape
{
    private Point center;
    private double radius;

    public Circle() :
        this(new Point(), 0)
    {
    }

    public Circle(Point c, double r)
    {
        center = c;
        radius = r;
    }

    public override void Draw()
    {
        //...
    }
    static public implicit operator Ellipse(Circle c)
    {
        return new Ellipse(c.center, c.center,
            c.radius, c.radius);
    }
}
```

有了 implicit 转换运算符之后，就可以在本来需要使用 Ellipse 的地方使用 Circle 类型的对象。这会自动引发转换，而无须手工触发：

```csharp
public static double ComputeArea(Ellipse e) =>
    e.R1 * e.R2 * Math.PI;

// Call it:
Circle c1 = new Circle(new Point(3.0, 0), 5.0f);
```

```
ComputeArea(c1);
```

这很好地体现了什么叫作替换：Circle 类型的对象可以代替 Ellipse 对象出现在需要用到 Ellipse 的地方。ComputeArea 函数是可以与替换机制搭配起来使用的。但是，另外一个函数就没这么幸运了：

```
public static void Flatten(Ellipse e)
{
    e.R1 /= 2;
    e.R2 *= 2;
}

// Call it using a circle:
Circle c = new Circle(new Point(3.0, 0), 5.0);
Flatten(c);
```

这样写实现不出正确的效果。由于 Flatten() 方法需要用 Ellipse 类型的对象作参数，因此，编译器必须把传入的 Circle 对象设法转换成 Ellipse 对象。你定义的 implicit 转换运算符恰好可以实现这种转换，于是，编译器会触发这样的转换，并把转换得到的 Ellipse 对象当成参数传给 Flatten() 方法。Ellipse 对象只是个临时的对象，它虽然会为 Flatten() 方法所修改，但是修改过后立刻就变成了垃圾，从而有可能遭到回收。Flatten() 方法确实体现出了它的效果，但这个效果是发生在临时对象上的，而没有影响到本来应该套用该效果的那个对象，也就是名为 c 的 Circle 对象。

假如把转换操作符从 implict 改为 explicit，那么开发者就必须先将其明确地转为 Ellipse 对象，然后才能传给 Flatten() 方法：

```
Circle c = new Circle(new Point(3.0, 0), 5.0);
Flatten((Ellipse)c);
```

这样改会强迫开发者必须把 Circle 对象明确地转换成 Ellipse 对象，但由于传进去的依然是临时对象，因此，Flatten() 方法还是会像刚才那样，在这个临时对象上进行修改，而这个临时对象很快就会遭到丢弃，原来的 c 对象则依然保持不变。如果能在 Ellipse 类型中提供构造函数，令其根据 Circle 对象来创建 Ellipse 对象，那么开发者就会通过构造函数来编写程序，这样的话，很快就会发现代码中的错误：

```
Circle c = new Circle(new Point(3.0, 0), 5.0);
Flatten(new Ellipse(c));
```

许多开发者一看到这样两行代码，立刻就能意识到传给 Flatten() 方法的 Ellipse 对象很快就会丢失。为了解决这个问题，他们会创建变量来引用 Ellipse 对象。

```
Circle c = new Circle(new Point(3.0, 0), 5.0);
Flatten(c);
// Work with the circle.
// ...

// Convert to an ellipse.
Ellipse e = new Ellipse(c);
Flatten(e);
```

经过 Flatten() 方法处理的椭圆现在会保存到变量 e 中，而不会像早前那样立刻变成垃圾。用构造函数取代转换操作符非但不会减少程序的功能，反而可以更加明确地体现出程序会在什么样的地方新建什么样的对象。（熟悉 C++ 语言的开发者应该能注意到，C# 并不会通过调用构造函数来实现隐式或显式的转换，只有当开发者明确用 new 运算符来新建对象时，它才会去调用构造函数，除此以外的其他情况 C# 都不会自动帮你调用构造函数。因此，C# 中的构造函数没有必要拿 explicit 关键字来修饰。）

如果你编写的转换运算符不是像早前的例子那样把一种对象转换成另一种对象，而是把对象内部的某个字段返回给了调用方，那么就不会出现临时对象的问题了，但是，这样做会有其他的问题，因为这种做法严重地破坏了类的封装逻辑，使得该类的用户能够访问到本来只应该在这个类的内部所使用的对象。本书第 17 条解释了为什么要避免这种做法。

转换运算符可以用来实现类型替换，但这样做可能会让程序出现问题，因为用户总是觉得他可以把你所写的类型用在本来需要使用另一个类型的地方。如果他真的这样用了，那么他所修改的可能只是转换运算符所返回的某个临时对象或内部字段，而这种效果无法反映到他本来想要修改的对象上。经过修改的临时对象很快就会遭到回收。如果他没有把那个对象保留下来，那么修改的结果就无法体现出来。这种 bug 很难排查，因为涉及对象转换的这些代码是由编译器自动生成的。总之，不要在 API 中公布类型转换运算符。

第 12 条：尽量用可选参数来取代方法重载

C# 允许调用者根据位置或名称来给方法提供实际参数（argument，简称实参），这样的话，形式参数（formal parameter，简称形参）的名称就成了公有接口的一部分。如果类型的设计者修改了公有接口中某个方法的形参名称，那么可能会导致早前用到该方法的代码无法正常编译。为了避免这个问题，调用方法的人最好不要使用命名参数来进行调用（或者说，最好不要用指定参数名称的办法来进行调用），而设计接口的人也应该注意，尽量不要修改公有或受保护（protected）方法的形参名称。

C# 语言的设计者提供这项特性当然不是为了故意给编程制造困难，而是基于一定的原因，而且，它确实有一些合理的用法。例如，把命名参数与可选参数相结合，能够让许多 API 变得清晰，尤其是给 Microsoft Office 设计的那些 COM API。现在考虑下面这段代码，它通过经典的 COM 方法来创建 Word 文档，并向其中插入一小段文本：

```
var wasted = Type.Missing;
var wordApp = new
    Microsoft.Office.Interop.Word.Application();
wordApp.Visible = true;
Documents docs = wordApp.Documents;

Document doc = docs.Add(ref wasted,
    ref wasted, ref wasted, ref wasted);

Range range = doc.Range(0, 0);

range.InsertAfter("Testing, testing, testing. . .");
```

这段程序很小，而且并没有什么特别有意义的功能。然而，此处的重点在于，它把 Type.Missing 对象接连用了 4 次。对于其他一些涉及 Office interop（互操作）的应用程序来说，它们使用 Type.Missing 对象的次数可能远远多于这个例子。这些写法会让应用程序的代码显得很杂乱，从而掩盖了软件真正想要实现的功能。

C# 语言之所以引入可选参数与命名参数，在很大程度上正是想要消除这些杂乱的写法。利用可选参数这一机制，Office API 中的 Add() 方法能够给参数指定默认值，以便在调用方没有明确为该参数提供数值的情况下，直接使用默认的 Type.Missing 来充当参数值。改用这种写法之后，刚才那段代码就变得很简单了，而且读起来也相当清晰：

```
var wordApp = new
    Microsoft.Office.Interop.Word.Application();
wordApp.Visible = true;
Documents docs = wordApp.Documents;

Document doc = docs.Add();

Range range = doc.Range(0, 0);
```

```
range.InsertAfter("Testing, testing, testing. . .");
```

当然，你可能既不想让所有的参数都取默认值，也不想逐个去指定这些参数，而是只想明确给出其中某几个参数的取值。还以刚才那段代码为例。如果新建的不是 Word 文档，而是一个网页（或者说 Web 页面），那么你可能要单独指出最后一个参数的取值，而把前三个参数都设为它们的默认值。在这种情况下，你可以通过命名参数来调用 Add() 方法，也就是只把需要明确加以设定的参数给写出来，并指出它的取值：

```
var wordApp = new
    Microsoft.Office.Interop.Word.Application();
wordApp.Visible = true;
Documents docs = wordApp.Documents;

object docType = WdNewDocumentType.wdNewWebPage;
Document doc = docs.Add(DocumentType: ref docType);

Range range = doc.Range(0, 0);

range.InsertAfter("Testing, testing, testing. . .");
```

由于 C# 允许开发者按照参数名称来调用方法，因此，对于其参数带有默认值的 API 来说，调用者可以只把那些自己想要明确指定数值的参数给写出来。这一特性使得 API 的设计者不用再去提供很多个重载版本。如果不使用命名参数及可选参数等特性，那么对于 Add() 这样带有 4 个参数的方法来说，就必须创建 16 个相互重载的版本才能实现出类似的效果。有一些 Office API 的参数多达 16 个，由此可见，命名参数与可选参数确实极大地简化了 API 的设计工作。

刚才那两个例子在调用 Add() 方法的时候，都为参数指定了 ref 修饰符，不过，C# 4.0 修改了规则，允许开发者在 COM 环境下省略这个 ref。接下来的 Range() 方法用的就是这种写法。如果把 ref 也写上去，那么反而会误导阅读这段代码的人，而且，在大多数产品代码中，调用 Add() 方法时所传递的参数都不应该添加 ref 修饰符。（刚才那两个例子之所以写了 ref，是想反映出 Add() 方法的真实 API 签名。）

笔者以 COM 与 Office API 为例演示了命名参数与可选参数的正当用途，然而，这并不意味着它们只能用在涉及 Office interop 的应用程序中，实际上，也无法禁止开发者在除此以外的其他场合使用这些特性。例如，其他开发者在调用你所提供的 API 时，有可能通过命名参数来进行调用，而你无法禁止他们这么用。

比如，有下面这个方法：

```
private void SetName(string lastName, string firstName)
{
    // Elided
}
```

调用者可以通过命名参数来明确地体现出自己所提供的这两个值分别对应于哪个参数，从而避开了到底是姓在前还是名在前的问题。

```
SetName(lastName: "Wagner", firstName: "Bill");
```

调用方法的时候，把参数的名称标注出来可以让人更清楚地看到每个参数的含义，而不至于在顺序上产生困惑。如果把参数的名称写出来，能够令阅读代码的人更容易看懂程序的意思，那么开发者就很愿意采用这种写法。在多个参数都是同一种类型的情况下，更应该像这样来调用方法，以厘清这些值所对应的参数。

修改参数的名称会影响到其他代码。参数名称只保存在 MSIL 的方法定义中，而不会同时保存在调用方法的地方，因此，如果你修改了参数的名称，并且把修改后的组件重新发布了出去，那么对于早前已经用旧版组件编译好的程序集来说，其功能并不会受到影响。但是，如果开发者试着用你发布的新版组件来编译他们早前所写的代码，那么就会出现错误，只有那些已经根据旧版组件编译好了的程序集才能够继续与新版组件搭配着运行。开发者虽然不愿意见到这种错误，但并不会因此太过责怪你。举个例子，假如你把 SetName() 方法的参数名改成下面这个样子：

```
public void SetName(string last, string first)
```

然后，你把修改后的代码编译好，并将程序集作为补丁发布了出去。那么，已经编译好的其他程序集依然能够正常调用 SetName() 方法，即便它们的代码当初是通过指定参数名称的方式进行调用的，也依然不会受到影响。但是，如果开发者想把手中的代码依照你所发布的新版组件来进行编译，那么就会发现这些代码无法编译：

```
SetName(lastName: "Wagner", firstName: "Bill");
```

无法编译的原因在于，参数的名称已经变了。

此外，修改参数的默认值也需要重新编译代码，只有这样，才能把修改后的默认值套用到使用这个方法的代码上。如果你把修改后的代码加以编译，并作为补丁发布出去，那么，对于那些已经根据旧版组件编译好的程序集来说，他们所使用的默认值还是旧版的默认值。

其实，你也不希望使用你这个模块的开发者因为方法发生变化而遇到困难。因此，你必须把参数的名称也当作公有接口的一部分来加以考虑，并且要意识到：如果修改了这些参数的名字，那么其他开发者在根据新版模块来编译原有的代码时，就会出现错误。

此外，给方法添加参数也会导致程序出错，只不过这个错误是出现在运行期的。就算新添加的参数带有默认值，也还是会让程序在运行的时候出错。这是因为，可选参数的实现方式其实与命名参数类似，在 MSIL 中，某个参数是否有默认值以及默认值具体是什么都保存在定义函数的地方。遇到函数调用语句时，系统会判断调用者所没有提供的这些参数有没有默认值可以使用，如果有，那么就以这些默认值来进行调用。

因此，如果给模块中的某个方法添加了参数，那么早前已经编译好的程序是没有办法与新版模块一起运作的，因为它们在编译的时候并不知道这个方法还需要使用你后来添加的这几个参数，于是，等运行到这个方法的时候就会出错。如果新添加的参数带有默认值，那么还没有开始编译的代码是不会受到影响的。

看完这些解释之后，你应该更清楚这一条的标题所要表达的意思了。为模块编写第 1 版代码时，尽量利用可选参数与命名参数等机制来设计 API，以便涵盖同一个函数在参数上的不同用法。这样一来，就无须针对这些用法分别进行重载。但是，如果你把这个模块发布出去之后又发现需要自己添加参数，那么就只好创建重载版本，唯有这样，才能保证早前按旧版模块构建的应用程序依然可以与新版模块协同运作。另外要注意，更新模块的时候，不应该修改参数的名称，因为当你把模块的第 1 版发布出去之后，这些名称实际上已经成了 public 接口的一部分。

第 13 条：尽量缩减类型的可见范围

并不是所有人都需要看到程序中的每一个类型，因此无须将这些类型都设为 public（公有）。你应该在能够实现正常功能的前提下，尽量缩减它们的可见范围。其实这个范围通常比你所认为的要小，因为 internal（内部）与 private（私有）类也可以实现公有接口，而且即便公有接口声明在 private 类型中，其功能也依然可以为客户代码所使用。

由于 public 类型创建起来相当容易，因此，很多人不假思索地就把类型设计为 public。其实，许多独立的类完全可以设计成 internal 类。你还可以把某些类嵌套在其他类中，并将这些类设计成 protected（受保护）类或 private 类，以进一步减少该类的暴露范围。这个范围越小，将来在更新整个系统时所需修改的地方就越少。把能够访问到某个类型的地方变得少一些，将来在修改这个类型时，必须同步做出调整的地方就能相应地少一些。

只公布那些确实需要公布的类型。在用某个类型来实现公有接口的时候，应该尽量缩减该类型的可见范围。.NET Framework 中随处可见的 Enumerator 模式就是遵循着这条原则来设计的。System.Collections.Generic.List<T> 类中含有一个名为 Enumerator 的结构体，这个结构体实现了 IEnumerator<T> 接口：

```
// For illustration; not the complete source
public class List<T>  : IEnumerable<T>
{
    public struct Enumerator : IEnumerator<T>
    {
        // Contains specific implementation of
        // MoveNext(), Reset(), and Current

        internal Enumerator(List<T> storage)
        {
            // Elided
        }
    }

    public Enumerator GetEnumerator()
    {
        return new Enumerator(this);
    }

    // Other List members
}
```

在使用 List<T> 编程的时候，你并不需要知道其中有这样一个 List<T>.Enumerator 结构体，只需要知道在 List<T> 对象上调用 GetEnumerator() 方法会得到一个实现了 IEnumerator<T> 接口的对象。至于这个对象究竟是什么类型以及该类型是怎样实现 IEnumerator<T> 接口的，则属于细节问题。.NET Framework 的设计者在其他几种集合类上也沿用了这一模式，例如 Dictionary<TKey,TValue> 类中包含名为 Dictionary<TKey,TValue>.Enumerator 的结构体，Queue<T> 类中包含名为 Queue<T>.Enumerator 的结构体。

如果把 Enumerator 这样的类型设计成 private 类型，那么会带来很多好处。首先，这使得 List<T> 类能够在不需要告知用户的前提下，改用另一种类型来实现 IEnumerator<T> 接口，而无须担心已有的程序及代码会受到影响。用户之所以能够使用由 GetEnumerator() 方法所返回的 enumerator，并不是因为他们完全了解这个 enumerator 是由什么类型来实现的，而是因为他们明白：无论这个 enumerator 是由什么类型来实现的，都必然会遵循 IEnumerator<T>

接口所拟定的契约。在早前那个例子中，实现相关接口的 enumerator 其实是 public 结构体，之所以没有设计成 private，仅仅是为了提升性能，而不是鼓励你去直接使用这些类型本身。

有一种办法能够缩减类型的可见范围，但很多人都忽视了它，这就是创建内部类，因为大多数程序员总是直接把类设为 public，而没有考虑除此之外还有没有其他选项。笔者写这一条是想提醒你，以后不要直接把类型设为 public，而要仔细思考这个新类型的用法，看它是开放给所有客户使用的，还是主要用在当前这个程序集的内部。

由于可以通过接口来发布功能，因此，内部类的功能依然可以为本程序集之外的代码所使用，因为很容易就能让这个类实现相关的接口，并使得外界通过此接口来使用本类的功能（参见第 17 条）。有些类型不一定非要设为 public，而是可以用同时实现了好几个接口的内部类来表示。如果这样做了，那么将来可以很方便地拿另一个类来替换这个类，只要那个类也实现了同一套接口就行。比方说，我们编写下面这个类，用来验证电话号码：

```
public class PhoneValidator
{
    public bool ValidateNumber(PhoneNumber ph)
    {
        // Perform validation.
        // Check for valid area code and exchange.
        return true;
    }
}
```

它正常地运作了好几个月，直到有一天，你发现自己还需要验证其他格式的电话号码。此时，这个 PhoneValidator 就显得不够用了，因为它的代码是固定的，只能按照美国的电话号码格式来执行验证。现在，软件不仅要验证美国的电话号码，而且必须能够验证国际上的电话号码，可是，你又不想把这两块验证逻辑耦合得过于紧密，于是，可以把新的逻辑放到原有的 PhoneValidator 类之外。为此，需要创建一个接口来验证任意电话号码：

```
public interface IPhoneValidator
{
    bool ValidateNumber(PhoneNumber ph);
}
```

接下来，要让已有的那个类实现上述接口。此时，可以考虑将其从 public 类改为

internal 类：

```
internal class USPhoneValidator : IPhoneValidator
{
    public bool ValidateNumber(PhoneNumber ph)
    {
        // Perform validation.
        // Check for valid area code and exchange.
        return true;
    }
}
```

最后，创建新的类，把验证国际电话号码的逻辑写到这个类中：

```
internal class InternationalPhoneValidator : IPhoneValidator
{
    public bool ValidateNumber(PhoneNumber ph)
    {
        // Perform validation.
        // Check international code.
        // Check specific phone number rules.
        return true;
    }
}
```

为了把整套方案实现好，还需要提供一种手段，以便根据电话号码的类型来确定相关的验证逻辑所在的类，并创建该类的对象。这种需求可以用工厂模式来做。本程序集以外的地方只知道工厂方法所返回的对象实现了 IPhoneValidator 接口，而看不到该对象所属的具体类型。那些具体类型分别用来处理世界各地的电话号码格式，它们仅在本程序集之内可见。这套方案使得我们可以很方便地针对各个地区的电话号码来编写相应的格式验证逻辑，同时，又不会影响到系统内的其他程序集。由于这些具体类型的可见范围较小，因此，更新并扩充整个系统时，所需修改的代码也会少一些。

```
public static IPhoneValidator CreateValidator(PhoneTypes type)
{
    switch (type)
    {
        case PhoneTypes.UnitedStates:
            return new USPhoneValidator();
        case PhoneTypes.UnitedKingdom:
            return new UKPhoneValidator();
        case PhoneTypes.Unknown:
```

```
            default:
                return new InternationalPhoneValidator();
        }
    }
```

也可以创建名为 PhoneValidator 的 public 抽象基类，把每一种具体的电话号码验证器都需要用到的算法提取到该类中。这样的话，外界就可以通过这个基类来使用它所发布的各种功能了。在刚才的例子中，这些具体的 PhoneValidator 之间，除了验证电话号码之外，几乎没有其他相似的功能，因此，最好是将其表述成接口，假如它们之间确实有其他一些相似的功能，那么应该将这些功能以及实现这些功能所需的通用代码提取到抽象基类中。无论采用哪种做法，你所要公开的类型数量都比直接把各种具体的验证器设为 public 要少一些。

public 类型变少之后，外界能够访问的方法也会相应地减少，这样的话，方法的测试工作就可以变得较为轻松。由于 API 公布的是接口，而不是实现该接口的具体类型，因此，在做单元测试的时候，可以构造一些实现了该接口的 mock-up 对象（模拟对象）或 stub 对象（替代对象），从而轻松地完成测试。

向外界公布类和接口相当于对其他开发者做出了约定或承诺，因此，在后续的各个版本中，必须继续保持当初的 API 所宣称的功能。API 设计得越繁杂，将来修改的余地就越小，反之，如果能尽量少公布一些 public 类型，那么将来就可以更加灵活地对相关的实现做出修改及扩充。

第 14 条：优先考虑定义并实现接口，而不是继承

抽象基类可以作为类体系中其他类的共同祖先，而接口则用来描述与某套功能有关的一组方法，以便让实现该接口的那些类型各自去实现这组方法。这两种设计手法都很有用，但你必须知道它们分别适合用在什么样的地方。接口可以用来描述一套设计约定（design contract，设计契约），也就是说，它可以要求实现该接口的类型必须对接口中的方法做出相应的实现。与之相对，抽象基类描述的是一套抽象机制，从该类继承出来的类型应该是彼此相关的一组类型，它们都会用到这套机制。有几句老话虽然已经说烂了，但还是值得再说一遍：继承描述的是类别上的从属关系，乙类继承自甲类意味着乙是一种特殊的甲；接口描述的是行为上的相似关系，乙类型实现了甲类型意味着乙表现得很像甲。这些话之所以反复有人提起，是因为它们很好地体现了继承某个基类与实现某个接口之间的区别：某对象所属的类型继承自某个基类，意味着该对象就是那个基类的一种对象，而某对象所属的类型实现了某个接口，则意味着该对象能够表现出那个接口所描述的行为。

接口描述的是一套功能，这些功能合起来构成一份约定。可以在接口中规定一套方法、属性、索引器及事件，使得实现该接口的非抽象类型必须为接口中所定义的这些元素提供具体的实现代码。也就是说，它们必须实现接口所定义的每一个方法，而且要为接口所定义的每一个属性及索引器实现出相应的访问器。此外，还必须把每一个事件都实现出来。在设计类型体系的时候，可以想一想，有哪些行为是能够复用的，并把这些行为提取到接口中。在设计方法的时候，其参数类型及返回值类型也可以设计成接口类型。彼此无关的多个类型完全可以实现同一个接口。对于其他开发者来说，实现你所提供的接口要比继承你所提供的类更为容易。

接口本身无法给其中的成员提供实现代码。它既不能含有实现代码，也不能包含具体的数据成员，只能用来规定实现该接口的类型所必须支持的功能或行为。可以针对接口创建扩展方法，使得该接口看起来好像真的定义了这些方法一样。比方说，System.Linq.Enumerable类就针对 IEnumerable<T> 接口提供了三十多个扩展方法，只要对象所属的类型实现了IEnumerable<T> 接口，那么就可以在该对象上调用这些方法（参见《 Effective C# 》（第 3 版）第 27 条）。

```csharp
public static class Extensions
{
    public static void ForAll<T>(
        this IEnumerable<T> sequence,
        Action<T> action)
    {
        foreach (T item in sequence)
            action(item);
    }
}
// Usage
foo.ForAll((n) => Console.WriteLine(n.ToString()));
```

抽象基类可以提供某些实现，以供派生类使用，当然它也能够用来描述派生类所共同具备的行为。可以在其中指定数据成员与具体方法，并实现 virtual 方法、属性、事件及索引器。可以把许多个派生类都有可能用到的方法放在基类中实现，以便让派生类复用这些代码，而无须分别去编写。抽象基类的成员可以设为 virtual，也可以设为 abstract，还可以不用 virtual 修饰。抽象基类能够给某种行为提供具体的实现代码，而接口则不行。

通过抽象基类来复用实现代码还有一个好处，就是如果给基类添加了新的方法，那么所有派生类都会自动得到增强。这相当于把某项新的行为迅速推广到继承该基类的多个类型中。只要给基类添加某项功能并予以实现，那么所有派生类就立刻具备该功能。反之，给现有的接口中添加成员则有可能影响实现该接口的类型，因为它们不一定实现了这个新的成员，如果没有实现，那么代码就无法编译了。要想让代码能够编译，就必须更新这些类型，把接口中添加的新成员给实现出来。另一种办法是从原接口中继承一个新的接口，并把功能添加到新的接口中，这样的话，实现了原接口的类型就不会受到影响了。

选用抽象基类还是选用接口，要看你的抽象机制是否需要不断变化。接口是固定的，一旦发布出来就会形成一套约定，以要求实现该接口的类型都必须提供其中所规定的功能。与之相对，基类则可以随时变化，对它所做的扩充会自动体现在每一个继承自该类的子类上。

这两种思路可以合起来使用，也就是把基本的功能定义在接口中，让用户在编写他们自己的类型时去实现这些接口，同时在其他类中，对接口予以扩充，使得用户实现的类型能够自动使用你所提供的扩充功能。这就相当于让客户所编写的类型自动复用了你为这些扩充功能所编写的实现代码，这样一来，他们就不用再重新编写这些代码了。.NET Framework 中的 IEnumerable<T> 接口与 System.Linq.Enumerable 类就明确地体现出这一点，前者定义了一些基本的功能，而后者则针对前者提供了相当多的扩展方法。像这样把基本功能与扩展功能分开有很大的好处，因为 IEnumerable<T> 接口的设计者可以只把最基本的功能定义在接口中，而把较为高级的功能或是以后出现的新功能以扩展方法的形式定义在 System.Linq.Enumerable 这样的类中，这既不会破坏早前已经实现了 IEnumerable<T> 接口的类型，又可以令那些类型自动具备扩展方法所提供的功能，于是，那些类型就不用再为这些扩展功能去编写实现代码了。

下面举一个例子来演示这种用法。比方说，开发者可以编写 WeatherDataStream 类，并让该类实现 .NET Framework 所提供的 IEnumerable<T> 接口：

```csharp
public enum Direction
{
    North,
    NorthEast,
    East,
    SouthEast,
    South,
    SouthWest,
    West,
    NorthWest
}
public class WeatherData
{
    public WeatherData(double temp, int speed,
        Direction direction)
    {
        Temperature = temp;
```

```
        WindSpeed = speed;
        WindDirection = direction;
    }
    public double Temperature { get; }
    public int WindSpeed { get; }
    public Direction WindDirection { get; }
    public override string ToString() =>
        $@"Temperature = {Temperature}, Wind is {WindSpeed}
mph from the {WindDirection}";
}

public class WeatherDataStream : IEnumerable<WeatherData>
{
    private Random generator = new Random();

    public WeatherDataStream(string location)
    {
        // Elided
    }

    private IEnumerator<WeatherData> getElements()
    {
        // Real implementation would read from
        // a weather station.
        for (int i = 0; i < 100; i++)
        yield return new WeatherData(
            temp: generator.NextDouble() * 90,
            speed: generator.Next(70),
            direction: (Direction)generator.Next(8)
        );
    }

    public IEnumerator<WeatherData> GetEnumerator() =>
        getElements();
    System.Collections.IEnumerator
        System.Collections.IEnumerable.GetEnumerator() =>
        getElements();
}
```

为了把多项天气观测数据表示成一个序列，我们设计 WeatherDataStream 类，并让它实现 IEnumerable<WeatherData> 接口。这意味着，该类必须创建两个方法，一个是泛型版的 GetEnumerator<T> 方法，另一个是经典的 GetEnumerator 方法。该类采用明确指定接口（Explicit Interface Implementation）的方式来实现后者，这使得一般的客户代码（也就是没有采用明确指出接口的办法来调用 GetEnumerator 的代码）会解析到前者，也就是解析到泛型版的接口方法上。该方法会直接把元素类型视为 T（也就是本例中的 WeatherData），而不会像后者那样仅仅将其视为普通的 System.Object。

由于 WeatherDataStream 类实现了 IEnumerable<T> 接口，因此，它自动支持由 System.Linq.Enumerable 类为该接口所定义的扩展方法。这意味着，我们可以把 WeatherDataStream 当成数据源，并在它上面进行 LINQ 查询：

```
var warmDays = from item in
                  new WeatherDataStream("Ann Arbor")
               where item.Temperature > 80
               select item;
```

LINQ 查询语句会编译成方法调用代码，比方说，刚才那条查询语句就会转译成下面这种方法调用代码：

```
var warmDays2 = new WeatherDataStream("Ann Arbor").
    Where(item => item.Temperature > 80);
```

代码中的 Where 方法和 select 方法看上去好像属于 IEnumerable<WeatherData> 接口，但实际上并不是。之所以觉得它们属于该接口，是因为可以作为该接口的扩展方法而得到调用，实际上，它们是定义在 System.Linq.Enumerable 中的静态方法。编译器会把刚才那行方法调用代码转变成下面这种静态方法调用语句（只用来做演示，并不是说真的要这么写）：

```
// Don't write this; presented for explanatory purposes only
var warmDays3 = Enumerable.Select(
                   Enumerable.Where(
                   new WeatherDataStream("Ann Arbor"),
                   item => item.Temperature > 80),
                   item => item);
```

上面这个例子让我们看到：接口本身确实不能包含实现代码，然而其他类可以给该接口提供扩展方法，使得这些方法看起来好像真的是定义并实现在该接口中的。System.Linq.Enumerable 类正是采用了这种写法为 IEnumerable<T> 接口创建了许多扩展方法。

说起扩展方法，我们还会想到参数与返回值的类型其实也可以声明为接口类型。同一个接口可以由多个互不相关的类型来实现。针对接口来设计要比针对基类来设计显得更加灵活，其他开发者用起来也更加方便。这是很重要的一点，因为 .NET 的类型体系只支持单继承。

下面这 3 个方法都能完成同样的任务：

```
public static void PrintCollection<T>(
    IEnumerable<T> collection)
{
    foreach (T o in collection)
        Console.WriteLine($"Collection contains {o}");
}

public static void PrintCollection(
    System.Collections.IEnumerable collection)
{
    foreach (object o in collection)
        Console.WriteLine($"Collection contains {o}");
}

public static void PrintCollection(
    WeatherDataStream collection)
{
    foreach (object o in collection)
        Console.WriteLine($"Collection contains {o}");
}
```

　　第一个方法最有用。凡是支持 IEnumerable<T> 接口的类型其对象都可以充当该方法的参数。这意味着，除了 WeatherDataStream 之外，还可以用 List<T>、SortedList<T>、数组以及任何一次 LINQ 查询所得到的结果来充当方法参数。第二个方法支持很多类型，但它写得比第一个稍差，因为它用的是不带泛型的普通 IEnumerable 接口。第三个方法能够复用的范围最小，因为它是针对具体的 WeatherDataStream 类而写的，因此，不支持 Array、ArrayList、DataTable、Hashtable、ImageList.ImageCollection 以及其他许多集合类。

　　用接口来定义类中的 API 还有个好处，就是能让这个类用起来更加灵活。比方说，WeatherDataStream 类的 API 中就有这样一个方法，它返回由 WeatherData 对象所构成的集合。有人可能会把该方法写成下面这样：

```
public List<WeatherData> DataSequence => sequence;
private List<WeatherData> sequence = new List<WeatherData>();
```

　　这样写，以后修改起来就比较困难了，因为将来我们可能想把该方法所返回的集合从 List<WeatherData> 改为普通的数组，或是改为经过排序的 SortedList<T>。到了那个时候，你会发现，原来依照 List<WeatherData> 所编写的代码必须做出相应的调整。修改某个 API 的参数类型或返回值类型相当于修改了这个类的公有接口，而修改了公有接口又意味着整个系统中有很多地方需要相应地更新，早前通过这个接口来访问该类的代码现在必须遵照修改后的参数类型或返回值类型来使用此接口。

　　这样写还有个更严重的缺陷，因为 List<T> 类所提供的许多方法都可以修改列表中的数据，也就是说，拿到了 List<T> 对象的人可以删除或修改列表中的对象，甚至把整个列表的内容全都换掉，在绝大多数情况下，这都不是 WeatherDataStream 类的设计者想要看到的效果。为此，可以设法限制用户在这个列表上所能执行的操作。不要直接把指向内部对象的引用返回给用户，而是以接口的形式返回这个对象，使得用户只能通过此接口所支持的功能来操作该对象。在本例中，这个接口是 IEnumerable<WeatherData>。

　　如果你写的类型直接把属性所在的类公布给外界，那么相当于允许外界使用那个类的各种功能来操作该属性，反之，如果公布的仅仅是属性所在的接口，那么外界就只能在这个属性上使用此接口所支持的方法与属性了。与此同时，实现接口的那个类可以自行修改其实现细节，而无须担心用户所写的代码会受到影响（参见第 17 条）。

　　同一个接口可以由彼此无关的多个类型来实现。比方说，你的应用程序想把雇员、客户及厂商的信息给显示出来，可是这些类型的实体彼此之间却没有关联，至少从类的角度来看，它们不该处在同一个继承体系中。尽管如此，这些类型之间还是确实有一些相似的功能，例如它们都有名字或名称，而你的应用程序正需要将这些信息显示在控件中。

```
public class Employee
{
    public string FirstName { get; set; }
    public string LastName { get; set; }

    public string Name => $"{LastName}, {FirstName}";
    // Other details elided
}

public class Customer
{
    public string Name => customerName;
    // Other details elided
    private string customerName;
}

public class Vendor
{
    public string Name => vendorName;

    // Other details elided
    private string vendorName;
}
```

Employee（雇员）、Customer（客户）及 Vendor（厂商）这 3 个类不应该继承自同一个基类，然而它们确实拥有一些相似的属性，除了刚才演示的 Name（名称）之外，可能还包括地址与联系电话。这些属性可以提取到接口中：

```
public interface IContactInfo
{
    string Name { get; }
    PhoneNumber PrimaryContact { get; }
    PhoneNumber Fax { get; }
    Address PrimaryAddress { get; }
}

public class Employee : IContactInfo
{
    // Implementation elided
}
```

这个接口可以简化编程工作，让你能够用同一套逻辑来处理这些彼此不相干的类型：

```
public void PrintMailingLabel(IContactInfo ic)
{
    // Implementation deleted
}
```

凡是实现了 IContactInfo 接口的实体都可以交给上面这个例程来处理，这意味着，该例程能够支持 Customer、Employee 与 Vendor 等不同类型的对象。之所以如此，并不是因为这 3 个类型都继承自某个基类，而是因为它们都实现了同一个接口，而且它们所共有的功能也已经提取到了该接口中。

接口还有个好处，就是可以不用对 struct 进行解除装箱操作，从而能降低一些开销。如果某个 struct 已经装箱，那么可以直接在它上面调用接口所具备的功能。也就是说，如果你是通过指向相关接口的引用来访问这个 struct 的，那么系统就不用对其解除装箱，而是能够直接在这个已经装箱的 struct 上进行操作。为了演示这种用法，我们定义下面这样的结构体来封装一个链接（URL）以及与该链接有关的一条描述信息：

```
public struct URLInfo : IComparable<URLInfo>, IComparable
{
    private Uri URL;
    private string description;

    // Compare the string representation of
    // the URL:
```

```
    public int CompareTo(URLInfo other) =>
        URL.ToString().CompareTo(other.URL.ToString());

    int IComparable.CompareTo(object obj) =>
        (obj is URLInfo other) ?
            CompareTo(other) :
            throw new ArgumentException(
                message: "Compared object is not URLInfo",
                paramName: nameof(obj));
}
```

这个例子用到了 C# 7 的两项新特性，其中一项是条件运算符的第一部分（也就是进行判断的那一部分）所使用的模式匹配表达式。这种写法会判断 obj 是否为 URLInfo 对象，如果是，就将其赋给 other 变量。另一项特性是条件运算符的第三部分（也就是当条件不成立时所执行的那一部分）所使用的 throw 表达式。如果 obj 不是 URLInfo，那么就抛出异常。这样写可以直接在条件运算符中抛异常，而无须单独编写语句。

由于 URLInfo 实现了 IComparable<T> 及 IComparable 接口，因此，很容易就能创建一份经过排序的列表，使得其中的 URLInfo 之间按照一定的顺序出现。即便是依赖老式 IComparable 接口的代码，也依然能够少执行一些装箱与解除装箱操作，因为客户代码可以把 URLInfo 对象当成老式的 IComparable 接口，并在它上面明确地调用非泛型版的 CompareTo() 方法，这样做不会导致系统给该对象执行解除装箱操作。

基类可以描述彼此相关的一些具体类型所共同具备的行为，并对其加以实现，而接口则用来描述一套功能，其中的每项功能都自成一体，彼此无关的多个类型均可实现这套功能。这两种机制都有各自的用途。你要创建的具体类型可以用一个一个的类来表示，而那些类型所具备的功能则可以提取到接口中。懂得类与接口的区别之后，就能做出更容易应对变化的设计方案了。彼此相关的一组类型可以纳入同一个继承体系，而不同体系的类型之间，如果有相似的功能，那么这些功能可以描述成接口，使得这些类型全都实现这个接口。

第 15 条：理解接口方法与虚方法之间的区别

从表面上看，实现接口的方法与重写类中的抽象函数似乎一样，因为这两种做法都是给声明在另一个类型中的成员提供定义。然而事实并非如此。实现接口的方法与重写类中的虚（virtual）函数是大不相同的。对基类中的 abstract 或 virtual 成员所做的实现也必须是 virtual 的，而对接口中的成员所做的实现则未必设为 virtual。当然，我们确实经常用 virtual 来实现接口中的成员。接口方法可以明确地予以实现（或者说，显式地予以实现），这相当于把它从类的公有 API 中隐藏了起来，除非调用者指名要调用这个接口方法，否则，它是不会纳入考虑范围的。总之，实现接口方法与重写虚函数是两个不同的概念，而且有着各自的用法。

某个类实现了接口方法之后，它的派生类还是可以修改该类所提供的实现逻辑。在这种情况下，基类对接口方法所做的实现实际上相当于一个挂钩函数。

为了演示接口方法与虚方法之间的区别，我们先创建一个简单的接口，并编写一个类来实现该接口：

```
interface IMessage
{
    void Message();
}

public class MyClass : IMessage
{
    public void Message() =>
        WriteLine(nameof(MyClass));
}
```

MyClass 类的 Message() 方法成了该类公有 API 中的一部分，当然，这个方法也可以通过该类所实现的 IMessage 接口来调用。如果 MyClass 类还有子类，那么情况会稍微复杂一点：

```
public class MyDerivedClass : MyClass
{
    public new void Message() =>
        WriteLine(nameof(MyDerivedClass));
}
```

注意，笔者刚才在定义 Message 方法的时候，还用到了 new 关键字（对于这个关键字的用法参见《Effective C#》（第 3 版）第 10 条）。基类 MyClass 的 Message() 方法并不是 virtual 方法，因此，它的子类 MyDerivedClass 不能通过重写该方法来提供自己的版本，而是只能创建新的版本，这个版本虽然也叫 Message，但它没有重写基类 MyClass 的 Message 方法，而是将其隐藏起来。不过，基类的 Message 方法仍然可以通过 IMessage 接口来调用：

```
MyDerivedClass d = new MyDerivedClass();
d.Message(); // Prints "MyDerivedClass"
IMessage m = d as IMessage;
m.Message(); // Prints "MyClass"
```

如果在设计类的时候想实现某个接口，那么意味着你写的类必须通过相关的方法来履行接口中拟定的契约。至于这些方法到底应不应该设为 virtual 方法，则可以由你自己来把握。

我们现在回顾一下 C# 语言中与实现接口有关的一些规则。如果在声明类时于它的基类型列表中写出了某个接口，而这个类的超类也实现了那个接口，那么就要思考接口中所拟定的成员究竟会对应到本类中的某个成员上，还是会对应到超类中的某个成员上。C# 系统在判断的时候，首先会考虑本类所给出的实现版本，其次才会考虑从超类自动继承下来的版本。也就是说，它会先在本类的定义中寻找对接口中的某个成员所做的实现，如果找不到，那么再从可以访问到的超类成员中寻找。同时要注意，系统会把 virtual 成员与 abstract 成员当成声明它们的那个类型所具有的成员，而不是重写它们的那个类型所具有的成员。

在许多情况下，都是先创建接口，然后在基类中实现它们，将来如果有必要的话，又会在子类中修改基类的行为。然而除此之外，还有另一种情况，就是基类不受控制，此时，可以考虑在子类中重新实现该接口：

```csharp
public class MyDerivedClass : MyClass , IMessage
{
    public new void Message() =>
        WriteLine("MyDerivedClass");
}
```

在基类型列表中，添加了 IMessage 接口之后，这个子类的行为就和原来不同了。如果还是像早前那段代码一样，通过 IMessage 接口来调用 Message 方法，那么会发现你调用的是子类的版本：

```csharp
MyDerivedClass d = new MyDerivedClass();
d.Message(); // Prints "MyDerivedClass"
IMessagem = d as IMessage;
m.Message(); // Prints " MyDerivedClass "
```

修改后的子类在书写 Message 方法时，依然应该标上 new 关键字，以表示此处仍有问题需要注意（参见第 33 条）。可是即便这样写，子类也没能完全屏蔽基类的 Message 方法，因为我们还是可以通过基类引用来访问这个方法：

```csharp
MyDerivedClass d = new MyDerivedClass();
d.Message(); // Prints "MyDerivedClass"
IMessagem = d as IM IMessagesg;
m.Message(); // Prints "MyDerivedClass"
MyClass b = d;
b.Message(); // Prints "MyClass"
```

如果想把通过基类引用所执行的方法调用也派发到实际的类型上，那么可以考虑修改基类本身，将其中所实现的接口方法声明为 virtual：

```
public class MyClass : IMessage
{
    public virtual void Message() =>
        WriteLine(nameof(MyClass));
}

public class MyDerivedClass : MyClass
{
    public override void Message() =>
        WriteLine(nameof(MyDerivedClass));
}
```

这样写会让 MyClass 的所有子类（当然也包括这里的 MyDerivedClass）都能够声明它们自己的 Message 方法。重写之后的版本总是能够得到调用，无论是通过子类引用来访问、通过接口来访问还是通过基类引用来访问，都会产生同样的效果。

如果你讨厌这种含有代码的虚方法——或者说，更喜欢不含代码的纯虚方法——那么可以稍稍修改基类，将其定义成 abstract（抽象）类，并把 Message() 方法也设为 abstract：

```
public abstract class MyClass : IMessage
{
    public abstract void Message();
}
```

这样写之后，基类便可以只宣称自己实现某个接口，而不用真的去为接口中的方法编写代码。如果基类用 abstract 方法来实现接口中的对应方法，那么从该类继承下来的具体子类就必须重写这些成员，以提供各自的版本。具体到本例来看，MyClass 基类宣称自己实现了 IMessage 接口，但并没有针对接口中的 Message() 方法编写实现代码，而是把这些代码留给具体的子类去写。

还有一种办法可以部分解决这个问题。可以让基类的接口方法去调用该类的某个 virtual 方法，并让子类去重写这个 virtual 方法。例如，MyClass 类可以改成

```
public class MyClass : IMessage
{
    protected virtual void OnMessage()
    {
    }
```

```
    public void Message()
    {
        OnMessage();
        WriteLine(nameof(MyClass));
    }
}
```

　　这样修改之后，凡是继承 MyClass 的类都可以重写 OnMessage() 方法，使得与自身有关的一些逻辑能够在程序执行 Message() 的过程中顺带运行。这种用法在其他地方也能见到，如基类在实现 IDisposable 接口的 Dispose() 方法时（参见《Effective C#》(第 3 版) 第 17 条)。

　　还有一个与接口方法有关的问题，就是以明确指定接口的方式来实现接口所要求的方法，这叫作 Explicit interface implementation（显式接口实现），参见《Effective C#》(第 3 版) 第 26 条。这样实现出来的方法会从本类型的公有 API 中隐藏起来。如果类中存在这样两个版本，一个是以明确指定接口的方式所实现的版本，还有一个是以重写基类 virtual 方法的形式所实现的版本，那么系统会把对同名方法所做的调用派发到后一个版本上。《Effective C#》(第 3 版) 第 20 条以 IComparable 接口为例详细讲解了这个问题。

　　最后再讲一个问题，它涉及接口与基类。如果子类宣称自己实现某个接口，而该类所继承的基类又碰巧提供了这样一个符合接口要求的方法，那么，子类就会自动拿这个方法来实现接口方法。下面这个例子演示了这种情况：

```
public class DefaultMessageGenerator
{
    public void Message() =>
        WriteLine("This is a default message");
}

public class AnotherMessageGenerator :
    DefaultMessageGenerator, IMessage
{
    // No explicit Message() method needed
}
```

　　由于基类所提供的方法满足子类想要实现的接口所拟定的契约，因此，子类可以直接宣称自己实现了该接口，而无须再为其中的方法编写实现代码。只要子类能够访问到的某个基类方法拥有适当的方法签名，那么子类就可以自动用它来实现接口中的对应方法。

　　通过这一条，大家可以看出，接口方法可以用很多手段来实现，而不一定非要在基类中将其实现成 virtual 函数，并在子类中重写。除了采用这种做法，还可以直接在基类中把接口方法写好，或是干脆不写代码，而是将其设为 abstract 方法，并交给子类去编写。此外，也可以在基类中把接口方法的大致流程定好，并在其中调用某个 virtual 函数，使得子类能够重写那个 virtual 函数，以修改基类的默认行为。总之，接口方法既可以用 virtual 函数来实现，也可以用别的办法来实现，它的重点在于描述某项约定，你只要满足这项约定即可。

第 16 条：用 Event 模式来实现通知功能

.NET 的 Event（事件）模式其实是在经典的 Observer（观察者）模式上所形成的一套习惯写法。（经典的 Observer 模式可参见 Gamma、Helm、Johnson 及 Vlissides 所著的《Design Patterns》（中文名《设计模式》）一书第 293 至 303 页。）事件确定了你所编写的这个类型可以发出哪些通知。它们是用 delegate 构建出来的，这使得相关的事件处理程序能够具备类型安全的函数签名。delegate 机制在很多情况下确实是用来实现事件的，但不能因为实现事件的时候需要用到 delegate 就反过来认定 delegate 只能用来实现事件，而不能有别的用途。其实，正如《Effective C#》（第 3 版）第 7 条所说，delegate 还可以用来实现其他一些功能。如果必须把系统中所发生的事情告诉许多个客户端，那么可以考虑触发相应的事件。实现事件的时候，需要考虑本对象应该怎样给正在观察它的对象发出通知。

举个简单的例子。假设要编写一个 Logger 类，用来派发应用程序中的消息。该类可以接受应用程序内的各种消息，并将其派发给对此感兴趣的监听对象。那些对象可能指的是与控制台、数据库、系统日志或其他机制相连接的对象。可以用下面这样的写法实现这个 Logger 类，并在收到消息的时候触发事件：

```
public class Logger
{
    static Logger()
    {
        Singleton = new Logger();
    }

    private Logger()
    {
    }

    public static Logger Singleton { get; }

    // Define the event:
    public event EventHandler<LoggerEventArgs> Log;

    // Add a message, and log it.
    public void AddMsg(int priority, string msg) =>
        Log?.Invoke(this, new LoggerEventArgs(priority, msg));
}
```

AddMsg 方法演示了触发事件的正确方式。它使用 ?. 运算符来保证：只有当程序中确实有人对这个事件感兴趣时，才会触发该事件。

刚才的例子用 LoggerEventArgs 来保存事件的优先级以及该事件所对应的消息。其中，名为 Log 的 delegate 用来容纳事件处理程序，它在 Logger 类中，以 event 字段的形式出现。编译器看到该类定义了这个公有 event 字段之后，会自动创建相应的 add 与 remove 访问器。它所生成的代码看起来是这样的：

```
public class Logger
{
    private EventHandler<LoggerEventArgs> log;

    public event EventHandler<LoggerEventArgs> Log
    {
        add { log = log + value; }
        remove { log = log - value; }
    }

    public void AddMsg(int priority, string msg) =>
        log?.Invoke(this, new LoggerEventArgs(priority, msg));
}
```

笔者刚才模拟的 add 与 remove 访问器用到了加法与赋值操作，但它还是与 C# 编译器所实现的版本有所区别，因为后者会设法确保线程安全，使其能够正确地运行在多线程环境下。一般来说，应该直接声明公有 event 字段，而不要自己编写 add 与 remove 访问器，因为前者更加简洁，也更容易维护。在自己的类中创建事件时，应该优先考虑声明公有 event，并让编译器自动生成相应的 add 与 remove 访问器，除非要在添加或移除事件处理程序的时候执行其他一些逻辑，在那种情况下，才需要自己编写 add 与 remove。

事件本身并不知道可能会有什么样的对象来监听自己。例如，监听事件的可能是下面这个类的对象，该对象会把所有消息都发送到标准错误（Standard Error）控制台：

```
class ConsoleLogger
{
    static ConsoleLogger() =>
        Logger.Singleton.Log += (sender, msg) =>
            Console.Error.WriteLine("{0}:\t{1}",
                msg.Priority.ToString(),
                msg.Message);
}
```

而另一个类的对象则有可能把事件输出到系统的事件日志中：

```
class EventLogger
{
    private static Logger logger = Logger.Singleton;
    private static string eventSource;
    private static EventLog logDest;

    static EventLogger() =>
        logger.Log += (sender, msg) =>
        {
        logDest?.WriteEntry(msg.Message,
            EventLogEntryType.Information,
            msg.Priority);
        };

    public static string EventSource
    {
        get { return eventSource; }

        set
        {
            eventSource = value;
            if (!EventLog.SourceExists(eventSource))
                EventLog.CreateEventSource(eventSource,
                    "ApplicationEventLogger");

            logDest?.Dispose();
            logDest = new EventLog();
            logDest.Source = eventSource;
        }
    }
}
```

　　Logger 类的对象在触发事件时，系统会把该事件所表示的情况通知给对此感兴趣的每一个客户端，而这个 Logger 本身预先并不需要知道程序中究竟有哪些客户端会对自己所要触发的 log 事件感兴趣。

　　Logger 类只会触发一种事件，而其他一些类型（尤其是 Windows 控件）则有可能触发许多种事件。在编写这样的类时，不一定要给每种事件都声明对应的 event 字段，因为有的时候其中只有少数几种事件会在当前的执行过程中得到触发。如果遇到这种情况，那么可以考虑另一种设计方式，也就是只在确实有人需要监听某种事件的时候才去创建相应的处理对象。

　　.NET 中包含一些范例，演示了怎样在 Windows 控件子系统中做到这一点⊖。对于本书

⊖　参见：https://docs.microsoft.com/en-us/dotnet/standard/events/how-to-handle-multiple-events-using-event-properties。
　　——译者注

的这个例子来说，可以在 Logger 类中添加各种子系统，并把对同一个子系统感兴趣的监听器保存在一起。这样的话，客户代码就可以只登记他们所关注的子系统，而不会收到其他子系统所触发的事件。

修改后的 Logger 类包含一个 System.ComponentModel.EventHandlerList 容器，其中的每一个 event 对象都对应于某个子系统有可能触发的事件。而修改后的 AddMsg() 方法也要求调用者必须多传一个参数，以表示这条消息与哪个子系统有关，这样的话，该方法就可以把这样的事件只通知给对这一个子系统感兴趣的监听器。当然，如果有一些监听器对所有的子系统全都感兴趣，那么那些监听器也会得到通知。

```csharp
public sealed class Logger
{
    private static EventHandlerList
        Handlers = new EventHandlerList();

    static public void AddLogger(
        string system, EventHandler<LoggerEventArgs> ev) =>
        Handlers.AddHandler(system, ev);

    static public void RemoveLogger(string system,
        EventHandler<LoggerEventArgs> ev) =>
        Handlers.RemoveHandler(system, ev);

    static public void AddMsg(string system,
        int priority, string msg)
    {
        if (!string.IsNullOrEmpty(system))
        {
            EventHandler<LoggerEventArgs> handler =
                Handlers[system] as
                EventHandler<LoggerEventArgs>;

            LoggerEventArgs args = new LoggerEventArgs(
                priority, msg);
            handler?.Invoke(null, args);
            // The empty string means receive all messages:
            handler = Handlers[""] as
                EventHandler<LoggerEventArgs>;
            handler?.Invoke(null, args);
        }
    }
}
```

刚才那段代码用 EventHandlerList 集合对象来保存与每种事件相对应的处理程序
（handler），这种集合有个缺点，就是不支持泛型，因此我们需要编写一些类型转换代码。本
书其他章节中的范例很少会采用这种写法。在本例中，如果客户代码通过 AddLogger() 方法
表明自己对某个子系统所发生的事件感兴趣，那么这个 Logger 类会创建相应的处理程序，
把客户代码所登记的事件处理逻辑记录到其中。如果以后还有其他代码也对同一个子系统所
发生的事件感兴趣，那么 Logger 类就会把那些代码所登记的事件处理逻辑记录到早前创建
过的处理程序中。

如果要编写的类有可能对外触发许多种事件，那么就应该像本例这样，把对每种事件感
兴趣的监听器保存到 EventHandlerList 集合中。当客户代码表示自己对某种事件感兴趣时，
这个集合会将客户端所提供的事件处理逻辑放到与该事件相对应的处理程序对象中。.NET
Framework 中的 System.Windows.Forms.Control 类用的也是这套思路，只不过实现得更为复
杂，它是给自己有可能触发的每一种事件都安排了相应的 event 字段，而它在给这些字段实
现 add 与 remove 访问器时，操作的其实是同一个 EventHandlerList 集合，这意味着，客户
代码为各种事件所注册的事件处理逻辑实际上都会存入这个 EventHandlerList 中，只不过会
根据具体的事件类型分别保存在不同的处理程序对象中。与这种用法有关的详细信息可以参
考 C# 语言规范。

EventHandlerList 类并不像其他很多类那样给其中所保存的对象提供泛型支持，不过，
我们可以通过 Dictionary 自己实现出类似的功能。

```
public sealed class Logger
{
    private static Dictionary<string,
        EventHandler<LoggerEventArgs>>
        Handlers = new Dictionary<string,
            EventHandler<LoggerEventArgs>>();

    static public void AddLogger(
        string system, EventHandler<LoggerEventArgs> ev)
    {
        if (Handlers.ContainsKey(system))
            Handlers[system] += ev;
        else
            Handlers.Add(system, ev);
    }

    // Will throw an exception if the system
    // does not contain a handler.
    static public void RemoveLogger(string system,
        EventHandler<LoggerEventArgs> ev) =>
```

```
        Handlers[system] -= ev;

    static public void AddMsg(string system,
        int priority, string msg)
    {
        if (!string.IsNullOrEmpty(system))
        {
            EventHandler<LoggerEventArgs> handler = null;
            Handlers.TryGetValue(system, out handler);

            LoggerEventArgs args = new LoggerEventArgs(
                priority, msg);
            handler?.Invoke(null, args);

            // The empty string means receive all messages:
            handler = Handlers.GetValueOrDefault("",null)
                EventHandler<LoggerEventArgs>;
            handler?.Invoke(null, args);
        }
    }
}
```

采用泛型的 Dictionary 来实现 Logger 能够避开类型转换，但必须手工编写一些代码，以便根据事件的类别（或者说，事件所在的子系统）来正确地添加或移除相应的监听逻辑。由此可见，这种写法所能带来的好处与所要付出的代价相比，其实相当接近。

要想在程序中给监听器发送通知，应该通过事件来完成，因为这是 C# 所提倡的标准写法。.NET 的 Event 模式正是采用这种写法来实现经典的 Observer 模式。无论有多少个客户端，它们都可以把自己的事件处理逻辑登记到事件处理机制中⊖，这样的话，将来发生相关事件时，就可以依照各自的逻辑来处理这些事件了。客户代码无须在程序尚未开始执行时提前把自己想要订阅的事件登记上去，而是可以等到程序运行起来之后再去登记。C# 语言的事件功能可以把通知的发送方（sender）与有可能存在的接收方（receiver）解耦，使得两者能够彼此独立地得到开发。如果你设计的类型要把它所执行的操作播报出去，那么最合乎标准的做法就是通过事件来完成。

第 17 条：不要把类的内部对象通过引用返回给外界

你可能觉得，某个属性只要设计成 read-only（只读）属性，就不会为调用方所修改了。

⊖ 具体到前面那几个例子来看，指的就是调用 Logger 的 AddLogger() 方法，或采用 += 运算符，把事件处理逻辑添加到表示对应事件的那个 event 字段中。——译者注

其实，这样做不一定能够达到正确的效果，因为如果你创建的这个属性返回的是引用类型，那么调用者可以在得到的这个对象上调用它的任何一个公有成员，这样的话，就有可能使对象的状态发生变化。比方说，下面这段代码所调用的 Clear() 方法就是这种能够修改对象状态的成员：

```csharp
public class MyBusinessObject
{
    public MyBusinessObject()
    {
        // Read-only property providing access to a
        // private data member:
        Data = new BindingList<ImportantData>();
    }

    public BindingList<ImportantData> Data { get; }
    // Other details elided
}
// Access the collection:
BindingList<ImportantData> stuff = bizObj.Data;
// Not intended, but allowed:
stuff.Clear(); // Deletes all data.
```

这样写会导致 MyBusinessObject 对象的任何一个公有客户端都可以修改该对象内部的 BindingList。创建 Data 属性本来是想把内部结构给隐藏起来，使得外界只能通过你允许的方法来操作该属性，这样的话，你就可以自行管理该对象，而不用担心外界会扰乱这个对象的状态。可是，上面这种写法并不能保证这一点，尽管你把 Data 设计成了只读的属性，但还是没能将其完全封装好。一般来说，你会把注意力放在那些既可读又可写的（read-write）属性上，可能不会意识到像 Data 这样的只读属性竟然也会出现封装问题。

是的，基于引用的类型系统就是这么奇妙。只要把某个引用类型的对象返回给调用方，那么你所返回的实际上是该对象的 handle（操作标识），这使得调用方可以通过这个 handle 来操作此对象，从而破坏你设计的那个类型所要封装的内部结构。这就相当于调用方能够绕过你所施加的限制，直接通过这个引用来操作它所指的对象。

这显然不是你想要的效果。给类设计接口是想让客户端按照你设计的这套接口来使用这个类，而不是让他们在你不知情的时候自己去访问或修改对象的内部状态。如果内部状态得不到有效保护，那么某些经验不足的程序员可能就会在使用 API 的时候不小心误用了你的类，等到程序出现了 bug，他们又会怪你没把这个类设计好。而某些比较老练的开发者则有可能借此故意试探程序库的内部运行原理，以寻找能够攻击或加以利用的地方。总之，凡是你不打算发布的功能就别通过 API 暴露出来。如果你实际上已经暴露了这样的功能，但自己却没有意识到这一点，那么在做测试的时候，很有可能会涵盖不到这些用法，而且也不会对相关的恶意行为做出防范。

　　要想保护内部结构，有 4 种不同的做法可以考虑，它们分别是值类型、不可变类型、接口以及包装器（wrapper）。

　　如果通过属性返回给调用方的对象是个值类型的对象，那么客户代码所得到的其实只是内部对象的一份拷贝，它在这份拷贝上所做的修改并不会影响到原对象。在这种情况下，客户端可以按照他们自己的想法去修改这些返回值，而不会影响到你的内部状态。

　　如果通过属性返回给调用方的对象是个不可变类型的对象，例如是个 System.String 类型的对象（参见第 2 条），那么同样不用担心这个问题。除了字符串之外，还可以返回其他不可变类型的对象，这样做使得客户代码无法修改该对象，于是，内部状态也就不会发生变化了。

　　第 3 种办法是定义一套接口，使得客户端只能通过这套接口所发布的功能来使用你所返回的内部成员，而无法访问该成员的全部功能（参见第 14 条）。可以针对该成员对象所属的类型创建或选择一种接口，这种接口只支持那个类型所具备的某一部分功能。返回给调用方的对象应该声明成接口类型，而不是你的类中所写的那种类型，这样就能尽量防止该对象遭到无端修改了，因为客户端只能使用接口所支持的这些功能，而无法使用该对象本来所属的那个类型所具备的全部功能。例如，要返回的可能是个 List<T> 类型的对象，但在设计返回值的类型时，可以把它声明成 IEnumerable<T> 类型，使得拿到这个对象的客户只能执行 IEnumerable<T> 接口所支持的那一部分功能。当然，狡猾一些的程序员还是可以通过调试工具绕过这套机制，或是在返回的对象上调用 GetType() 方法，以了解该对象的真实类型，从而将其由接口类型转换成那种类型。尽管如此，你还是应该设法做出防范，给那些有可能会误用或是故意想要利用你这个类型的人制造一些困难，以保护软件产品的最终用户。

　　具体到刚才那个 BindingList 类，还有个微妙的地方需要注意。BindingList<T> 本身虽然是个泛型类，但它所实现的 IBindingList 接口却并不支持泛型。为了让 MyBusinessObject 类的客户端能够方便地使用其中的数据对象来进行数据绑定，你需要创建两种 API 方法，其中一种是通过 IBindingList 这个非泛型的接口来返回数据对象，而另一种则是通过 ICollection<T> 或与之类似的泛型接口来返回这个对象。

```
public class MyBusinessObject
{
    // Read-only property providing access to a
    // private data member:
    private BindingList<ImportantData> listOfData = new
        BindingList<ImportantData>();
```

```
    public IBindingList BindingData =>
        listOfData;

    public ICollection<ImportantData> CollectionOfData =>
        listOfData;
    // Other details elided
}
```

现在先简单地说一说如果外界代码要修改属性所返回的数据该如何应对，然后再来讲解怎样创建只读的视图，使得外界完全无法修改原数据。有的时候确实需要支持修改，比如在本例中，经常要把 listOfData 导出给 UI 控件，使得用户能够编辑其中的数据。此时，必然要借助 Windows Form 的数据绑定机制，才能让用户可以编辑对象内部的数据。可以把返回值的类型设计成 IBindingList 接口，而不是 BindingList 类，因为后者其实也实现了前者。通过这个接口，外界可以向这批数据中添加新的数据、从中删除一些数据或是更新其中的某些数据，使得用户能够看到改变后的结果。

这种做法不仅适用于 BindingList，而且能够推广到更为一般的数据上。也就是说，如果想把本类内部的数据元素公布给外界，并允许其修改，那么应该考虑通过相关的接口来公布。这样的话，可以在外界修改数据时进行验证或做出回应。比方说，你的类可以订阅内部数据所产生的事件，并在事件处理逻辑中对外界所要做的改动进行验证，或是及时更新内部状态，使其与改动后的情况相符（参见第 16 条）。

我们回到本来的那个问题，也就是怎样创建只读的数据视图，使得用户无法修改原数据。本例中的内部数据保存在 BindingList 中，BindingList 可以通过很多属性来限制相关的操作。例如，AllowEdit、AllowNew 及 AllowRemove 属性的值，可以分别用来表示开发者能否在它上面编辑现有元素、添加新的元素或从中移除元素。UI 控件会顾及这些属性的取值，也就是说，它会根据相关属性的值来启用或禁用对应的功能。

然而，这些属性都是公有属性，因此，除了你之外，其他人同样可以修改。这意味着，如果你把 BindingList 直接当成公有属性公布给外界，那他们就可以修改这些属性，从而绕过你所施加的限制，并随意地改动这个集合。面对这种情况，我们还是可以求助于接口，也就是不要直接以类的形式返回内部对象，而是通过接口类型将其返回给外界，以限制他们在这个对象上所能执行的操作。

最后一种办法是采用包装器（wrapper），也就是将包装器的实例返回给调用方，以限制他们对包裹起来的原对象所能执行的操作，从而保护本类的内部结构。.NET Framework 针对各种集合类型提供了许多不可变的包装器，使得能够利用它们来包装你想要保护的数据。对集合进行包装的标准做法是通过 System.Collections.ObjectModel.ReadOnlyCollection<T> 类型来实现，它可以为原数据创建一份只读的视图：

```
public class MyBusinessObject
{
    // Read-only property providing access to a
    // private data member:
    private BindingList<ImportantData> listOfData = new
        BindingList<ImportantData>();

    public IBindingList BindingData =>
        listOfData;
    public ReadOnlyCollection<ImportantData> CollectionOfData
=>
        new ReadOnlyCollection<ImportantData>(listOfData);
    // Other details elided
}
```

在设计类的时候，可能会定义一些方法与属性，使得外界可以通过它们来合理地修改该类的对象所具备的内容，但如果你的公有 API 把类中的某份数据直接以引用的形式返回给调用方，那么调用方就可以直接通过该引用来修改这份数据，从而绕过你定义的方法与属性。这样做会产生令人困惑的效果，而且经常容易出现错误。如果你确实要把内部数据以引用类型（而不是值类型）的形式导出给外界，那么需要谨慎地设计这个类的 API，而不能直接把数据返回给外界，因为那样做会让他们能够调用该数据所属的类型所支持的任何一个方法，从而随意访问你本来想要保护的内容。为了限制这种用法，你应该以接口、包装器或是值类型等手段来返回这样的数据。

第 18 条：优先考虑重写相关的方法，而不是创建事件处理程序

很多 .NET 类都提供了两种处理系统事件的方式，一种是添加事件处理程序，另一种是重写基类的 virtual 方法。为什么要提供两种方式呢？这是因为它们分别适合用在不同的场景中。如果是在子类中处理基类所发生的事件，那么总是应该重写相关的 virtual 方法，只有当你是在某个与事件源无关的对象上响应事件时，才应该考虑创建事件处理程序。

比方说，如果你构建的 WPF(Windows Presentation Foundation) 程序要对 mouse down(按下鼠标) 这一事件做出响应，那么应该在 form 类中重写 OnMouseDown() 方法：

```
public partial class MainWindow : Window
{
    public MainWindow()
    {
        InitializeComponent();
```

```
    }

    protected override void OnMouseDown(MouseButtonEventArgs e)
    {
        DoMouseThings(e);
        base.OnMouseDown(e);
    }
}
```

另一种办法是创建事件处理程序，并将其关联到 Window 上。这种办法既要编写 C# 代码，又要编辑 XAML 文档：

```
<!-- XAML Description -->
    <Window x:Class="WpfApp1.MainWindow"
        xmlns:local="clr-namespace:WpfApp1"
        mc:Ignorable="d"
        Title="MainWindow" Height="350" Width="525"
        MouseDown="OnMouseDownHandler">
    <Grid >

    </Grid>
    </Window>
// C# file
public partial class MainWindow : Window
{
    public MainWindow()
    {
        InitializeComponent();
    }

    private void OnMouseDownHandler(object sender,
        MouseButtonEventArgs e)
    {
        DoMouseThings(e);
    }
}
```

在这两种办法中，应该优先考虑第一种办法⊖。由于 WPF 应用程序特别重视 XAML 文档中的声明式代码，因此，这条建议听上去似乎有些奇怪。然而笔者仍然要说，如果你的事件处理逻辑必须用 C# 代码来实现，那么还是应该优先考虑重写 virtual 方法。假如将其定义

⊖　原书把这两种事件处理程序都称作 event handler，译文为了加以区别，酌情把前者称为事件处理逻辑，而将后者直接写为 handler。——译者注

成事件处理程序，那么万一关联到同一个事件上面的其他处理程序在执行过程中抛出异常，你定义的这个事件处理程序可能就不会得到调用了（详情参见《Effective C#》（第 3 版）第 7 条；事件处理程序的一般用法参见本书第 16 条）。换句话说，如果其他某个事件处理程序写得不够规范，那么就有可能导致系统不调用你写的这个处理程序。因此，应该优先考虑重写相关的受保护（protected）virtual 方法，这样才能保证你写的处理逻辑总是能够得到执行。同一个事件可能还有其他一些处理逻辑会订阅，那些处理逻辑是由基类版本的 virtual 方法负责调用的，如果想让它们也能够经手这个事件，那么在执行完自己的处理逻辑之后，必须调用基类的版本才行。在绝大多数情况下，都应该让其他的事件处理逻辑也有机会来处理该事件，只有在极个别的情况下，才需要改变这种惯例，使得其他代码不会为系统所调用。总之，按照刚才说的第一种办法来重写 virtual 方法能够保证子类的处理逻辑肯定能够得到调用，至于其他的处理逻辑能否全都得以执行，则要看它们是否合乎规范，如果其中有某段逻辑抛出了异常，那就难说了。

　　这样解释可能还是有人不太信服。如果你依然体会不到第一种办法的好处，那么请把这两段代码放在一起，看看哪段代码更加清晰。重写 virtual 函数意味着你在维护 form 的时候，只需要查看并修改这一个函数就够了，而声明 handler 则意味着要同时照顾两端，一端是实现 handler 函数，另一端是把该函数与事件相关联的 XAML 文档。需要维护的地方越多，就越容易出错。只写一个函数当然相对简单一些。

　　可是，设计 .NET Framework 的人既然提供了第二种办法，那总有一定的原因吧？没错，他们当然不会平白无故地写出根本没人去用的代码。第一种办法是用在子类中的，如果你的类与触发事件的类之间没有继承关系，那就得用第二种办法了。这同时还意味着，如果你想访问 XAML 文件中定义的动作，那也只能通过 handler 来访问。

　　具体到本例来看，如果设计者想要在发生 mouse down 事件的时候执行某些特定的动作，那么就可以在 XAML 文件中声明这些行为，使得它们能够通过 form 中的事件得以触发。当然也可以自己编写代码来定义这些行为，但这样做要比单单处理一个事件复杂得多，而且，这等于是把问题从设计者手中接到了自己手里。所以，你肯定还是希望设计者把这个问题帮你处理好。在这种情况下，最直接的办法是发起一个事件，以触发由某款设计工具在 XAML 中所声明的行为。为此，你需要做的是新建一个类，并向 form 类发送该事件，这才符合 .NET Framework 的设计者构建 handler 机制时的本意，而不是像刚才那样，直接把 handler 与 form 关联起来。

　　handler 机制还有个好处，就是能在程序运行的时候，临时切换具体的处理逻辑，以实现出更为灵活的效果。比方说，可以根据程序目前的状况来设置相应的 handler。假设你写的是个绘图程序，那么当发生 mouse event 事件时，就要考虑用户是想绘制一条直线，还是想选中某个物件。你得根据用户所选定的模式来安排正确的 handler。总之，可以根据应用程序的状态，用不同的类所提供的各种 handler，以不同的方式处理同一个事件。

最后要说的是，handler 机制允许你把多个 handler 挂接到同一个事件上。还以刚才的绘图程序为例，当发生 mouse down 事件时，可能需要执行好几个 handler。首先，必须把实现相关绘图操作的 handler 给执行好。然后，可能还要执行其他一些 handler，以便更新状态栏，或根据当前的情境调整面板中所启用的命令。handler 机制允许你在响应某个事件时执行许多种动作。

如果每个子类都采用各自的处理逻辑来应对某个事件，那么比较明智的做法是重写 virtual 函数，因为这样写出来的代码比较容易维护，而且在项目逐渐发展的过程中也不太会出现错误。handler 机制可以放在除此之外的其他场合中使用。总之，尽量通过重写基类的 virtual 方法来处理相关事件，而不要过于草率地运用 handler 机制。

第 19 条：不要重载基类中定义的方法

基类在给成员起名字的时候，实际上是给这个名字赋予了某种语义，因此，子类不应该再用同一个名字去表达其他的意思。当然，有的时候，子类确实会用到这个名字。比方说，它可能想用另一种手法来实现相同的语义，或是想使用另一套参数来表达这个意思。对于其中的某些情况来说，C# 语言是提供了相关支持的，例如它允许类的设计者把方法声明成 virtual，以便使子类能够采用其他方式去体现该方法所要表达的意思。《Effective C#》（第 3 版）的第 10 条曾经提醒大家，要谨慎地使用 new 修饰符，否则会导致难以查找的 bug，而这一条则要告诉大家，草率地重载基类中所定义的方法也有可能出现类似的问题，因此，不应该重载基类中所定义的方法。

与重载有关的解析规则当然是十分复杂的。首先，你得意识到目标类中声明了哪些可供考虑的候选方法，其次，还得想到它的基类中所声明的相关方法以及系统中的其他类为本类所提供的扩展方法。此外，还有它实现的接口中所声明的诸多方法。若将泛型方法与泛型的扩展方法也引进来，则更加麻烦。如果再把可选参数算上，那你恐怕就彻底搞不清程序到底会调用哪个方法。是不是有人还嫌不够乱？还要把基类中的一些方法也给重载一下？这样做只会把需要考虑的范围拓得比原来更广，从而更容易引起误解。类的设计者所认定的方法可能根本就不是编译器所选中的那一个，既然连设计它的人都会理解错，那么使用它的人就更加糊涂了。其实，这个问题解决起来非常简单：只要给子类的方法换一个名字就行。这个类既然是由你设计的，那你肯定能给它再想出一个合适的名字来。如果你早前选的那个名字容易让使用这个类型的人感到困惑，那就更应该赶快给它改名了。

这是一条很直白的建议，然而有人可能认为，它太过严格了，因为重载（overload）与重写（override）听起来好像差不多。基于 C 语言所发展而来的面向对象语言几乎都支持这样一种相当基本的用法，也就是对基类的 virtual 方法加以重写，然而，这条理念与我们现在要讨论的这个话题不是一回事。我们现在讨论的是重载，它指的是创建许多个名称相同但是参数列表有所区别的方法。那么，对基类方法进行重载真的会给解析工作带来很大的变数吗？如果你还对此感到怀疑，那我们就来研究一下重载基类中的方法可能导致哪些问题。

问题有很多，我们先从最简单的讲起。重载基类中的方法所引发的混乱首先表现在这两个方法所使用的参数上。笔者构建了下面这样的继承体系，用以描述范例中所用到的参数：

```
public class Fruit { }
public class Apple : Fruit { }
```

现在构建基类 Animal(动物)，并编写一个方法，该方法的参数是较为特殊的 Apple(苹果)类型：

```
public class Animal
{
    public void Foo(Apple parm) =>
        WriteLine("In Animal.Foo");
}
```

下面这段代码显然会输出 In Animal.Foo：

```
var obj1 = new Animal();
obj1.Foo(new Apple());
```

接下来，我们从基类中派生一个新类，名为 Tiger（老虎），并在其中重载 Foo 方法：

```
public class Tiger : Animal
{
    public void Foo(Fruit parm) =>
        WriteLine("In Tiger .Foo");
}
```

那么，下面这段代码会输出什么结果呢？

```
var obj2 = new Tiger();
obj2.Foo(new Apple());
obj2.Foo(new Fruit());
```

刚才那两条语句打印的都是 In Tiger.Foo，也就是说，无论参数是什么类型，程序所调用的总是子类的 Foo 方法。很多人可能都觉得，第一次调用 Foo 的时候应该打印 In Animal.Foo 才对，他们没有想到这么简单的重载居然会引发如此奇怪的效果。这两次调用都会解析到 Tiger.Foo，这是因为，如果某个候选方法（或者说，可以纳入考虑范围的方法）出现在了最为具体的编译期类型中，那么，它总是要比出现在基类中的候选方法更好。即便基类中确实还有在参数上更为匹配的候选方法，编译器也还是会优先考虑前者。之所以有这样的规则，是因为设计者觉得编写子类的人应该比编写基类的人更了解具体的情况。在解析重载方法时，最重要的参数其实不是字面上看到的那些参数（如本例中的 parm），而是调用该方法时所用的对象本身（或者说，接收调用请求的那个对象本身），也就是 this。明白了这一点之后，我们看看下面这段代码会打印出什么结果。

```
Animal obj3 = new Tiger();
obj3.Foo(new Apple());
```

这段代码中的 obj3 其编译期类型是基类 Animal，因此，尽管运行期类型是子类 Tiger，但由于 Foo 不是 virtual 函数，因此，obj3.Foo() 只能解析到 Animal.Foo 上。

如果用户想把方法调用解析到自己要执行的方法上，那么需要明确转换对象的类型：

```
var obj4 = new Tiger();
((Animal)obj4).Foo(new Apple());
obj4.Foo(new Fruit());
```

假如你设计出来的 API 要求用户必须像上面那样阐明自己的意图，那么这种 API 实际上是失败的。我们再来看更加复杂一些的情况。假设基类中又多了一个 Bar 方法：

```
public class Animal
{
    public void Foo(Apple parm) =>
        WriteLine("In Animal.Foo");

    public void Bar(Fruit parm) =>
        WriteLine("In Animal.Bar");
}
```

那么，下面这段代码显然打印的是 In Animal.Bar：

```
var obj1 = new Tiger();
obj1.Bar(new Apple());
```

现在，我们在子类中编写重载版本，并为其添加可选的参数：

```
public class Tiger : Animal
{
```

```
    public void Foo(Apple parm) =>
        WriteLine("In Tiger.Foo");

    public void Bar(Fruit parm1, Fruit parm2 = null) =>
        WriteLine("In Tiger.Bar");
}
```

对于下面这段代码的运行结果，大家应该已经猜到了，它会打印出 In Tiger.Bar（也就是说，会调用子类版本的 Bar 方法）：

```
var obj1 = new Tiger();
obj1.Bar(new Apple());
```

如果还是想调用基类的版本，那么只能通过 cast（强制转换）来实现。

刚才那些例子所涉及的方法都只带有普通的参数。如果参数本身还支持泛型，那么问题会更加复杂。比方说，我们给基类添加了下面这个 Baz 方法：

```
public class Animal
{
    public void Foo(Apple parm) =>
        WriteLine("In Animal.Foo");

    public void Bar(Fruit parm) =>
        WriteLine("In Animal.Bar");

    public void Baz(IEnumerable<Apple> parm) =>
        WriteLine("In Animal.Foo2");
}
```

然后，在子类中重载该方法：

```
public class Tiger : Animal
{
    public void Foo(Fruit parm) =>
        WriteLine("In Tiger.Foo");

    public void Bar(Fruit parm1, Fruit parm2 = null) =>
        WriteLine("In Tiger.Bar");

        public void Baz(IEnumerable<Fruit> parm) =>
            WriteLine("In Tiger.Foo2");
}
```

接下来还是像早前那样，通过 var 形式的变量，在 Tiger 对象上调用此方法：

```
var sequence = new List<Apple> { new Apple(), new Apple() };
var obj2 = new Tiger();

obj2.Baz(sequence);
```

你认为这次会打印出什么呢？仔细思考一番之后，你可能觉得应该输出 In Tiger.Foo2。这其实只说对了一半，因为 C# 4.0 之前的版本并不是这样的。C# 4.0 及后续版本为泛型接口提供了协变（covariance）与逆变（contravariance）机制，使得 Tiger.Baz 方法可以成为调用 obj2.Baz(sequence); 时的候选方法。虽然它的形式参数在字面上是 IEnumerable<Fruit> 类型，但由于有了变体机制，因此，可以接受比该类型更为特殊的类型，具体到本例来说，就是可以接受 sequence 变量所属的 List<Apple> 类所实现的 IEnumerable<Apple> 类型。反之，旧版的 C# 不支持泛型变体，因此，其泛型参数是不能变的，这样的话，当参数类型为 IEnumerable<Apple> 时，Tiger.Foo2 方法就无法成为候选方法了，于是，只剩下一个候选方法可供考虑，就是 Animal.Foo2。因此，对于旧版的 C# 来说，正确答案应该是 In Animal.Foo2。

前面的例子是想告诉你，在很多比较复杂的情况下，可能必须借助 cast 才能把调用语句解析到自己想要的方法上。在实际的编程工作中，这种情况肯定不少，因为你的项目中总会有一定的继承体系，因此要考虑基类与子类的问题，此外，还要考虑这些类型所实现的接口以及其他类为它们编写的扩展方法。在这样的项目中，编译器所判定的"最佳"方法不一定就是你所认为的那一个。面对这样的局面，我们不能抱着"既然已经很乱，那么再乱一些也无所谓"的心态向其中添加重载版本，那样做只会更糟。

读完本条之后，你就可以在聚会的时候炫耀自己所知道的一些 C# 重载解析规则了。这些知识当然是很有用的。你对自己选用的这门语言了解得越深，开发起来就越得心应手。但是，不要指望其他人也能达到跟你一样的水平，尤其要注意，不能要求调用你这个 API 的每一位开发者都非常详细地掌握各种重载解析规则，而是应该让他们少费一些脑筋才对。因此，不要重载基类中所声明的方法，这样做没有任何好处，只会令用户感到困惑。

第 20 条：了解事件机制为何会提升对象在运行期的耦合程度

事件机制似乎可以把你所写的类与它要通知的对象之间完全解耦。因此，有人可能总是喜欢定义各种各样的事件，并让对此感兴趣的对象来订阅这些事件。无论订阅方是什么样的对象，你的类都只需要触发事件就好，而无须关心订阅方的具体细节，因此，凡是对事件感兴趣的人都可以实现相关的接口，以便订阅并处理你所触发的事件。开发者可以扩充他们早前写过的代码以订阅你的事件，并在事件发生时执行相应的功能。

　　然而，实际情况并不是这样简单。基于事件的 API 很有可能造成耦合。为了讲解这个问题，我们首先看下面这个例子。它用名为 WorkerEventArgs 的类型来表示相关事件所涉及的一些参数，而这些参数实际上就是一种状态标志，你所写的 WorkerEngine 类需要根据这些标志来决定自己应该如何运作。

```
public class WorkerEngine
{
    public event EventHandler<WorkerEventArgs> OnProgress;
    public void DoLotsOfStuff()
    {
        for (int i = 0; i < 100; i++)
        {
            SomeWork();
            WorkerEventArgs args = new WorkerEventArgs();
            args.Percent = i;
            OnProgress?.Invoke(this, args);
            if (args.Cancel)
                return;
        }
    }
    private void SomeWork()
    {
        // Elided
    }
}
```

　　这样写会令所有订阅该事件的对象都彼此耦合起来。如果有多位订阅者都关注同一个事件，那么就有可能出现第一位订阅者发出取消请求而第二位订阅者又撤回这一请求的情况。刚才这段代码无法阻止这些订阅者这样来操作。如果把事件参数放在可变的对象中，而程序中有多位订阅者都能够修改这个参数，那么最后一位订阅者就可以把前面那些订阅者所做的修改全都取消掉。我们无法要求整个程序中只能出现一位订阅者，而且也无法保证稍后获得通知的订阅者不会做出与早前的订阅者相互矛盾的修改。因此，我们所能做的就是重新设计表示事件参数的 WorkerEventArgs 类本身，使得取消请求一旦发出，就无法撤回：

```
public class WorkerEventArgs : EventArgs
{
    public int Percent { get; set; }
    public bool Cancel { get; private set; }
```

```
    public void RequestCancel()
    {
        Cancel = true;
    }
}
```

对于本例来说，我们确实可以像刚才这样修改 WorkerEventArgs 类型的接口，但这种做法未必适用于其他情况。如果你一定要确保程序中最多只能出现一位订阅者，那么就必须借助其他机制来与对此感兴趣的对象进行通信。比方说，可以定义一种接口并调用其中的接口方法来通知订阅者。也可以通过 delegate 来定义这样的方法，然后让订阅者决定是否应该把这个事件通知给对此感兴趣的其他代码，如果要通知，又应该怎样面对它们所发出的任务取消请求。

程序运行的时候，事件源与事件订阅者之间还会出现另一种耦合。如果事件源所持有的某个 delegate 是用来表示订阅者的，那么该订阅者的生命期就会与事件源的生命期一样长。由于事件源在发出事件的时候会调用订阅者的事件处理逻辑，因此，如果表示订阅者的对象已经释放或清理了（也就是做过 dispose 了），那么以后再发生事件时，就不应该予以调用。（IDisposable 接口要求一旦有人在对象上调用 Dispose 方法，那么以后就不应该在这个对象上继续调用其他方法了。参见《Effective C#》（第 3 版）第 17 条。）

事件订阅者需要通知 Dispose 模式（释放模式）的实现方在执行 Dispose() 方法的过程中将事件处理逻辑从事件源中注销掉。否则，表示订阅者的对象会继续存活，因为程序可以通过事件源中的 delegate 引用该对象。这就是运行期有可能发生的另一种耦合。尽管事件机制可以让事件源与订阅者在编译期不发生耦合，但到了程序运行的时候，这两者还是有可能耦合起来。

基于事件的通信机制可以减少类型之间的静态耦合（static coupling），但这样做的代价是会让事件生成方与事件订阅方在运行的时候耦合得更为紧密。由于同一个事件可能会播报给多个订阅者，因此，这些订阅者必须就响应该事件的方式达成某种默契。另一方面，在事件模型中，指向每一位订阅者的引用都保存在事件源里，因此，如果事件订阅者遭到释放或清理，那么必须确保相应的事件处理逻辑能够从事件源中予以注销（或者改用其他办法，让它们从程序中消失）。反过来说，如果充任事件源的对象需要提前予以释放或清理，那么也必须设法确保它能够与所有的事件订阅者脱钩。总之，这些问题在设计事件的时候都必须考虑到才行。

第 21 条：不要把事件声明成 virtual

与 C# 类中的其他很多成员一样，事件也可以声明成 virtual。于是，有人可能就认为，既然如此，那么声明 virtual 事件应该和声明其他 virtual 成员一样简单。然而实际上并不是这样。以属性为例，既可以直接用一行声明来定义或重写某项属性，也可以通过定制 get 与 set 访问器的办法来进行定义或重写。与之类似，既可以直接用一行声明来定义或重写某个 event，也可以通过定制 add 与 remove 访问器的办法来进行定义或重写。于是，程序的行为有可能因为你在基类与子类中定义并重写 event 时所用的方式而出现变化，它未必能够把事件正确地通知给订阅方，甚至还会出现一些难于排查的问题。

首先，我们修改第 20 条中的 WorkerEngine 类，在它上面安排一个名为 Worker EngineBase 的抽象基类，并把基本的事件机制定义在该类中：

```
public abstract class WorkerEngineBase
{
    public virtual event
        EventHandler<WorkerEventArgs> OnProgress;

    public void DoLotsOfStuff()
    {
        for (int i = 0; i < 100; i++)
        {
            SomeWork();
            WorkerEventArgs args = new WorkerEventArgs();
            args.Percent = i;
            OnProgress?.Invoke(this, args);
            if (args.Cancel)
                return;
        }
    }

    protected abstract void SomeWork();
}
```

这样写会让编译器自动给这个名为 OnProgress 的 event 创建私有级别的后援字段，同时为该 event 提供公有级别的 add 与 remove 方法。

上面说的后援字段是编译器生成的，在编写代码的时候没有办法直接访问到它，而是只能访问公有级别的 event。在给 WorkerEngineBase 编写子类时，当然也会受到这样的限制，不过，编译器却可以正常地访问到这种后援字段，因为这是它自己生成的。它会在基类与子类中分别创建相应的代码，以便实现出原版与重写版的 virtual 事件。但问题是，这样重写相当于把基类声明的 event 给隐藏了起来。下面这个子类能够实现出与旧版的 WorkerEngine 类相同的功能：

```
public class WorkerEngineDerived : WorkerEngineBase
{
    protected override void SomeWork()
    {
```

```
            // Elided
        }
    }
```

然而一旦重写基类的事件，这个程序就会出问题：

```
public class WorkerEngineDerived : WorkerEngineBase
{
    protected override void SomeWork()
    {
        Thread.Sleep(50);
    }
    // Broken. This hides the private event field in
    // the base class.
    public override event
        EventHandler<WorkerEventArgs> OnProgress;
}
```

重写之后，客户代码所订阅的就是子类里的这个 event，这意味着这些 handler 不会添加到基类中隐藏的后援字段中。因此，基类的 DoLotsOfStuff() 方法在触发事件时，根本不会通知这些 handler。

在本例中，基类的 event 是直接通过一行语句来声明的⊖，而子类也采用这种形式重写了这样的 event，于是就把基类的 event 给隐藏起来。这意味着，客户代码在订阅该事件时是在子类的 event 上订阅的，而基类在触发该事件时却是在它自己的 event 上触发的，因此它通知不到对事件感兴趣的那些代码。其实，子类还可以改用定制属性时所用的写法来重写这个 event，但即便如此，你也必须专门做出处理，否则，还是会把基类的 event 给隐藏起来，导致基类无法通知到保存在子类 event 中的监听器。

要想让基类能够通知到这些客户端，就必须令子类事件的 add 与 remove 访问器去访问基类的 event 才行：

```
public class WorkerEngineDerived : WorkerEngineBase
{
    protected override void SomeWork()
    {
        Thread.Sleep(50);
    }
    public override event
        EventHandler<WorkerEventArgs> OnProgress
    {
```

⊖　由于普通的字段（field）也是直接通过一行语句来声明的，因此这种写法可以叫作 field-like syntax（字段式的写法）。——译者注

```
        add { base.OnProgress += value; }
        remove { base.OnProgress -= value; }
    }
    // Important: Only the base class can raise the event.
    // Derived classes cannot raise the events directly.
    // If derived classes should raise events, the base
    // class must provide a protected method to
    // raise the events.
}
```

如果基类的 event 也是通过定制 add 与 remove 访问器的办法编写的，那么依然可以套用上述方案，只不过，要对基类稍作调整。

要把基类中用来存放 handler 的字段设为 protected，使得子类也能够访问并修改该字段：

```
public abstract class WorkerEngineBase
{
    protected EventHandler<WorkerEventArgs> progressEvent;

    public virtual event
        EventHandler<WorkerEventArgs> OnProgress
    {
        [MethodImpl(MethodImplOptions.Synchronized)]
        add
        {
            progressEvent += value;
        }
        [MethodImpl(MethodImplOptions.Synchronized)]
        remove
        {
            progressEvent -= value;
        }
    }

    public void DoLotsOfStuff()
    {
        for (int i = 0; i < 100; i++)
        {
            SomeWork();
            WorkerEventArgs args = new WorkerEventArgs();
            args.Percent = i;
            progressEvent?.Invoke(this, args);

            if (args.Cancel)
                return;
```

```
        }
    }

    protected abstract void SomeWork();
}
public class WorkerEngineDerived : WorkerEngineBase
{
    protected override void SomeWork()
    {
        // Elided
    }
    // Works. Access base class event field.
    public override event
        EventHandler<WorkerEventArgs> OnProgress
    {
        [MethodImpl(MethodImplOptions.Synchronized)]
        add
        {
            progressEvent += value;
        }
        [MethodImpl(MethodImplOptions.Synchronized)]
        remove
        {
            progressEvent -= value;
        }
    }
}
```

在这种情况下，子类即便要采用与基类完全相同的逻辑，也还是必须把 add 与 remove 访问器照例实现一遍，而不能直接采用单行语句的形式重写基类的 event：

```
public class WorkerEngineDerived : WorkerEngineBase
{
    protected override void SomeWork()
    {
        // Elided
    }
    // Broken. Private field hides the base class.
    public override event
        EventHandler<WorkerEventArgs> OnProgress;
}
```

总之，要想让基类的 virtual 事件正确地得到重写，只有两种方案可以考虑。第一种方案是分别在基类与子类中，像定义属性的 get 与 set 访问器那样对事件的 add 与 remove 访问器进行定制，而不能采用单行的声明语句来直接定义或重写这个 event。第二种方案是在基类中，定义一个用来触发事件的 virtual 方法，并要求所有的子类都重写基类的 virtual 事件，同时还要重写这个 virtual 方法，以便在子类中正确地触发事件。

```
public abstract class WorkerEngineBase
{
    public virtual event
        EventHandler<WorkerEventArgs> OnProgress;

    protected virtual WorkerEventArgs
        RaiseEvent(WorkerEventArgs args)
    {
        OnProgress?.Invoke(this, args);
        return args;
    }
    public void DoLotsOfStuff()
    {
        for (int i = 0; i < 100; i++)
        {
            SomeWork();
            WorkerEventArgs args = new WorkerEventArgs();
            args.Percent = i;
            RaiseEvent(args);
            if (args.Cancel)
                return;
        }
    }

    protected abstract void SomeWork();
}

public class WorkerEngineDerived : WorkerEngineBase
{
    protected override void SomeWork()
    {
        Thread.Sleep(50);
    }

    public override event
        EventHandler<WorkerEventArgs> OnProgress;

    protected override WorkerEventArgs
        RaiseEvent(WorkerEventArgs args)
    {
        OnProgress?.Invoke(this, args);
```

```
        return args;
    }
}
```

看完了这一条中的范例代码之后，你应该能感觉到，把事件声明成 virtual 并没有明显的好处。真正需要设为 virtual 的只不过是用来触发事件的方法而已，把该方法声明成 virtual 之后，就可以在子类中对事件的触发逻辑进行定制。这完全可以达成你早前想通过 virtual 事件来实现的效果。例如，可以手工地遍历订阅了该事件的那些 handler，并在订阅者对事件参数所做的各种修改之间进行协调，甚至可以直接把事件屏蔽掉。

从表面上看，事件似乎是一种松散的接口机制，能够把你所写的类与想要和该类通信的其他代码给划分开，然而实际上还是有可能产生一定的耦合。尤其是当你把事件设为 virtual 之后，事件源与订阅该事件的客户代码之间无论在编译期还是在运行期，都会形成较为紧密的耦合关系。为了消除相关的问题，你必须采用一些办法来正确地实现 virtual 事件，然而这样做的整体效果与根本不使用 virtual 事件并没有太大区别。

第 22 条：尽量把重载方法创建得清晰、简洁而完备

方法的重载版本越多，就越容易引发歧义。更糟糕的是，有些时候你以为自己只是稍微调整了一下代码，但实际上却会令程序执行另外一个方法，从而产生意外的结果。

在很多情况下，同一个方法的重载版本应该越少越好。你要准确地把握住这个度，让客户端的开发者在使用你所提供的类型时，能够灵活地做出选择，同时又能让他们较为容易地判断出自己所选的这个版本是否就是编译器所认定的最佳版本。

容易引发歧义的版本越多，其他开发者就越难以顺利使用 C# 语言所提供的一些新特性，例如类型推断。此外，这样做还有可能导致编译器判断不出其中哪一个版本最为合适。

C# 语言规范描述了编译器在判定最佳方法时所依据的全部规则。每一位开发 C# 程序的人都应该对这些规则有所了解，而其中编写 API 的人更是需要透彻地掌握这些规则，因为他们有责任尽量缩减 API 所引发的歧义，保证编译器不会因为无法消除歧义而出现编译错误。更为重要的是，在合理使用这套 API 的前提下，他们有责任确保用户所认定的方法就是程序将会执行的那个方法。

C# 编译器可能必须经过冗长的流程，才能判断出到底有没有适当的方法可供调用，如果有，那么其中哪一个方法才是最佳方法。如果类中的所有方法都不带泛型，那么情况还相对简单一些，此时，你或许能够较为容易地依照编译器所用的逻辑找到它将要调用的方法。但如果重载版本过多，那么判断起来就比较困难了，你所认定的方法可能不是编译器将要调

用的那一个。

　　有很多因素会影响编译器对方法调用所做的解析，其中尤为重要的几个因素是参数的数量及类型，以及候选方法中有没有泛型方法、接口方法，或已经引入当前情境中的扩展方法。

　　编译器会在多个地点收集可供调用的候选方法，然后，试着从中挑出最好的一个。如果根本就没有候选方法可以考虑，或是虽然有多个候选方法，但判断不出其中哪一个最好，那么编译器就会出现错误。这两种情况其实比较容易应对，因为你没办法把编译不了的东西给发布出去。更难办的一种情况是：你发布的这套 API 可以正常编译，但你理解的最佳方法不是编译器所挑选的那一个。在这种情况下，程序调用的肯定是编译器所认定的那个方法，于是，就会出现意外的效果。

　　名称相同的方法执行的功能应该一样。如果类中有两个方法都叫 Add()，那么它们的功能应该是一样的才对。如果它们做的并不是同一件事，那应该给它们起不同的名字。比方说，下面这个类里的两个 Add() 方法做的就不是同一件事，因此，你不应该这么写：

```
public class Vector
{
    private List<double> values = new List<double>();

    // Add a value to the internal list.
    public void Add(double number) =>
        values.Add(number);

    // Add values to each item in the sequence.
    public void Add(IEnumerable<double> sequence)
    {
        int index = 0;
        foreach (double number in sequence)
        {
            if (index == values.Count)
                return;
            values[index++] += number;
        }
    }
}
```

　　这两个方法单独来看都是合理的，但它们没有理由在同一个类中共用同一个名称。相互重载的多个方法之间确实要在参数上有所区别，但那样做是为了用不同的参数去做同一件事，而不是像本例这样，用不同的参数去做不同的事。

　　如果能把握住这条原则，那么就会改用两个不同的名字来称呼这两个方法，以免使编译器要调用的方法与你所想的不符。但如果这两个方法执行的确实是同一件事，那么，是不是就可以毫无顾忌地进行重载了呢？

重载方法会在参数列表上有所区别，这种区别很可能意味着它们会用不同的手段来做这件事情。但是，即便它们使用的手段相同，你也依然应该确保编译器所选用的方法就是大家通常所认定的那个方法，也就是说，其他开发者在使用你所编写的这个类时，不应该产生太多的误解。

在参数上较为相似的一组重载方法很有可能引发误会，因为用户所理解的那个方法未必是编译器所判定的最佳方法。最基本的一种情况就是这些重载方法都只带有一个参数：

```csharp
public void Scale(short scaleFactor)
{
    for (int index = 0; index < values.Count; index++)
        values[index] *= scaleFactor;
}

public void Scale(int scaleFactor)
{
    for (int index = 0; index < values.Count; index++)
        values[index] *= scaleFactor;
}

public void Scale(float scaleFactor)
{
    for (int index = 0; index < values.Count; index++)
        values[index] *= scaleFactor;
}

public void Scale(double scaleFactor)
{
    for (int index = 0; index < values.Count; index++)
        values[index] *= scaleFactor;
}
```

如果把所有的重载版本全都创建出来，那么自然就不会产生歧义了。比方说，如果像上面那样创建了除 decimal 之外的四种版本，那么无论 scaleFactor 参数属于哪一种数值类型，编译器都能把它与正确的函数匹配起来⊖。（没有给出 decimal 版本是因为它在这里不会产生歧义。系统无法将这种类型的参数自动（隐式地）转换成 float 或 double，必须明确地（显式地）进行转换才行。）写过 C++ 程序的人可能会问，为什么不直接提供一个泛型方法，而要

⊖   实际上，除了 decimal 与 char 之外，总共有 10 种数值类型，但是另外 6 种都能够匹配到这四个版本中的
　　 某一个上。——译者注

分别针对这些类型做重载呢？这是因为，C# 的泛型并不支持 C++ 模板中的某些用法。具体到本例来说，你不能直接假设类型参数所指的类型肯定包含某个方法或运算符，而是只能通过 constraint（约束）对其进行限定，要求该类型必须是某种类型，或必须具有某种能力（参见《Effective C#》（第 3 版）第 18 条）。有人可能会想到把方法签名用 delegate 来表示（参见《Effective C#》（第 3 版）第 7 条），然而那样做只能把问题转移到另一个地方，而且你必须在那里同时指定类型参数与相关的 delegate 才行。因此，那种做法还是会面临同样的困难。

如果把其中的某些重载版本删掉，例如像下面这样，只保留两个重载版本：

```
public void Scale(float scaleFactor)
{
    for (int index = 0; index < values.Count; index++)
        values[index] *= scaleFactor;
}

public void Scale(double scaleFactor)
{
    for (int index = 0; index < values.Count; index++)
        values[index] *= scaleFactor;
}
```

那么，你就不太好判断 short 与 int 类型的参数会匹配到哪一个版本上面。以 short 为例，它既可以自动转换成 float，也可以自动转换成 double。此时，编译器该怎么选择呢？如果编译器选不出来，那么为了使代码能够正常编译，开发者必须明确地把它转换成其中的某一种类型。不过，在刚才所说的这种情况下，编译器是能够做出选择的，因为它觉得 float 版本要比 double 版本更好。每一个 float 都可以转换成 double，但并不是每一个 double 都能转换成 float。因此，float 比 double 更特殊，于是编译器就认为 float 版本的方法要比 double 版本更合适。问题在于，该类的用户可能会得出相反的结论。为了避免这种误解，你应该多提供一些版本，使得其他开发者无论用什么类型的参数进行调用，都能迅速而正确地判断出编译器所要选择的那个版本。为此，你所编写的这一组重载方法必须尽量完备。

只有一个参数的时候，重载方法解析起来还比较简单，但如果参数多了，那么理解起来就会比较困难。比方说，下面这两个版本都带有两个参数：

```
public class Point
{
    public double X { get; set; }
```

```
        public double Y { get; set; }

        public void Scale(int xScale, int yScale)
        {
            X *= xScale;
            Y *= yScale;
        }

        public void Scale(double xScale, double yScale)
        {
            X *= xScale;
            Y *= yScale;
        }
    }
```

如果用类型为 int 与 float 的两个值或类型为 int 与 long 的两个值来调用 Scale 方法，那么会执行哪个版本呢？

```
Point p = new Point { X = 5, Y = 7 };
// Note that the second parameter is a long:
p.Scale(5, 7L); // Calls Scale(double,double)
```

其实，执行的都是第二个版本，也就是两个参数都是 double 的那个版本，因为第一个版本根本就不会纳入考虑范围，它连候选方法都算不上。无论调用方法时传入的两个值是 int 与 float 还是 int 与 long，都只能跟第一个版本的首个参数相匹配。第一个版本的第二个参数是 int 型，由于 float 跟 long 均无法自动转为 int，因此，编译器根本就不会考虑这个版本。如果不了解这条规则，那么就有可能猜错答案。

但是还没完，还有更复杂的情况。我们可以再制造一些困难，让子类的方法去重载基类的方法，然后看看编译器这次会怎么解析（参见本书第 19 条）。

```
public class Point
{
    public double X { get; set; }
    public double Y { get; set; }
    // Earlier code elided
    public void Scale(int scale)
    {
        X *= scale;
        Y *= scale;
    }
}
```

```
public class Point3D : Point
{
    public double Z { get; set; }

    // Not override, not new. Different parameter type.
    public void Scale(double scale)
    {
        X *= scale;
        Y *= scale;
        Z *= scale;
    }
}

Point3D p2 = new Point3D { X = 1, Y = 2, Z = 3 };
p2.Scale(3);
```

上面这段代码有好几个问题。首先，如果 Scale() 方法打算交给某些子类去重写，那么基类 Point 就应该把这个方法声明成 virtual 方法。然而，基类并没有这样做。其次，编写子类的这位开发者（假设她名为 Kaitlyn）实际上创建了一个跟基类的 Scale() 相互重载的方法，她本来可以用 new 修饰这个方法，同时将参数声明成 int 类型，这样的话用户就能明白，她是想用这个方法把基类的 Scale 给隐藏起来。可惜，她并没有这样做。她现在写的这段代码会给用户造成一种错觉，认为子类提供了一个专门用来处理 double 类型参数的方法。实际上，这个方法不仅会处理 double 类型的参数，而且有可能把参数类型为 int 的情况也给涵盖进来。因为编译器在解析方法调用的时候，虽然发现基类方法与子类方法都可以纳入考虑范围，但它优先考虑的并不是参数列表中的参数，而是调用该方法的那个对象。由于调用 Scale 方法的 p2 对象在字面上是 Point3D 型的，因此，它认为 Point3D 版本的 Scale() 方法要比 Point 版本的更好。Kaitlyn 在子类中编写的这个方法虽然名称跟基类方法一样，但签名却有所不同，于是就很容易误导其他开发者。

如果针对某种具体的类型采用特定的实现代码编写了一个方法，然后又提供了泛型版的同名方法，想用较为通用的实现代码来处理其他一些类型，那么就有可能形成更加令人困惑的局面：

```
public static class Utilities
{
    // Prefer Math.Max for double:
    public static double Max(double left, double right) =>
        Math.Max(left, right);
    // Note that float, int, etc., are handled here:
    public static T Max<T>(T left, T right)
```

```
          where T : IComparable<T> =>
          (left.CompareTo(right) > 0 ? left : right);
}
double a1 = Utilities.Max(1, 3);
double a2 = Utilities.Max(5.3, 12.7f);
double a3 = Utilities.Max(5, 12.7f);
```

第一行调用语句会调用泛型方法的 Max<int> 版本，第二行调用语句会解析到 Max(double, double) 上，而第三条调用语句调用的则是泛型方法的 Max<float> 版本。最后那条调用语句之所以会解析到泛型方法上，是因为编译器可以把 Max<T> 中的类型参数 T 认定成 float，从而与这次调用所传入的第二个参数值（12.7f）完全匹配，同时又使第一个参数值 5 可以自动从 int 转为 float。由此可见，如果编译器可以用某种类型来替换泛型方法中的类型参数，使其至少能够与一个参数值完全匹配，那么，后者就比前者更好。换句话说，如果调用方法时所传的所有参数值都必须通过自动转型才能变成非泛型方法所要求的类型，然而其中的某几个参数可以直接与泛型方法的某个具体版本相匹配，那么编译器就会优先考虑后者。

不过，情况还可以变得更加复杂，因为我们还没把扩展方法给考虑进来。如果与可以访问到的成员函数相比，扩展方法能够更好地跟调用语句相匹配，那么编译器会怎么选呢？所幸，这次的答案比较简单：只要参数值能够兼容，编译器就总是会优先考虑实例方法，只有在找不到这种方法时，才会去考虑扩展方法。

现在大家应该看到了，编译器其实会在很多个地方寻找候选方法。重载的版本越多，编译器与开发者所要考虑的候选方法也越多，于是，就更有可能引发歧义。即便编译器确实可以从中选出某个最佳的方法，这也还是会给用户造成困难，因为大多数用户所认定的方法可能并不是编译器所中意的那一个。如果二十位开发者中只有一个人能找对那个方法，那么你写的这套 API 用起来就太过复杂了。开发者在使用你所提供的程序库时，应该立刻能够找到编译器所判定的重载版本才对，要是做不到这一点，那么这个库用起来就比较麻烦。

你给用户提供的这些重载方法只要能把各种输入数据都覆盖到就可以了，而不能过于泛滥。一味地添加重载方法只能令程序库变得更加复杂。

第 23 条：让 partial 类的构造函数、mutator 方法和事件处理程序调用适当的 partial 方法

C# 语言团队提供了 partial 类（分部类）这一机制，使得代码生成器可以只把类中的某一个部分代码创建出来，从而允许开发者在另一份文件中扩充该类的功能。但是对于较为

复杂的用法来说，仅仅实现这种程度的划分是不够的，因为开发者通常想让程序在执行由代码生成器所创建的某些成员时，能够顺带运行自己所写的代码。这些成员包括构造函数（constructor）、事件处理程序以及 mutator 方法。

如果你是设计者，那么在创建代码生成器的时候，应该让其他开发者能够顺畅地使用由该生成器所产生的代码，而不至于必须先修改这些代码，然后才能把某项功能给实现出来。反之，如果你是使用者，那么在使用由生成器所创建出来的代码时，不应该对其进行修改，否则，就破坏了你的代码与生成工具所创建出来的代码之间的联系，这会让后者使用起来更加困难。

从某个角度来看，编写 partial 类实际上也算是在设计 API，因为你可能是在开发一款代码生成工具，令其能够创建出这样的类，以供其他开发方所使用（此处所说的开发方，可能是编写代码的人，也可能是其他的代码生成工具）。从另一个角度来看，编写 partial 类又像是两位程序员在同一个类型上工作，然而他们在工作时受到严格的限制，既不能与对方交谈，又不能修改对方所写的代码。为此，双方都必须给对方留出适当的挂钩（hook），这些挂钩应该以 partial 方法的形式来表达，使得对方可以自行选择是否需要实现该方法。

你所写的代码生成器需要在这些可供扩展的点上定义 partial 方法（分部方法），使得其他开发者可以在另一份文件中为 partial 类中的 partial 方法编写实现代码。编译器会检查该类的全部代码，如果发现有人实现了这个 partial 方法，那么就会在调用这些方法的地方生成适当的调用指令，反之，如果没有人去实现这个 partial 方法，那么编译器会将调用此方法的语句全部移除。

partial 方法可能成为类中的一部分，也可能根本不会存在于该类中。为此，C# 语言对这种方法的签名做了很多限制。partial 方法的返回值类型必须是 void，这些方法不能声明成 abstract 或 virtual 方法，也不能用来实现接口方法。参数列表中不能带有 out 参数，因为如果没人来实现这个 partial 方法（或者说，没有人来给它提供方法主体），那么编译器就不知道应该如何初始化这些参数。同理，partial 方法也不能返回某个值，因为在得不到实现的情况下，编译器不知道这个返回值究竟是什么。所有 partial 方法的默认访问级别都是私有的。

类中有三种成员应该考虑调用相应的 partial 方法，使得用户能够监控或修改该类的行为，这三种成员是 mutator 方法、事件处理程序以及构造函数。

Mutator 方法⊖是可以令类或该类对象的状态发生明显变化的方法。在涉及 partial 方法及 partial 类的工作中，你可以这样来理解：凡是能让状态改变的方法都可以算作 Mutator 方法。其他开发者有可能在另一份源文件中实现 partial 类，由于实现代码也是该类的一部分，因此，可以访问到类的内部结构。

⊖　中文可称为能够改变状态的方法、更改器方法或赋值方法。——译者注

Mutator 方法应该给 partial 类的其他开发者留下两个可供实现的 partial 方法。第一个方法会在发生变化之前执行，使得其他开发者可以对即将切换到的新状态进行验证，从而有机会阻止这次变化。第二个方法会在发生变化之后执行，使得其他开发者能够对这次变化做出回应。

你编写的代码生成工具可能会生成下面这样的代码：

```
// Consider this the portion generated by your tool
public partial class GeneratedStuff
{
    private int storage = 0;

    public void UpdateValue(int newValue) =>
        storage = newValue;
}
```

你应该修改生成器的逻辑，使它生成的 Mutator 方法能够在状态发生变化之前及之后分别调用相关的 partial 方法，使得该类的其他开发者可以在即将发生变化时进行干预，并在已经发生变化之后做出回应：

```
// Consider this the portion generated by your tool
public partial class GeneratedStuff
{
    private struct ReportChange
    {
        public readonly int OldValue;
        public readonly int NewValue;

        public ReportChange(int oldValue, int newValue)
        {
            OldValue = oldValue;
            NewValue = newValue;
        }
    }
    private class RequestChange
    {
        public ReportChange Values { get; set; }
        public bool Cancel { get; set; }
    }

    partial void ReportValueChanging(RequestChange args);
    partial void ReportValueChanged(ReportChange values);

    private int storage = 0;
```

```
public void UpdateValue(int newValue)
{
    // Precheck the change
    RequestChange updateArgs = new RequestChange
    {
        Values = new ReportChange(storage, newValue)
    };
    ReportValueChanging(updateArgs);
    if (!updateArgs.Cancel) // If OK,
    {
        int oldStorage = storage;
        storage = newValue; // change
                            // and report:
        ReportValueChanged(new ReportChange(
            oldStorage, newValue));
    }
}
```

这样修改之后，如果没人实现这两个 partial 方法，那么编译出来的 UpdateValue() 方法就相当于

```
public void UpdateValue(int newValue)
{
    RequestChange updateArgs = new RequestChange
    {
        Values = new ReportChange(this.storage, newValue)
    };
    if (!updateArgs.Cancel)
    {
        this.storage = newValue;
    }
}
```

反之，如果有人要实现这两个 partial 方法，那么他可以对这个 GeneratedStuff 类型的对象所要发生的变化进行验证，并在发生变化之后予以回应：

```
public partial class GeneratedStuff
{
    partial void ReportValueChanging(
        RequestChange args)
    {
        if (args.Values.NewValue < 0)
        {
```

```
            WriteLine($@"Invalid value:
                {args.Values.NewValue}, canceling");
            args.Cancel = true;
        }
        else
            WriteLine($@"Changing
                {args.Values.OldValue} to
                {args.Values.NewValue}");
    }
    partial void ReportValueChanged(
        ReportChange values)
    {
        WriteLine($@"Changed
            {values.OldValue} to {values.NewValue}");
    }
}
```

这个例子提供了名为 cancel（取消）的标志，开发者可以把该标志设为 true，从而取消当前这次修改。在生成 GeneratedStuff 类的代码时，可能想通过另一种约定方式让用户取消这次操作，这意味着如果用户想要取消操作，那么他会在相关的代码中抛出异常。如果要把操作遭到取消这一情况播报给试图执行该操作的人，那么抛出异常是比较好的设计方案，反之，如果无须播报，那么只采用轻量级的 cancel 标志就足够了。

此外还要注意，如果没有人实现 ReportValueChanged() 方法，那么编译器在生成 UpdateValue() 的代码时，不会调用这个方法，但即便如此，它也依然要在 UpdateValue() 中创建 RequestChange 对象，因为编译器不敢把通过构造函数来新建对象这一操作给直接省去，以防 UpdateValue() 的语义发生变化。像 updateArgs 这样的对象应该尽量由你自己来创建，而不要推给客户端的开发者，这样的话，他们在进行验证或发出修改请求的时候，就能少花一些功夫。

类中一般的公有 mutator 方法很容易能观察出来，然而别忘了把属性的公有 set 访问器也给算上，否则，该类的其他开发者便没有办法验证并回应属性值所发生的变化。

接下来要考虑构造函数。需要让用户在程序运行构造函数的时候，有机会执行他自己所定义的代码。由于用户没办法要求程序或要求同时开发这个类的其他用户只准调用其中某几个构造函数，因此，这方面的问题应该由类的设计者来解决。也就是说，在设计类的时候，应该提供一个挂钩，无论程序执行的是哪个构造函数，用户都可以通过该挂钩来运行他自己的代码。下面我们给刚才的 GeneratedStuff 类补充一些代码：

```
// Hook for user-defined code:
partial void Initialize();
```

```
public GeneratedStuff() :
    this(0)
{
}

public GeneratedStuff(int someValue)
{
    this.storage = someValue;
    Initialize();
}
```

请注意，Initialize() 要放在构造函数的末尾。这样写使得用户可以检查当前正在构造的对象所要进入的状态是否有效。如果他发现其中有一些值在目前的业务领域中是无效的，那么就可以做出修改，或抛出异常。在编写代码生成器时，要保证它为该类所生成的每一个构造函数都会调用 Initialize() 方法，而且都只调用一次。另外，其他用户在开发这个类的时候，如果想给其中增设构造函数，那么决不能仅仅在构造函数中调用他们自己写的 Initialize() 例程，而是应该改用另一种写法，也就是明确地调用由设计方所提供的某个构造函数。这样写不仅能确保用户在 Initialize() 中所定义的初始化代码可以得到执行，而且能保证设计方在构造对象时所必须做的处理工作不会遭到遗漏。

最后还要考虑到，如果你所写的代码生成器会订阅某些事件，那么应该在处理该事件的过程中（或者说，在事件处理程序中）调用相应的 partial 方法。对于可能会改变状态或发出取消请求的事件处理程序来说，这么做尤其重要，因为用户可能要按照他们自己的想法，对状态的变化情况或表示取消请求的那个标志进行控制。

partial 类与 partial 方法等机制使得代码生成器能够把它所生成的类分成两个部分，其中一部分是由生成器自己制作的，而另一部分则交由用户去编写。在设计代码生成器的时候，应该像上面所演示的那样提供相关的挂钩，使得用户在使用该类时无须修改已经生成的代码。许多开发者都会使用由 Visual Studio 或其他工具所生成的代码，在使用这种代码时，必须先查看它所提供的接口，并确定代码中有没有声明 partial 方法。如果有，那么应该通过实现这些方法来达成自己的目标。从另一个角度来看，如果不仅仅是在使用代码生成器，而是想要设计这样一款生成器，那么一定要以 partial 方法的形式提供一套完备的挂钩，使得用户能够把他们自己想要执行的代码挂接到这些地方，否则，用户就有可能采用他们自己的做法来绕开你所安排的流程，或者直接弃用你所写的生成器。

第 24 条：尽量不要实现 ICloneable 接口，以便留出更多的设计空间

ICloneable 听上去是个很好的接口，想要支持拷贝操作的类型可以实现它，如果不

想支持拷贝，那就不实现。然而问题在于，类型不是孤立的，如果你决定让该类型支持 ICloneable，那么实际上相当于要求所有的派生类型也都必须支持此接口。这就是说，凡是从支持 ICloneable 接口的类型中派生出来的子类型都必须同样支持此接口，而且这些子类型的各个成员所属的类型也必须支持 ICloneable 接口，或者必须可以通过其他手段实现拷贝功能。

　　如果你设计的对象之间有着错综复杂的关系，那么有可能出现许多与深拷贝有关的问题。ICloneable 接口的官方文档比较圆滑地回避了这个问题，它没有要求实现该接口的人必须做浅拷贝或深拷贝，而是只要求能够支持拷贝就行。如果实现者做的是浅拷贝，那么他在创建新对象时只会把原对象中的成员字段简单地复制过来，这就导致两个对象有可能通过各自的成员字段引用同一个实例，因为该字段可能是引用类型。反之，如果做的是深拷贝，那么在遇到引用类型的字段时，还必须对该字段本身执行深拷贝，也就是要根据与原对象的这个字段所指的内容递归地复制出一份新的内容，并将其设置给新对象的同名字段。对于 integer（整数）等内置的类型来说，这两种拷贝方式都会得出相同的结果，但是对于其他类型来说就未必如此了。某个类型究竟做的是浅拷贝还是深拷贝，要看该类型具体是怎样实现这个逻辑的，此外还要考虑到一种情况：如果它所采用的拷贝方式介于浅拷贝与深拷贝之间（也就是在处理引用类型的字段时对某些字段做了浅拷贝，而对另一些字段做了深拷贝），那么可能会出现很多混乱的现象。

　　一旦沾上 ICloneable 接口，你就很难摆脱，因此在绝大多数情况下，应该避开这个接口，这样这个类设计起来就会简单得多，而且其他开发者也能更加轻松地使用它，或是更为容易地从中派生新的类型。

　　对于值类型来说，如果它的成员全都是内置类型，那么这个值类型不用实现 ICloneable 接口，因为只需要通过一条简单的赋值语句，就可以把结构体的内容给复制过来，这要比 Clone() 方法更快。该方法必须对内置类型的数值进行装箱操作，以便将其纳入以 System. Object 为根基的引用体系中（也就是把它从名义上转变成 System.Object 类型的引用），而调用者又必须对 Clone() 所返回的值执行解除装箱操作，从而将原始的值给提取出来。你应该把时间花在更重要的事情上，而不要将赋值操作所能实现的功能再用 Clone() 方法重写一遍。

　　可是，如果值类型中的某个成员是引用类型，那该怎么办？最明显的一种情况是值类型中含有 string 字段：

```
public struct ErrorMessage
{
    private int errCode;
    private int details;
```

```
    private string msg;

    // Details elided
}
```

　　其实这种情况无须担心，因为 string 是个特例——它虽然是引用类型，但却是那种不可变的引用类型。如果把某个 ErrorMessage 对象赋给另一个对象，那么这两个对象的 msg 字段都会指向同一个 string。但由于 string 是不可变的类型，因此，程序不会像遇到普通的引用类型时那样出现状况。因为无论你是通过原有的 ErrorMessage 对象，还是通过新的对象来修改 msg 字段，你所能做的修改都只是把某个新的字符串赋给该字段（与修改 string 对象有关的问题参见《Effective C#》(第 3 版) 第 15 条)。

　　如果刚才那个例子中的 struct 其 msg 字段是普通的引用类型，那就比较复杂了，不过，出现这种情况的概率是很小的。在这种情况下，内置的赋值操作只会对 struct 做浅拷贝，这导致原对象与复制出来的新对象都通过各自的字段引用同一个实例。如果想做深拷贝，那就必须考虑该字段所在的引用类型是否也支持深拷贝。你必须确认那个类型提供了可以做深拷贝的 Clone() 方法。只有在那个类型支持 ICloneable 接口并且其 Clone() 方法能够做深拷贝的情况下，才有可能正确地给整个 struct 做深拷贝。

　　现在来谈引用类型的拷贝。引用类型可以通过支持 ICloneable 接口来表示自己能够进行浅拷贝或深拷贝。然而，一旦支持该接口，就意味着从该类型继承出来的所有子类也都必须支持这个接口，因此，在编写自己的类型时，应该审慎地判断它到底需不需要支持此接口。下面是个简单的继承体系：

```
class BaseType : ICloneable
{
    private string label = "class name";
    private int[] values = new int[10];

    public object Clone()
    {
        BaseType rVal = new BaseType();
        rVal.label = label;
        for (int i = 0; i < values.Length; i++)
            rVal.values[i] = values[i];
        return rVal;
    }
}

class Derived : BaseType
{
```

```
    private double[] dValues = new double[10];

    static void Main(string[] args)
    {
        Derived d = new Derived();
        Derived d2 = d.Clone() as Derived;

        if (d2 == null)
            Console.WriteLine("null");
    }
}
```

运行这个程序之后，你会发现 d2 的值是 null，因为 Derived 类虽然从 BaseType 中继承了 ICloneable.Clone() 方法，但是继承下来的这个方法并没有正确地实现 Derived 类型所要求的拷贝逻辑，而是只把它当成了基类的对象来拷贝。于是，这样拷贝出来的结果只是一个 BaseType 对象，而不是 Derived 对象。因此，程序无法将该对象转为 Derived 类型，这导致 d2 的值成了 null。即便能够让 BaseType.Clone() 返回 Derived 类型的对象，你也没办法在其中正确地拷贝子类所定义的 dValues 数组。

基类实现 ICloneable 接口意味着所有的子类也都必须实现它。实际上，刚才那个 BaseType 类应该提供挂钩函数，供子类来安排各自的拷贝逻辑（参见第 15 条）。为了能正确地实现该逻辑，子类所增设的成员字段只能是值类型，或是某种实现了 ICloneable 接口的引用类型。这相当于给子类施加了极其严格的限制，因此，未密封的类通常不应该贸然实现 ICloneable 接口，以免给派生类型造成极大的限制或带来沉重的负担。

如果确实决定让整个体系中的相关类型都实现 ICloneable 接口，那么可以把 Clone() 设为 abstract 方法，从而迫使子类去实现它。同时，应该在基类中提供一种方式，使得子类能够正确地拷贝位于基类中的成员。例如可以像下面这样，在基类中定义受保护（protected）级别的拷贝构造函数：

```
class BaseType
{
    private string label;
    private int[] values;

    protected BaseType()
    {
        label = "class name";
        values = new int[10];
    }
```

```
    // Used by derived values to clone
    protected BaseType(BaseType right)
    {
        label = right.label;
        values = right.values.Clone() as int[];
    }
}

sealed class Derived : BaseType, ICloneable
{
    private double[] dValues = new double[10];

    public Derived()
    {
        dValues = new double[10];
    }
    // Construct a copy
    // using the base class copy ctor
    private Derived(Derived right) :
        base(right)
    {
        dValues = right.dValues.Clone()
            as double[];
    }

    public object Clone()
    {
        Derived rVal = new Derived(this);
        return rVal;
    }
}
```

　　请注意，基类本身并不实现 ICloneable 接口，而是提供拷贝构造函数，使得子类能够借此来复制位于基类中的那部分内容。处在继承体系末端的树叶类（leaf class）都应该是密封的类，如果有必要，可以让它们去实现 ICloneable 接口。这样设计使得基类不用强迫所有的子类都必须实现该接口，它只提供必要的方法，使得子类在确实需要实现 ICloneable 的时候，可以通过这些方法来拷贝基类中的相应内容。

　　ICloneable 确实有用，但不能随处都用，因为真正需要用到它的地方其实很少。最能说明这个道理的事例应该是 .NET Framework，它在引入泛型机制时，根本就没提供泛型版的 ICloneable<T> 接口。值类型不需要支持 ICloneable，因为完全可以通过赋值操作完成拷贝。对于引用类型来说，只有确实需要提供拷贝构造逻辑的叶类型（或者说密封类型）才需要实现这个接口。如果某个类以后有可能出现这样的子类，那么需创建受保护级别的拷贝构造函数，以供子类在实现 ICloneable 接口的过程中予以调用。除此之外的其他情况都应该避开 ICloneable。

第 25 条：数组类型的参数应该用 params 加以修饰

把方法的参数设计成数组可能导致程序出现很多意想不到的问题，因此，如果方法要接受某个集合或数量不定的参数，那么应该考虑用其他办法来设计该方法的签名。

为什么不能直接用数组做参数呢？因为它在类型检查方面有一些特殊的性质，使得开发者写出来的代码有可能看似严整，但实际上却会在运行的时候出错。比方说，下面这个短小的程序虽然可以顺利通过编译期的类型检查，但是等到 ReplaceIndices 方法给 parms 数组的首个元素赋值的时候，就会抛出异常：

```
string[] labels = new string[] { "one", "two",
    "three", "four", "five" };

ReplaceIndices(labels);

static private void ReplaceIndices(object[] parms)
{
    for (int index = 0; index < parms.Length; index++)
        parms[index] = index;
}
```

之所以会问题，是因为在充当输入参数的时候，数组能够支持协变（covariant），也就是可以把元素类型是子类的那种数组（比方说本例中的 string[]）传给元素类型为基类的参数（比方说本例中的 object[]）。此外，尽管数组参数本身是按值传递的，但由于数组中的元素有可能是指向某种引用类型的引用，因此，使用该数组的方法可能会修改该元素的状态。这样的操作虽然从该方法自身的角度来看并没有问题，但有可能令程序出现各种各样的错误。

当然，刚才那个例子错得比较明显⊖，你或许认为，自己绝不可能写出那样的代码。然而只要情况变得稍微复杂一点，你恐怕就会出现相同的错误。例如，你可能会遇到这样一个小小的继承体系：

⊖ 其错误在于，该方法只看到 parms 参数在字面上是个 object 数组，但却没有意识到这个数组可能并不用来存放一般的 object 对象，而是专门用来存放某种子类（例如 string）的对象。那种子类与赋值操作右侧的 index 变量所属的 int 类型之间或许并不兼容。——译者注

```
class B
{
    public static B Factory() => new B();

    public virtual void WriteType() => WriteLine("B");
}

class D1 : B
{
    public static new B Factory() => new D1();

    public override void WriteType() => WriteLine("D1");
}

class D2 : B
{
    public static new B Factory() => new D2();

    public override void WriteType() => WriteLine("D2");
}
```

如果你能了解数组的真实类型，从而把适当的对象放入其中，那么程序就不会出问题：

```
static private void FillArray(B[] array, Func<B> generator)
{
    for (int i = 0; i < array.Length; i++)
        array[i] = generator();
}


// Elsewhere:
B[]
storage = new B[10];
FillArray(storage, () => B.Factory());
FillArray(storage, () => D1.Factory());
FillArray(storage, () => D2.Factory());
```

但是，如果数组的元素类型在字面上是基类，但实际上却是某个子类，而你又把另一种子类的对象放入该数组中，那么程序就会抛出 ArrayTypeMismatchException 异常：

```
B[] storage = new D1[10];
// The first call and third call will throw exceptions:
FillArray(storage, () => B.Factory());
FillArray(storage, () => D1.Factory());
FillArray(storage, () => D2.Factory());
```

此外，由于数组不支持逆变，因此，如果某个方法要向参数所表示的数组中写入内容，而这个数组的元素其字面类型是某个子类，那么你有可能想把元素的字面类型是基类的数组传给这个方法。这种想法在道理上是能够说通的，因为子类对象确实可以保存在元素类型为基类的数组中，然而编译器却不接受：

```
static void FillArray(D1[] array)
{
    for (int i = 0; i < array.Length; i++)
        array[i] = new D1();
}


B[] storage = new B[10];
// Generates compiler error CS1503 (argument mismatch)
// even though D objects can be placed in a B array
FillArray(storage);
```

如果把数组的类型从 D1[] 改为 B[]，并且将这个数组参数设为 ref 参数，使得 FillArray 方法以按引用传递的形式来接收调用方所传入的 storage，那么问题会更加复杂。在这种情况下，FillArray 方法本身有可能会在其中新建一个元素类型为子类的数组，并让 array 参数指向该数组。然而问题是，执行完 FillArray 方法之后，调用方可能并不清楚 storage 变量所指向的数组已经从一个能够保存基类对象的数组变成了只能专门保存某种子类对象的数组（例如，它只能保存 D1 型对象），因此，有可能会把另一种子类的对象（如 D2）存放到 storage 中，这样的话，还是会产生早前那种异常。

要想避开这些问题，可以把方法的参数声明成接口类型，使得该方法只能安全地使用由这种接口所代表的序列。如果方法要从某个参数所表示的序列中获取类型为 T 的对象，那么可以把参数类型设为 IEnumerable<T>，这样在编写代码时，就无法修改序列的内容了，因为 IEnumerable<T> 根本没有提供能够修改其内容的方式。另一种办法是在调用方所要传入的数组或集合所处的类型体系中寻找一种不提供修改方法的基类，并把参数类型设为该基类，这样也可以让调用者无法通过 API 来修改集合。总之，一旦把方法参数直接设计成数组类型，那么调用方就必须意识到，你这个方法有可能对数组中的某些元素乃至全部元素都做出修改或替换。虽然没有人能够禁止你在自己的方法中修改参数所表示的数组或集合中的内容，但如果你本来就没打算修改，那么应该在 API 签名上体现出来，使得调用方能够更加明确地了解这一点。（本章中有很多范例都没有直接把方法参数设计成数组类型，请读者参考那些范例。）

如果你确实要修改调用方所传入的序列，那么应该把修改后的序列作为方法的返回值传给调用方（参见《Effective C#》（第 3 版）第 31 条）。如果你的方法是要生成一个由 T 型对象所组成的序列，那么应该把生成的序列所具备的类型写成 IEnumerable<T>。

　　有一些情况下，你的方法允许调用者传入任意数量的选项，此时，可能真的要把参数类型设计成数组类型，然而要注意，这种参数应该用 params 关键字来修饰。这样，用户在使用这个方法时，就可以像调用多参数的普通方法那样简单地把这些参数逐个传进来。下面我们看一看带有 params 参数的方法与普通方法之间有什么区别：

```
// Regular array
private static void WriteOutput1(object[] stuffToWrite)
{
    foreach (object o in stuffToWrite)
        Console.WriteLine(o);
}
// params array
private static void WriteOutput2(
    params object[] stuffToWrite)
{
    foreach (object o in stuffToWrite)
        Console.WriteLine(o);
}
```

　　单从代码的写法以及对数组元素所做的处理上似乎看不出两者之间有比较大的区别，但是，在调用这两个方法的时候，区别则较为明显：

```
WriteOutput1(new string[]
    { "one", "two", "three", "four", "five" });
WriteOutput2("one", "two", "three", "four", "five");
```

　　如果用户根本就不想传入任何参数，那么按照普通写法制作出来的方法使用起来就比较麻烦。反之，带有 params 参数的方法用起来则相当容易，因为调用者可以把参数留空：

```
WriteOutput2();
```

　　使用常规数组做参数的方法要求调用者必须传入数组，如果直接留空，那么代码根本无法编译：

```
WriteOutput1(); // Won't compile
```

　　用户也不能直接把 null 当成参数传进去，那样会令方法抛出异常：

```
WriteOutput1(null); // Throws a null argument exception
```

　　他们只能专门创建一个空的数组来满足语法要求：

```
WriteOutput1(new object[] { });
```

用 params 关键字修饰数组参数并不能解决所有问题，因为还是有可能出现与协变有关的错误，只不过这种错误出现的概率会变得很低。首先，如果调用方是像调用普通方法那样给这个 params 数组参数传值的，那么编译器会自动生成数组以容纳这些值。由于这个数组是自动生成的，因此，即便 WriteOutput2 方法把其中的某个元素给替换了，也不会影响到调用方。第二，编译器所生成的数组其类型是正确的，而不会像早前那样出现需要放入的元素与该数组本身所能容纳的元素不兼容的现象。只有一种情况例外，就是调用方故意不像调用普通方法时那样逐个传入参数，而是提前构造了一种只能存放某类对象的数组，然后把这个数组直接传给 params 参数，这样编译器就不会自动生成数组了。此时，如果 WriteOutput2 方法想要给数组中存入另一种类型的对象，那么就会导致程序因为类型不匹配而发生异常。尽管 params 参数无法阻止这种用法，但与不经 params 修饰的数组参数相比，它其实已经做了很多防护。

用数组当参数本身并没有问题，但这样会导致调用者与被调用的方法之间产生两种误会。第一种误会是由于协变而产生的，这会让程序在运行的时候出现异常。第二种误会是由于数组别名现象引发的，该方法可能会把数组中的元素给替换掉。然而调用者或许并没有意识到这一点，他以为这个方法不会修改数组的内容。即便你所写的方法没有执行上述两种操作，它的签名也依然隐含着这种可能。于是，有些开发者就会担心你写的这个方法用起来是否不够安全。他们可能会先把数组的内容复制一份，然后把复制出来的临时数组当成参数传进去。其实，你完全可以寻找更好的办法来设计这种参数。如果该参数是用来表示序列的，那么可以将其设为 IEnumerable<T> 类型，或根据序列中的元素，将其设为 IEnumerable<T> 类型的某个适当版本。如果该参数表示的是某个集合，而你的方法又要对该集合做出修改，那么应该重新考虑方法的返回值，使它能够把修改后的序列通过返回值交给调用者。如果该参数表示的是一系列选项，那么你应该用 params 关键字来修饰这个数组参数。总之，与单纯使用数组参数相比，这三种做法都能让接口变得更加合理、更加安全。

第 26 条：在迭代器与异步方法中定义局部函数，以便尽早地报错

当前的 C# 语言支持某些相当高级的结构，这使得开发者能够通过很少的语句制作出较为丰富的功能，这些功能需要用很多机器码才能够予以实现。迭代器方法（iterator method）与异步方法（async method），就属于这种较为高级的结构。它们的主要优势在于能够用较少的代码清晰地表达出相关的逻辑。当然，这样做也是有代价的：如果你调用的是迭代器方法或异步方法，那么其中的代码或许不会立刻得到执行。在编写这些方法时，可能会给方

法开头添加一些语句，用来验证参数及对象的状态，如果发现调用者没有以正确的方式或时机来运用该方法，那么就抛出异常。然而问题是，你写的这些判断代码可能不会在调用该方法的时候立刻得到运行，因为编译器可能会重新安排其中的算法。我们考虑下面这个例子：

```csharp
public IEnumerable<T> GenerateSample<T>(
    IEnumerable<T> sequence, int sampleFrequency)
{
    if (sequence == null)
        throw new ArgumentException(
            "Source sequence cannot be null",
            paramName: nameof(sequence));
    if (sampleFrequency < 1)
        throw new ArgumentException(
            "Sample frequency must be a positive integer",
            paramName: nameof(sampleFrequency));

    int index = 0;
    foreach(T item in sequence)
    {
        if (index++ % sampleFrequency == 0)
            yield return item;
    }
}
var samples = processor.GenerateSample(fullSequence, -8);
Console.WriteLine("Exception not thrown yet!");
foreach (var item in samples) // Exception thrown here
{
    Console.WriteLine(item);
}
```

调用迭代器方法的时候，程序不会立刻抛出 ArgumentException 异常，而是要等到对该方法所返回的序列进行列举的时候才会抛出。由于这个例子很简单，因此，你或许能够迅速地找到错误并加以修复。但是在大规模的项目中，由于创建迭代器的语句与列举迭代器的语句可能写在不同的方法乃至不同的类中，因此，这样的问题是很难排查的。抛出异常的代码与真正有问题的代码之间可能看起来根本就没有明显的联系。

异步方法也会出现这种状况。我们考虑下面这个例子：

```csharp
public async Task<string> LoadMessage(string userName)
{
    if (string.IsNullOrWhiteSpace(userName))
        throw new ArgumentException(
            message: "This must be a valid user",
```

```
                    paramName: nameof(userName));
        var settings = await context.LoadUser(userName);
        var message = settings.Message ?? "No message";
        return message;
    }
```

　　async 修饰符使得编译器可以重新安排方法中的代码，从而返回一个 Task 对象，用以表示异步工作所处的状态。也就是说，这项工作目前的执行进度记录在异步方法所返回的 Task 对象中。只有当调用方真正开始等待或者获取这个 Task 的执行结果时，记录在 Task 对象中的异常才会暴露出来。也就是说，即便调用者传入的参数早就让异步方法给判定成无效参数了，它也必须等到这个时候才能观察到这一错误。（详情参见第 3 章。）因此，与迭代器方法类似，抛出异常的代码未必就是真正有问题的代码。

　　按道理来说，错误应该尽早暴露出来才对，这样的话，使用你这个程序库的开发者就可以立即意识到自己在什么地方写错了，从而更为顺利地修复该错误。为此，需要把这种方法拆分成两个不同的部分。我们先看迭代器方法应该如何拆分。

　　在用户对迭代器方法所应返回的序列进行列举时，该方法会通过 yield return 语句逐个给出序列中的元素。这种方法的返回值必须设计成 IEnumerable<T> 或 IEnumerable。实际上，很多方法都可以返回这样的类型。如果要让这些方法尽早暴露错误，那么应该把它拆分成两个部分，其中一个叫作实现方法，它通过 yield return 语句给出序列中的具体元素，另一个叫作包装器方法（wrapper method），专门用来执行验证逻辑。本节第一个例子中的方法可以拆分成下面两个部分。其中，包装器部分的代码是：

```
public IEnumerable<T> GenerateSample<T>(
    IEnumerable<T> sequence, int sampleFrequency)
{
    if (sequence == null)
        throw new ArgumentNullException(
            paramName: nameof(sequence),
            message: "Source sequence cannot be null",
            );
    if (sampleFrequency < 1)
        throw new ArgumentException(
        message: "Sample frequency must be a positive integer",
        paramName: nameof(sampleFrequency));

    return generateSampleImpl();
}
```

　　这个包装器方法用来验证参数以及其他状态。验证完毕后，它会调用实现方法，以执行真正的工作。下面给出实现方法的代码，这个方法是要作为局部函数嵌套在刚才那个方法中的：

```
IEnumerable<T> generateSampleImpl()
{
    int index = 0;
    foreach (T item in sequence)
    {
        if (index % sampleFrequency == 0)
            yield return item;
    }
}
```

　　像 generateSampleImpl() 这样的实现方法不需要执行任何错误检测工作，它只应该由对应的包装器方法来调用，因此，其访问权限要降到最低，也就是说，至少应该是个私有方法。从 C# 7 开始，这种方法可以作为局部方法定义在包装器方法中。这样做有许多好处。下面先来看完整的代码。这个名为 GenerateSampleFinal 的迭代器方法通过其中的局部函数来执行真正的操作。

```
public IEnumerable<T> GenerateSampleFinal<T>(
    IEnumerable<T> sequence, int sampleFrequency)
{
    if (sequence == null)
        throw new ArgumentException(
            message: "Source sequence cannot be null",
            paramName: nameof(sequence));
    if (sampleFrequency < 1)
        throw new ArgumentException(
        message: "Sample frequency must be a positive integer",
        paramName: nameof(sampleFrequency));

    return generateSampleImpl();

    IEnumerable<T> generateSampleImpl()
    {
        int index = 0;
        foreach (T item in sequence)
        {

            if (index % sampleFrequency == 0)
                yield return item;
        }
    }
}
```

　　像这样来使用局部函数的最大好处在于，实现方法只能从包装器方法中得到调用。因此，外界无法绕过包装器方法中所含的验证逻辑而去直接调用实现方法。此外还要注意，实现方法可以访问包装器方法的参数以及该方法中的所有局部变量，因此，这些值是不需要专门去传递的。

　　异步方法也可以采用这种技术来拆分。可以把提供给用户去调用的公有方法设置成不带 async 修饰符的方法，该方法的返回值可以是 Task 或 ValueTask。所有的验证逻辑都放在这个包装器方法中执行，以求尽早暴露错误。然后，该方法会调用带有 async 修饰符的实现方法，具体的异步逻辑写在这个实现方法中。

　　实现方法的作用范围要设置得尽量小一些，因此，这种实现方法应该写成局部函数：

```
public Task<string> LoadMessageFinal(string userName)
{
    if (string.IsNullOrWhiteSpace(userName))
        throw new ArgumentException(
            message: "This must be a valid user",
            paramName: nameof(userName));

    return loadMessageImpl();

    async Task<string> loadMessageImpl()
    {
        var settings = await context.LoadUser(userName);
        var message = settings.Message ?? "No message";
        return message;
    }
}
```

　　这样写所达成的效果与其他手法类似。如果用户在调用这个公有方法时传入了无效的参数，那么它可以提早指出错误，使得用户能够更加容易地予以修正。由于实现方法是隐藏在包装器方法中的，因此，用户无法绕过包装器方法中的验证代码。

　　最后再讲一个与本条有关的问题。有人可能觉得，lambda 函数不是也可以达成跟局部函数类似的效果吗？其实这两者在编译器看来是有区别的，应该尽量选择后者才对。与局部函数相比，编译器需要为 lambda 表达式生成更加复杂的结构，例如，要为其实例化 delegate 对象。反之，如果采用局部函数来写，那么编译器通常只需将其实现成私有方法即可。

　　迭代器方法与异步方法是相当高级的语言结构，它们会重新安排代码的执行方式，并调整报错的时机。这些方法就是这样运作的。如果想让某些代码尽早执行，那么可以考虑将原方法拆分成两个部分，把纯粹的执行逻辑放在实现方法中去做。由于这种方法不含验证逻辑，因此，应该尽量缩减它的作用范围。

Effective

CHAPTER 3 · 第 3 章

基于任务的异步编程

很多编程工作都涉及启动并回应异步任务，如分布式程序以及运行在多台计算机或虚拟机中的程序。这些程序可能要跨越多个线程、进程、容器、虚拟机或物理机。然而，异步编程并不等同于多线程编程。当今的开发者必须掌握异步编程，例如怎样等待下一个网络数据包，怎样等待用户输入下一个值。

C# 语言以及 .NET Framework 中的某些类提供了相应的工具，使得开发者能够较为轻松地进行异步编程。虽然这种程序写起来有很多难点，但只要学会一些重要的技能，你还是可以从容应对的。

第 27 条：使用异步方法执行异步工作

异步方法可以更加轻松地构建出异步算法。这种方法的核心逻辑看上去跟同步方法很像，但执行路径却有所不同。执行同步方法时，你可以认为程序是按照你写这些代码时所采用的顺序来执行相关指令的。但执行异步方法时就未必如此了，它可能会在尚未执行完所有的指令时提前返回，等到该方法等候的那项任务执行完毕后，再令这个方法从早前还没执行完的那个地方继续往下运行。对于调用异步方法的主调方法来说，只要异步方法已经返回，它就可以继续往下执行。如果你根本就不理解这套机制，那么可能会觉得它非常奇妙。若只懂得一点点而没有透彻地了解它，则有可能产生相当多的困惑。要想完全理解这套机制，你必须知道编译器是怎样对异步方法中的代码做出变换的。接下来我们就要讲解如何分析异步方法中的代码，以了解它所描述的究竟是什么样的核心算法，并判断出程序会怎样执行这些指令与任务。

　　首先从最简单的例子讲起，也就是那种字面上是异步（async）但实际上却以同步（synchronous）方式而执行的方法：

```
static async Task <object> SomeMethodAsync()
{
    Console.WriteLine("Entering SomeMethodAsync");
    Task <object> awaitable = SomeMethodReturningTask();

    Console.WriteLine("In SomeMethodAsync, before the await");
    var result = await awaitable;
    Console.WriteLine("In SomeMethodAsync, after the await");
    return result;
}
```

　　在某些情况下，本来需要异步执行才能完成的工作有可能会提前完成。比方说，程序库的设计者可能提供了缓存，于是，执行那项工作的人就可以考虑直接从缓存中获取相应的结果，而不用以异步的方式来加以执行。这样，当程序执行到 SomeMethodAsync() 方法中的 await 语句时，它会发现需要等候的任务（也就是 awaitable）其实已经完成了，因此，它会像普通的同步方法那样继续执行 await 语句的下一条语句。等到执行完整个SomeMethodAsync() 方法后，它会返回一个本身就处在已完成状态的 Task（任务）对象，因此，调用 Some MethodAsync() 方法的那段代码所获得的返回值就是这个已经完成了的 Task 对象。如果那段代码要等候由该对象所表示的任务，那么其效果跟 SomeMethodAsync() 是普通方法时一样，都会立刻执行完这次调用，并继续往下运行。对于这种情况大家应该比较熟悉。

　　但是，如果 SomeMethodAsync() 运行到 await 语句时 awaitable 任务还没有完成，那会怎么样呢？此时，程序的执行流程就比原来复杂了。在 C# 语言不支持 async 与 await 机制之前，必须配置一种回调（callback）机制，以便在异步任务执行完毕的时候处理该任务的执行结果。这可能需要编写事件处理程序或某种 delegate。等到 C# 语言支持 async 与 await 之后，这样的代码写起来就容易多了。我们现在先不谈语言是如何实现异步处理的，而是要讲一讲与此有关的一些概念。

　　如果 SomeMethodAsync() 运行到 await 语句时所要等候的任务还没有完成，那么该方法依然把控制权返回给主调方，只不过它这次返回的 Task 对象⊖表示的是一项尚未完成的方法

⊖　指的是 SomeMethodAsync() 方法返回给主调方的 Task 与该方法内部的 await 语句所等候的 awaitable 并不是同一个 Task。——译者注

执行工作。等到 awaitable 执行完毕的时候，系统会让某个线程从 await 语句的下一条语句开始继续执行 SomeMethodAsync() 方法，直至把该方法中的所有代码都运行完。此时，奇妙的现象出现了：系统会更改 SomeMethodAsync() 方法早前返回给调用方的那个 Task 对象，把它的状态变为已完成，并把完成时所得到的结果放入其中。这样的话，早前等待该方法执行结果的那些代码就可以获知执行结果并且继续往下运行了。

要想理解这个过程，最好的办法是用调试器去运行一些范例代码。你可以在 await 语句所要等待的 SomeMethodReturningTask() 任务中设置断点，然后观察程序的执行流程。

现实生活中也有一些事情可以与编程中的异步方法相类比。例如在家做比萨的全过程就是如此。首先，你得揉面，这个步骤可以交给一个普通的同步方法去完成。然后，你需要发面，此步骤可以通过异步任务的形式去完成⊖，因为在发面的同时，还可以继续制作比萨上要撒的馅料⊖。等发好面之后，可以再启动一项异步任务，给烤箱预热，与此同时，可以继续准备比萨饼本身，把馅料涂抹在饼上。等烤箱达到适宜的温度，就可以把已经准备好的比萨放到烤箱中了。

现在，我们来解释早前说的那个奇妙现象，看看系统到底是怎么实现出这种效果的。编译器在处理异步方法时，会构建一种机制，该机制可以启动 await 语句所要等候的那项异步工作，并使得程序在该工作完成之后，能够用某条线程继续执行 await 语句下方的那些代码。这个 await 语句正是关键所在。编译器会构建相应的数据结构，并把 await 之后的指令表示成 delegate，使得程序在处理完那项异步工作之后，能够继续执行那些指令。编译器会把当前方法中每一个局部变量的值都保存到这个数据结构中，并根据 await 语句所要等候的任务来配置相应的逻辑，让程序能够在该任务完成之后指派某个线程，从 await 语句的下一条指令开始继续执行。实际上，这相当于编译器生成了一个 delegate，用以表示 await 语句之后的那些代码，并写入了相应的状态信息，用以确保 await 语句所等候的那项任务执行完毕以后这个 delegate 能够正确地得到调用。

当 await 语句所等候的任务执行完毕时，它会触发事件，告诉系统自己已经执行完了。此时，系统会让程序中的某个线程重新进入 await 语句所在的方法，并恢复相应的状态。这使得该方法看上去好像是从早前暂停的地方继续往下执行的，也就是说，系统会把状态恢复到早前暂停时的样子，并且直接把程序中的某个线程放到适当的语句上，令其能够继续向下运行。这样做的效果跟 SomeMethodAsync() 方法在 await 语句那里直接调用一个普通的同步方法差不多，因为无论它是等候一项异步任务还是去调用一个同步方法，等到该任务或

⊖　相当于 SomeMethodAsync() 方法中的 Task<object> awaitable = SomeMethodReturning Task(); 这一行语句。——译者注

⊖　相当于 SomeMethodAsync() 方法中的 Console.WriteLine("In SomeMethodAsync, before the await"); 这一行语句。——译者注

该方法执行完毕的时候，它都会处在这种状态，而且也都会从这里继续往下执行。本例中的 SomeMethodAsync() 方法在在执行完毕以后，会更新早前返回给调用方的那个 Task 对象，并触发相应的事件，用以表示自己已经执行完毕。

SomeMethodAsync() 方法所等候的 awaitable 任务如果执行完毕，那么系统的通知机制会指派某个线程来调用这个方法，使得它能够从早前暂停的地方继续往下执行。这种行为具体来说是由 SynchronizationContext 类负责实现的。该类用来保证异步方法能够在它所等候的任务执行完毕时，从早前停下来的地方继续往下运行，并确保该方法此时所处的环境与上下文能够与当初的情况相符。这实际上相当于它把你带回早前执行到的地方。编译器会生成相应的代码，以便通过 SynchronizationContext 类把该方法所处的情境恢复到早前执行 await 时的样子。在开始等候异步任务之前，编译器会通过静态的 Current 属性，将当前的 SynchronizationContext 缓存起来，等到该方法所等候的任务完成之后，编译器会把 await 之后的代码放在 delegate 中，投递给同一个 SynchronizationContext，于是，这个 SynchronizationContext 就可以根据程序的具体情况，采用适当的方式来安排那些代码的执行工作。例如，在 GUI 应用程序中，会用 Dispatcher 进行安排（参见第 39 条），在 Web 环境下，会用线程池与 QueueUserWorkItem（参见第 37 条）进行安排，而在控制台式的应用程序中，由于没有 SynchronizationContext，因此，会直接安排给当前的线程来执行。请注意，某些 SynchronizationContext 有好多线程可供调度，而另一些 SynchronizationContext 则只能采用单个线程来协调这些任务。

如果 SomeMethodAsync() 方法所等候的 awaitable 任务发生故障，那么相应的异常是在投递给 SynchronizationContext 的那段代码中抛出的，也就是说，那项异常必须等到系统继续执行那段代码的时候才会得以抛出。反之，如果 SomeMethodAsync() 方法只是通过调用 SomeMethodReturningTask() 来简单地启动异步任务，并任由那个任务自己执行完毕，而不去特意等候该任务的执行结果，那么它就看不到这个异常，因为系统不会采用早前说的那套机制来进行安排，从而导致异常不会在 SynchronizationContext 中重新抛出。因此，启动任务之后，一定要等候该任务的执行结果，这样才能最为适当地观察到那项异步任务所抛出的异常。

方法中如果有多条 await 表达式，那么刚才讲的那套概念依然是成立的。当方法执行到其中某条表达式的时候，它所要等候的那项异步工作可能还没有执行完毕，于是，该方法会把自己的执行进度停在这里，并把程序的控制权交还给主调方，同时，那项异步工作也在继续往下运行。等到那项异步工作完成之后，系统会更新相应的内部状态，使得程序中的相关线程可以跳到该方法中的适当位置上，从而继续执行 await 之后的语句。与只含一条 await 语句时的情况类似，此时 SynchronizationContext 也需要判断接下来的那些代码是直接交给当前的这条线程来做，还是安排给另一条线程去执行。

　　你也可以自己编写代码去等候异步任务执行完毕时所发出的通知，然而那样做与 C# 语言所使用的这套机制在效果上是类似的。C# 的这套机制更加正规，能够让代码读起来与调用普通的同步方法时一样清晰。

　　早前讲的内容都假设异步方法中所等候的异步工作总是能够顺利完成。但实际上肯定无法保证这一点。有时候，这些工作会抛出异常，因此在调用异步方法时必须考虑到这种情况。这会令程序的控制流程变得更加复杂，因为 SomeMethodReturningTask() 方法在把 Task 对象返回给 SomeMethodAsync() 的时候，其中的异步工作可能还没完成，于是系统必须想办法把执行那些工作时所发生的异常注入调用栈中。编译器会在异步任务中生成一个 try/catch 块，把所有的异常都捕获下来。如果确实发生了这样的异常，那么无论有几个异常，都合起来保存到 AggregateException 对象中，该对象可以通过 Task 对象的 Exception 属性来访问。这种 Task 的状态会设为 faulted。如果对这样的 Task 进行 await，那么 await 语句会抛出 AggregateException 对象中的首个异常。在绝大多数情况下，AggregateException 对象中只有这么一个异常，它会抛出到调用方⊖的上下文中。如果有多个异常，那么调用方必须展开 Task.Exception 属性所表示的 AggregateException，以查看其中所聚合的每一个异常（参见第 36 条）。

　　可以通过 Task 类所提供的某些 API 来修改这种异步机制的运作效果。比方说，如果确实要在某个地方先等候 Task 执行完毕，然后才能继续往下执行，那么可以在此处调用 Task.Wait()，或是查看 Task<T>.Result 属性。这两种做法都有可能令当前线程阻塞在这里，直至相关的任务执行完毕。这对于 Console（控制台）应用程序的 Main() 方法来说或许有用。本书第 4 章将要解释这些 API 在哪些情况下会导致程序死锁（deadlock）以及为什么要尽量少用。

　　用 async 与 await 关键字写出来的异步方法并没有太过神奇的地方。只不过编译器会针对这种方法生成许多代码，使得调用这个方法的主调方无须等该方法完工，就可以继续往下执行，并确保该方法所等候的那项任务在执行过程中发生的错误能够适当地得到回报。此外，还使得该方法的执行进度在那项任务完成之后，能够从早前暂停的地方继续推进。这样做的好处是，如果异步方法执行到 await 语句时它所要等候的那项任务还没完成，那么该方法的执行进度会暂停在这里，直到那项任务完成之后，才会继续往下推进。无论包含 await 语句的这个异步方法与最初调用它的主调方之间在调用栈中隔了多少层，它都可以先把控制权通过 Task 对象返还给主调方，使其能够继续往下执行。除非你通过某些 API 改变异步机制的运行效果，否则，它就是像刚才说的那样运作的。

　　⊖　具体到本例来说，就是对 awaitable 这个 Task 对象执行 await 操作的 SomeMethodAsync() 方法。——译者注

第 28 条：不要编写返回值类型为 void 的异步方法

这一条的标题说得有些绝对，实际上，大家稍后就能看到，有少数几种情况是可以这样写的。不过，在通常情况下，仍然应该严格遵照这条建议，不要编写那种返回值类型是 void 的异步方法（async 方法），因为这样做会破坏该方法的启动者与方法本身之间的约定这套约定本来可以确保主调方能够捕获到异步方法所发生的异常。正常的异步方法是通过它所返回的 Task 对象来汇报异常的。如果执行过程中发生了异常，那么 Task 对象就进入 faulted（故障）状态。主调方在对异步方法所返回的 Task 对象做 await 操作时，该对象若已处在 faulted 状态，系统则会将执行异步方法的过程中所发生的异常抛出，反之，若 Task 尚未执行到抛出异常的那个地方，则主调方的执行进度会暂时停在 await 语句这里，等系统稍后安排某个线程继续执行该语句下方的那些代码时，异常才会抛出。

如果主调方所调用的不是正常的异步方法，而是返回值类型为 void 的异步方法，那么，它就无法捕捉或传播该方法在执行过程中所抛出的异常。因此，不应该把异步方法的返回值设计成 void，那样做会使主调方看不到其中发生的错误。

void 异步方法在执行过程中可能会产生异常，这些异常是有办法予以处理的。系统为了执行 void 异步方法会生成一些代码，这些代码会把执行过程中所产生的异常直接抛给异步方法启动之后处于活跃状态的 SynchronizationContext（参见第 27 条）。这意味着，其他开发者在使用你所编写的程序库时，很难用常规手段处理这些异常，而是必须借助 AppDomain.UnhandledException 事件或某种与之类似的非常规手段来打造一种能够处理所有异常的万能处理程序（catch-all handler）。但是请注意，通过 AppDomain.UnhandledException 事件来处理异常并不能让程序从异常中恢复。你虽然可以把异常记录下来，并把相关的数据保存起来，但这个未捕获的异常还是会令应用程序终止。

考虑下面这个方法：

```
private static async void FireAndForget()
{
    var task = DoAsyncThings();
    await task;
    var task2 = ContinueWork();
    await task2;
}
```

如果想在调用 FireAndForget() 之前先做一些配置，以便把该方法在执行异步任务的过程中所发生的错误给记录下来，那么可能要编写异常处理程序来监听 UnhandledException 事件。下面这个异常处理程序会把控制台的前景色设置成 Cyan（青色），然后将正常流程未捕获的异常输出到控制台：

```
AppDomain.CurrentDomain.UnhandledException += (sender, e) =>
{
    Console.ForegroundColor = ConsoleColor.Cyan;
    Console.WriteLine(e.ExceptionObject.ToString());
};
```

有人可能会想,把错误信息打印完之后应该将控制台的前景色复原才对。但实际上没有必要,因为应用程序在执行过程中发生了未捕获的异常,这会导致它终止运行。

刚才那种错误处理机制与一般代码中所使用的处理机制完全不同,如果你强迫开发者必须采用这种机制来处理异常,那么你的 API 就设计得相当糟糕。这会导致许多开发者根本不去编写异常处理代码,从而令 void 异步方法所产生的异常无法得到汇报。在这种情况下,运行时系统依然会让 SynchronizationContext 中的线程中止,然而开发者得不到任何通知,程序既不会触发普通的异常处理程序,也不会把这些异常记录下来。总之,这会让相关的线程默默地终止。

除了异常处理问题之外,void 异步方法还会带来其他一些问题。我们在编写代码时,经常会先启动某一项异步工作并等待它执行完毕,然后再执行其他一些工作。如果那项异步工作是用正常的异步方法来表示的,那么这样的代码写起来就很容易。但是,如果那项任务是用返回值为 void 的异步方法来表示的,那么这种代码就不太好写了,因为正如早前所说,你没有办法等待这种异步方法的执行结果,因此,无法轻易判断出它所表示的那项任务究竟有没有完成。这意味着你没有办法把多个这样的异步任务轻松地组合起来,因为这种 void 异步方法实际上成了一种 fire and forget (调用完之后就再也管不了的) 方法,也就是说,你只知道它已经启动了,但没有办法轻易地知道它什么时候执行完。

这个问题使得这样的异步方法变得难以测试。因为自动化的测试机制没办法知道这种方法何时完成,因此,无法采用可靠的手段来对该方法运行完毕后所应产生的结果进行测试。比方说,如果要测试下面这个 void 异步方法:

```
public async void SetSessionState()
{
    var config = await ReadConfigFromNetwork();
    this.CurrentUser = config.User;
}
```

那么,可能得这样来编写测试代码:

```
var t = new SessionManager();
t.SetSessionState();
// Wait a while
await Task.Delay(1000);
Assert.Equal(t.User, "TestLibrary User");
```

　　这种写法很糟糕，而且有可能根本无法正确地进行测试。关键问题出现在调用 Task. Delay 时所传入的参数上。由于要测试的方法是个返回值为 void 的异步方法，因此，你不知道它究竟什么时候才会执行完。于是，只好假设它应该能在 1 秒钟（也就是 1000 毫秒）之内执行完毕，然而这种假设并不可靠，因为它有可能要花更长的时间才能执行完。更严重的问题是，如果这个方法在绝大多数情况下都能在 1 秒钟内执行完，但是在个别情况下执行时间超过 1 秒钟，那么这种测试就有一定的概率会在 Assert 语句那里失败，从而让人误以为该方法实现得不对，其实它实现得并没有错，只是在接受这次测试的时候执行得稍微慢了一些而已。

　　现在大家应该清楚了：返回值是 void 的异步方法确实很不好。在编写异步方法的时候，应该尽量返回 Task 对象或其他 awaitable 对象（也就是那种可以等候其执行结果的对象，或者说，支持 await 操作的对象)(参见第 34 条）。不过，void 异步方法确实有必要存在，否则，你无法创建某些异步的事件处理程序（async event handler）。

　　事件处理程序所采用的协议要求这些处理方法的返回值类型必须是 void，该协议是在 C# 语言支持 async 与 await 之前就确定下来的，尽管后来也有所修改，但如果要把异步的事件处理程序关联到采用旧版 C# 所写的代码上，那么还是得使用 void 异步方法才行。此外，程序库的开发者可能根本就不知道某个事件会交给异步的事件处理程序来处理。基于这些理由，C# 语言允许把异步方法的返回值类型写成 void。此外要注意，这种事件处理程序的调用方通常不是由用户编写的代码，因此，即便异步的事件处理程序可以返回某个 Task 对象，调用方也不知道该对象能够用来做什么。

　　尽管这一条的标题告诉你不应该编写 void 异步方法，但有时候在编写异步的事件处理程序时，确实需要把返回值的类型设计成 void。在这种情况下，必须尽量保证事件处理程序能够安全地运作。

　　为此，首先必须意识到，程序无法等候 void 异步方法的执行结果。这意味着，触发事件的代码并不知道你的事件处理程序到底有没有执行完。由于事件处理程序通常不会向调用方返回数据，因此，调用方在触发事件的时候，可能会用 fire and forget 的方式来执行事件处理程序。

　　要想把有可能发生的各种异常全都安全地予以处理，可能得多费一些功夫。如果直接让 void 异步方法把异常抛出去，那么系统会将相关的 SynchronizationContext 停掉（kill，俗称"杀掉"），因此，你必须保证自己编写的 void 异步方法不会抛出异常。这与本书中的其他一些建议可能相互矛盾，但是在编写异步的事件处理程序时，确实需要把所有的异常都给捕获下来。这种用来充当事件处理程序的 void 异步方法通常应该这样写：

```
private async void OnCommand(object sender, RoutedEventArgs e)
{
    var viewModel = (DataContext as SampleViewModel);
```

```
try
{
    await viewModel.Update();
}
catch (Exception ex)
{
    viewModel.Messages.Add(ex.ToString());
}
}
```

这种写法所预设的前提是：这些异常只需简单地记录下来就可以了，因为它们不妨碍程序继续往下执行。在很多情况下，这个前提是成立的，如果你遇到的也是这样的情况，那么这种写法就没有问题。

但是，如果事件处理程序中所发生的异常是极其危险的异常，那就不能只是简单地将其记录下来。这些异常可能会导致数据严重受损，因此，可能必须立刻终止程序，否则，就会有更多的数据遭到破坏。为此，应该将异常抛出去，使得系统能够把 SynchronizationContext 上的线程给中止掉。

然而，从 void 异步方法中抛出异常的时候，可能还想把相关的信息给记录下来，为此，我们需要稍微修改早前的那种写法：

```
private async void OnCommand(object sender, RoutedEventArgs e)
{
    var viewModel = (DataContext as SampleViewModel);
    try
    {
        await viewModel.Update();
    }
    catch (Exception ex) when (logMessage(viewModel, ex))
    {
    }
}
private bool logMessage(SampleViewModel viewModel,
    Exception ex)
{
    viewModel.Messages.Add(ex.ToString());
    return false;
}
```

这种写法借助异常过滤器（exception filter，参见《Effective C#》(第 3 版) 第 50 条) 把 try 块内所发生的异常给记录下来，同时，又能把该异常重新抛出，使得相关的 Synchronization-Context 不再运行，从而有可能把整个程序给停掉。

我们可以把这两种写法所执行的异步工作都视为 Task，并把它们处理异常所用的逻辑分别表示成较为通用的 Action<Exception> 与 Func<Exception, bool>，这样的话，开发者就可以更加方便地复用这两套方案了：

```
public static class Utilities
{
    public static async void FireAndForget(this Task task,
        Action<Exception> onErrors)
    {
        try
        {
            await task;
        }
        catch (Exception ex)
        {
            onErrors(ex);
        }
    }

    public static async void FireAndForget(this Task task,
            Func<Exception, bool> onError)
    {
        try
        {
            await task;
        }
        catch (Exception ex) when (onError(ex))
        {
        }
    }
}
```

然而，在实际工作中，最好的解决办法可能位于两者之间，就是说，既不能把所有异常都简单地吃掉，也不能把它们全都抛出去，而是必须考虑程序能否从异常状况中恢复。如果可以，那就采用前者，若是不行，则应采用后者。比方说，在某个程序中，如果发生了 FileNotFoundException 异常，那么该程序可以继续往下执行，但若发生的是其他异常，则应该立即中止。为了把处理逻辑实现得更加通用一些，可以用 TException 这样的类型参数来表示某种能够从中恢复的异常：

```
public static async void FireAndForget<TException>
    (this Task task,
    Action<TException> recovery,
```

```
    Func<Exception, bool> onError)
    where TException : Exception
{
    try
    {
        await task;
    }
    // Relies on onError() logging method
    // always returning false:
    catch (Exception ex) when (onError(ex))
    {
    }
    catch (TException ex2)
    {
        recovery(ex2);
    }
}
```

也可以用这个技巧来处理多种异常。

这样写使得 void 异步方法在遇到故障时能够稍微健壮一点，然而，还是没有解决不便测试以及不便跟其他任务相组合等问题。实际上，后两种问题没有较为合适的办法能够解决。因此，void 异步方法只应该用在必须这样写的场合中，也就是只应该用来充当异步的事件处理程序。除此以外的其他场合都不应该编写这样的异步方法。

第 29 条：不要把同步方法与异步方法组合起来使用

用 async 关键字来修饰方法意味着该方法有可能会在执行完所有工作之前就把控制权返回给主调方，而且，它返回给主调方的是个代表工作进度的 Task 对象。主调方可以查询此对象的状态，以了解该工作是已经完成、尚未完成还是在执行过程中发生了故障。此外，这种方法还在暗示主调方：本方法所执行的工作可能要花费很长时间，因此建议你先去做其他一些事情，稍后再来向我索要执行结果。

与此相反，如果把某个方法设计成同步的方法，那么意味着当该方法执行完毕时，它的后置条件必定能够得到满足。无论这个方法要花多长时间去完成工作，它都会采用与主调方相同的资源来完成，主调方必须等这个方法彻底执行完毕才能向下运行。

这两种方法单独写起来都很清晰，但是如果把它们组合在一起就会让 API 变得十分难用，而且有可能导致各种 bug，如死锁。因此，这里提出两条重要的原则。第一，不要让同步方法必须等待异步工作执行完毕才能往下运行。第二，不要让异步方法把虽然耗时很长、计算量很大但是完全可以由自己执行的工作转交给另一个异步任务去做。

　　首先看第一条原则。把同步方法构建在异步代码上（或者说，让同步方法去调用异步方法）有可能导致 3 个问题，即有可能需要用另一种方式来处理异常、有可能发生死锁、有可能浪费资源。

　　异步任务可能会在执行过程中发生多个异常，因此，Task 类的对象会维护一份列表，把抛出的异常记录下来。对于在执行过程中发生故障的 Task 来说，如果你是通过 await 操作来等待 Task 对象的执行结果，那么当系统继续从 await 这里往下推进时，它就会判断该列表中是否存有异常，若有，则将第一个异常抛出。反之，如果你是通过 Wait() 方法来等待这个 Task 执行完毕，或是通过 Result 属性来索要这个 Task 的执行结果，那么系统所抛出的就不是具体的异常，而是 AggregateException 类型的异常，该异常会把异步任务在执行过程中所发生的错误全都包裹在其中，于是，必须捕获这样的异常，而且还要在捕获的时候判断它包裹的错误是不是你要处理的那一种情况。下面请大家对比这两种写法所用的 try/catch 结构有何区别：

```csharp
public static async Task<int> ComputeUsageAsync()
{
    try
    {
        var operand = await GetLeftOperandForIndex(19);
        var operand2 = await GetRightOperandForIndex(23);
        return operand + operand2;
    }
    catch (KeyNotFoundException e)
    {
        return 0;
    }
}

public static int ComputeUsage()
{
    try
    {
        var operand = GetLeftOperandForIndex(19).Result;
        var operand2 = GetRightOperandForIndex(23).Result;
        return operand + operand2;
    }
    catch (AggregateException e)
    when (e.InnerExceptions.FirstOrDefault().GetType()
        == typeof(KeyNotFoundException))
    {
        return 0;
    }
}
```

　　这两种写法在处理异常的时候有很明显的区别。第一种写法是通过 await 操作来等候 Task 对象的执行结果，因此，它在处理异常的时候所用的逻辑比较清晰，也就是只需捕获具体的 KeyNotFoundException 错误即可。第二种写法是通过 Result 属性来索要 Task 对象的执行结果，这会导致线程在此处阻塞，而且会让处理异常时所用的逻辑变得较为复杂，因为开发者必须捕获 AggregateException 类型的异常，而且还要通过异常过滤器判断其中所包含的首个异常是否是自己想要处理的异常。如果要调用 Task.Result 这种阻塞式的 API，就得像这样编写较为复杂的异常处理逻辑，这会让代码变得更难理解。

　　讲完第一条原则之后，我们来看第二条。具体地说，就是谈一谈在同步方法中调用异步代码为什么有可能导致程序陷入死锁。请看下面这段代码：

```
private static async Task SimulatedWorkAsync()
{
    await Task.Delay(1000);
}

// This method can cause a deadlock in ASP.NET or GUI context.
public static void SyncOverAsyncDeadlock()
{
    // Start the task.
    var delayTask = SimulatedWorkAsync();
    // Wait synchronously for the delay to complete.
    delayTask.Wait();
}
```

　　在控制台应用程序中调用 SyncOverAsyncDeadlock() 方法是没有问题的，但如果在 GUI 或 Web 情境下调用，则会出现死锁。因为应用程序在这两种情境下使用的 Synchronization-Context 与在控制台式的情境下使用的情境不太一样（参见第 31 条）。控制台应用程序的 SynchronizationContext 可以利用线程池中的多条线程，而 GUI 及 ASP.NET 情境下的 SynchronizationContext 则只包含一条线程，于是，刚才那种写法会让这条线程卡在主调方法的 delayTask.Wait() 处，因为它所要等候的 delayTask 任务永远无法完成。要想完成任务，线程必须从 SimulatedWorkAsync() 方法的 await 语句处继续往下执行，可是当前它却阻塞在了主调方法的 Wait() 语句上。你所写的 API 应该尽量支持各种类型的应用程序，而像刚才那样在同步方法中等待异步任务的执行结果会令很多应用程序无法使用你的 API。因此，不要采用有可能发生阻塞的方式来等待异步工作的执行结果，而是应该在结果没有出来之前先执行一些有意义的操作。

　　请注意，刚才那个例子采用 Task.Delay 来模拟耗时较长的异步工作，并把控制权及时转让给主调方。之所以没有用 Thread.Sleep 来模拟，是因为它会白白浪费线程的资源，因为在这段闲置的时间内，该线程本来可以去做一些有意义的事情。与 Thread.Sleep 相比，Task.Delay 是一种异步的延迟机制，它使得调用者能够把任务组合在较大的异步任务中，从而更好地模拟那些耗时比较长的工作。编写单元测试的时候，这个方法尤其有用，因为这样写可以保证该任务是以异步的方式来完成的（参见第 27 条）。

有一种较为常见的例外情况可以在同步方法中调用异步方法，即控制台式的应用程序。假如把这种程序的 Main() 方法也设置成异步方法，那么它有可能会在其中的任务尚未执行完的时候提前返回，从而导致程序终止。因此，这属于应该在同步方法中调用异步代码的情况，假如不这么做，那么从 Main() 方法开始，所有的方法都会以异步的形式得到调用，从而导致程序过早结束，使用户来不及看到这些方法的执行结果。为此，有人提议，C# 语言应该允许开发者把控制台应用程序的 Main() 方法设为异步方法，同时又应该合理地执行这种 Main() 方法，使用户能够看到执行结果。此外，有一个名为 AsyncEx 的 NuGet 包⊖支持异步的 AsyncContext，使你可以把 Main() 方法要完成的异步任务放到这个情境中去执行，以确保应用程序能够先把这些任务执行完，然后再退出。

你设计的程序库中可能有一些同步的 API，而这些 API 以后或许可以升级成异步的 API。假如直接把同步版本改成异步版本，那么可能会破坏早前写好的客户代码。有人可能想同时提供两种版本，并让同步版本去调用异步版本，然后等待执行结果，以便把该结果返回给程序员。不过，前面说过，这种做法可能会导致程序死锁。然而**这并不**意味着没办法同时提供这两种版本，因为可以分别实现它们，使以前写好的客户代码**依然**可以正常地调用同步版本，同时又让那些想要以异步方式来执行任务的开发者去调用你新提供的这个异步版本，等到时机成熟，再把同步的版本淘汰掉。实际上，有些开发者在使用程序库的时候，可能已经认为这个库应该会同时提供这样两个版本。他们觉得同步版本属于遗留方法，以后会逐渐淘汰，而异步版本则是首选方法，应该优先使用。

上面那段话还引入一个问题，就是不应该在异步的 API 中再启动一项异步任务，并于其中执行某个计算量较大的⊜同步操作。如果你的程序库提供了异步与同步两个版本，那么开发者可能会认为应该调用异步的版本才好，因此，在异步 API 中再启动一项异步任务并用它来包裹某种计算量较大的同步操作等于把异步版本所具备的优势给抵消掉了，而且会让调用这个 API 的人产生错觉。比方说，有下面这样两个版本：

```
public double ComputeValue()
{
    // Do lots of work.
```

⊖　参见：https://github.com/StephenCleary/AsyncEx。——译者注
⊜　原文是 CPU-bound，也可以说成 CPU 密集型的。——译者注

```
        double finalAnswer = 0;
        for (int i = 0; i < 10_000_000; i++)
            finalAnswer += InterimCalculation(i);
        return finalAnswer;
    }

    public Task<double> ComputeValueAsync()
    {
        return Task.Run(() => ComputeValue());
    }
```

其中，同步的版本使调用方可以自行决定是直接以同步的方式来运行这个计算量较大的操作，还是把它放在另一个线程中以异步的方式去执行。反之，异步的版本则没有给调用方留下选择的余地，因为这个 API 会把其中的操作放在新的线程中执行，而这要求程序必须多开一个线程，或是必须从线程池中拿一个线程过来。问题在于，你想用新线程来执行的这项操作可能是某个大操作中的一部分，而那项较大的操作本身就运行在专门的线程中，因此，没有必要针对其中的这一部分去开辟一个新的线程。此外，那项较大的操作还有可能是从控制台式的应用程序中执行的，因此，如果把其中的一部分单独抽出来放在某一个后台线程中执行，那么会浪费更多的资源。

当然，这并不是说计算量较大的任务绝对不能放在单独的线程中执行，而是说不应该把只用一个线程就能迅速做好的任务刻意拆解成许多个较小的部分，并把它们分别放在多个新的线程上执行，而是应该把整个任务都交给某个线程才对。这样的后台任务应该放在相应的入口点启动，对于控制台式的应用程序来说，可以考虑在 Main() 方法中启动，对于 Web 应用程序及 GUI 应用程序（带有图形界面的应用程序）来说，可以分别考虑在 response handler（给出响应时所用的处理程序）及 UI handler（回应 UI 事件时所用的处理程序）中启动。总之，如果要把计算量较大的任务指派给别的线程去做，那么应该在这些地方进行指派。在除此以外的其他地方，不要通过异步方法开辟新的线程并用该线程去执行计算量较大的同步操作，以免误导其他开发者。

你可以设计一个异步方法，并在其中调用某个异步的 API，这样就可以将本方法不便执行的某个步骤交给那个 API 去做。这个异步方法写好之后，还可以继续设计其他的异步方法，并让它们来调用本方法，从而把某个不便由它们执行的步骤交给本方法来做。慢慢地你就会发现，调用栈中会出现一连串（或者说很多层）异步方法。没错，异步方法之间就应该像这样一个套着一个来用才对。在更新旧的程序库或建立新的程序库时，可以考虑提供同步与异步两个版本供开发者自己选择，然而要注意，异步的版本应该是将自己无法完成或不便完成的任务交给另外一种资源去完成，而不是随意开辟新的线程，把本来可以由自己执行的工作转交给新线程去执行。这种计算量较大的操作可以只提供同步版本，让用户自行决定应该如何调用，而不是同时提供一种异步版本，让他们误以为这个异步方法会像别的异步方法那样，把任务交给其他资源或其他计算机去完成。

第 30 条: 使用异步方法以避免线程分配和上下文切换

有人很容易想当然地认为: 所有的异步任务都会开辟新的线程，以便执行自己所要完成的任务。这种想法可以理解，因为很多异步任务确实是这样做的。但实际上，还有一些异步任务并不开启新的线程。例如，文件 I/O 就是一种异步任务，它并没有开启新的线程，而是通过 I/O 完成端口来实现的。又如，Web 请求也是一种异步任务，但它同样没有开启新的线程，而是通过网络中断来实现的。这些用法使得发起异步任务的线程可以继续去做其他一些有用的工作，而不用一直卡在这里等待结果。

如果只是把本来用当前线程就能做好的工作转交给另一个线程去做，那么在给前者减轻负担的同时，会增加后者的负担。除非当前这个线程确实是较为稀缺的资源，否则，这样设计会显得不够明智。在 GUI 应用程序中，UI 线程属于这种较为稀缺的资源，因为只有这个线程才能与用户看到的那些控件进行交互。与之相反，尽管线程池中的线程在数量上有一定限制，但它们毕竟不像 UI 线程那样只有一个，而且，也算不上是稀缺的资源。换句话说，把工作交给其中的一个线程来做与交给另一个线程来做其实没有太大区别。因此，对于不带 GUI 的应用程序来说，把计算量较大的工作转交给异步任务去执行是没有意义的。

为了把这个问题说得更透彻些，我们首先考虑 GUI 应用程序。由于用户需要通过 UI 界面来进行操作，因此，这种程序的界面必须能够迅速地对这些操作给出回应。假如 UI 线程要花费几秒钟（乃至更长的时间）去响应用户刚才执行的某项操作，那么它就无法及时地响应用户接下来有可能执行的其他操作。因此，在某些场合，确实可以把工作交给其他资源来完成，使得 UI 线程本身能够迅速响应用户的操作。本章第 29 条中说过，在个别情况下，可以让异步方法开辟新的线程，并把某项计算量较大的工作交给该线程去完成，而 UI 事件的处理程序所面对的正是这样一种情况。

现在来看控制台式的应用程序。如果这种程序只需执行一项计算量较大且耗时较长的任务（或者说，运行时间较长的 CPU 密集型任务），那么把该任务单独放在另一个线程中并没有多大好处。因为这样做只能让工作线程始终处于繁忙状态，而主线程则必须一直卡在那里等待工作线程把任务做完。在这样的情况下，实际上是用两个线程来完成原本只需一个线程就能做好的工作。

然而，如果这种计算量大且耗时较长的任务不止一项，而是有许多项，那么就可以把它们分别放到不同的线程中去执行。第 35 条会讨论几种方案，介绍如何将这些任务安排给多个线程执行。

接下来就该谈谈 ASP.NET Server 应用程序了，很多开发者都不清楚这种程序中的 async 方法应该怎么编写。我们总是想让线程有所空闲，使得应用程序可以处理大量的请求，于是，有人可能会给出下面这样的设计方案，也就是在 ASP.NET 的相关处理程序中，把运算量较大的任务转交给其他线程：

```
public async Task<IActionResult> Compose()
{
    var model = await LongRunningCPUTask();
    return View(model);
}
```

这样设计究竟会出现什么效果呢？效果就是程序会安排另外一个线程来执行这项任务，这实际上等于从线程池中拿了一个线程过来。原先的那个线程由于无事可做，因此会得到回收，转而去执行其他一些工作。不过你要注意，这是会产生开销的。SynchronizationContext 必须把与当前这次 Web 请求有关的所有状态全都记录下来，以便在 await 语句所等候的那项任务完成之后予以恢复，从而使 Compose() 方法的执行进度能够从早前暂停的地方正确地向下推进（或者说，让该方法能够从早前执行到的地方开始正确地往下执行）。只有等到这个时候，处理程序才能够响应客户端。

这种办法不仅没有节省资源，还让程序在处理请求的过程中多执行了两次上下文切换（context switch）。

如果在响应 Web 请求的过程中必须执行某项耗时很长且计算量较大的工作，那么应该把它转交给另外一个进程，乃至另外一台计算机去做，只有这样，才能真正节省 Web 应用程序的线程资源，并提升其服务能力。例如可以再开一个 WebJob，专门用来接收并执行计算量比较大的任务，或是专门安排一台计算机去执行那些任务。

具体采用哪种方案要根据应用程序的特征来决定，其中包括网络流量的大小、执行这些计算量较大的任务所花的时间以及网络延迟等。你必须在这些因素之间权衡才能够做出明智的决定。当然还有一种方案，就是以同步的方式来执行 Web 应用程序中的所有任务，这很有可能要比把这些任务转交给同一个线程池或进程中的其他线程更快。

异步任务看上去好像很神奇，因为这种任务可以转移到另一个地方去做，使得开启这项任务的方法可以在该任务完成之后，从早前暂停的地方继续往下推进。不过，要想发挥异步任务的功效，就必须保证把这项任务转交出去确实能够少占用一些资源，而不是仅仅会在相似的资源之间进行上下文切换。

第 31 条：避免不必要的上下文编组

如果一段代码可以放在任意的 SynchronizationContext 中执行，那么就称其为与上下文无关的代码，反之，若只能在特定的上下文执行，则称其为与上下文相关的代码。我们开发的大多数代码其实都是与上下文无关的。但是，GUI 应用程序中用来跟 UI 控件进行交互的代码以及 Web 应用程序中用来跟 HTTPContext 及相关的类进行交互的代码则属于与上下文相关的代码。如果某个方法在它所等待的那项任务完成之后要执行的是这种代码，就必须把它放在正确的上下文中执行（参见第 27 条）。除此以外的其他代码对执行时所处的没有特殊要求。

有人可能会问，既然对上下文有特殊要求的代码相当少见，那么系统为什么不随便拿一个上下文过来用，而是一定要把 await 之后的代码放在早前捕获到的那个上下文中执行呢？这是因为这样做比较稳妥，它最多只会引发几次无谓的上下文切换，而不会使程序出现重大错误，与之相反，如果系统不把上下文切换回去，那么万一遇到的是只能在特定的上下文中执行的代码，程序就有可能崩溃。因此，无论有没有必要切换上下文，系统都会切换至早前捕获到的那个上下文，并把 await 之后的语句放在那个上下文中运行。

用早前捕获到的上下文来执行 await 下面的语句，并不会立刻导致太过严重的问题，但是从长期效果来看，这样做还是有一些缺点的。如果要在早前捕获到的上下文中运行这些代码，就不能把其中的某些工作转交给其他线程去执行；对于 GUI 应用程序来说，这会令程序的界面无法响应用户操作；对于 Web 应用程序来说，这会使应用程序每分钟内所能处理的请求数量变少。因此，从长远效果来看，这会降低程序的性能，并且有可能导致 GUI 应用程序更容易发生死锁（参见第 39 条），或是让 Web 应用程序无法充分利用线程池。

如果不想让系统做出这样的安排，那么可以调用 ConfigureAwait() 方法。这表示接下来的那些代码无须放在早前捕获到的上下文中执行。例如在很多程序库中，await 语句之后的那些代码一般都与上下文无关，因此，可以调用 Task 对象的 ConfigureAwait() 方法告诉系统，在执行完这项任务之后，不必专门把 await 下面的那些代码放在早前捕获到的上下文中运行：

```
public static async Task<XElement> ReadPacket(string Url)
{
    var result = await DownloadAsync(Url)
        .ConfigureAwait(continueOnCapturedContext: false);
    return XElement.Parse(result);
}
```

上面这段代码演示的情况比较简单。此时，只需在 Task 后面多调用一个 ConfigureAwait()，就可以使系统不必专门切换到早前捕获到的上下文，而是可以把 await 之后的代码放在默认的上下文中执行。但是，如果 await 之后的代码比较复杂就得多注意了。比如，我们考虑下面这个方法：

```
public static async Task<Config> ReadConfig(string Url)
{
    var result = await DownloadAsync(Url)
        .ConfigureAwait(continueOnCapturedContext: false);
```

```
    var items = XElement.Parse(result);
    var userConfig = from node in items.Descendants()
                     where node.Name == "Config"
                     select node.Value;
    var configUrl = userConfig.SingleOrDefault();
    if (configUrl != null)
    {
        result = await DownloadAsync(configUrl)
            .ConfigureAwait(continueOnCapturedContext: false);
        var config = await ParseConfig(result)
            .ConfigureAwait(continueOnCapturedContext: false);
        return config;
    }
    else
        return new Config();
}
```

　　有人可能认为，当 ReadConfig 方法从第一条 await 语句下方继续执行时，它必然已经处在默认的上下文中了，因此，其后那两条 await 语句都可以直接在相关的 Task 对象上等待，而无须分别调用 ConfigureAwait()。实际情况并非如此，因为第一项任务有可能是以同步的方式完成的。第 27 条说过，在这种情况下，程序依然会用早前捕获到的上下文来执行 await 下面的代码，因此，假如其后的那一条 await 语句（也就是对 DownloadAsync(configUrl) 进行等待的那条 await 语句）不写 ConfigureAwait()，那么当程序从那个地方继续往后执行时，它就会把代码放在早前捕获到的上下文中而不是放在默认的上下文中执行。

　　因此，当你要对某个异步方法所返回的 Task 进行 await 操作时，如果发现 await 语句后面的代码与上下文无关，那么总是应该先在那个 Task 上调用 ConfigureAwait(false)，然后再执行 await 操作。只有用来操控用户界面的代码才应该当成与上下文相关的代码来对待。为了把这个意思讲清楚，我们考虑下面这个方法：

```
private async void OnCommand(object sender, RoutedEventArgs e)
{
    var viewModel = (DataContext as SampleViewModel);
    try
    {
        var userInput = viewModel.webSite;
        var result = await DownloadAsync(userInput);
        var items = XElement.Parse(result);
        var userConfig = from node in items.Descendants()
                         where node.Name == "Config"
                         select node.Value;
        var configUrl = userConfig.SingleOrDefault();
```

```
        if (configUrl != null)
        {
            result = await DownloadAsync(configUrl);
            var config = await ParseConfig(result);
            await viewModel.Update(config);
        }
        else
            await viewModel.Update(new Config());
    }
    catch (Exception ex) when (logMessage(viewModel, ex))
    {
    }
}
```

　　从这个方法目前的结构来看，很难把其中与上下文有关的那部分代码隔离出来。该方法对好几个异步方法都做了 await 操作，而且那些 await 语句后面的代码基本都是与上下文无关的代码，只有最后那个更新 UI 控件的地方是个例外，因为用来更新控件的 viewModel.Update() 函数是个与上下文相关的函数。除了这种用来更新 UI 控件的情况之外，其余的情况都应该当成与上下文无关的情况来处理。只有这种更新用户界面的代码才是与上下文相关的。

　　按照刚才那段代码所用的写法，OnCommand() 方法每次从相应的 await 语句下方继续执行时，它所在的上下文都是早前捕获到的上下文。如果在某条 await 语句处调用 ConfigureAwait(false)，系统会把下面的代码安排到默认的上下文中去，然而问题在于：一旦这样做，就很难轻易地切换回最初捕获到的上下文了。为此，我们首先要调整代码的结构，把与上下文无关的代码都移到新的方法中。然后，给新方法中的每个 await 语句都加上 ConfigureAwait(false)，使该方法每次向下推进时，都能在默认的上下文中运行，而不用切换回去：

```
private async void OnCommand(object sender, RoutedEventArgs e)
{
    var viewModel = (DataContext as SampleViewModel);
    try
    {
        Config config = await ReadConfigAsync(viewModel);
        await viewModel.Update(config);
    }
    catch (Exception ex) when (logMessage(viewModel, ex))
    {
    }
}
```

```
private async Task<Config> ReadConfigAsync(SampleViewModel
    viewModel)
{
    var userInput = viewModel.webSite;
    var result = await DownloadAsync(userInput)
        .ConfigureAwait(continueOnCapturedContext: false);
    var items = XElement.Parse(result);
    var userConfig = from node in items.Descendants()
                         where node.Name == "Config"
                         select node.Value;
    var configUrl = userConfig.SingleOrDefault();
    var config = default(Config);
    if (configUrl != null)
    {
        result = await DownloadAsync(configUrl)
            .ConfigureAwait(continueOnCapturedContext: false);
        config = await ParseConfig(result)
            .ConfigureAwait(continueOnCapturedContext: false);
    }
    else
        config = new Config();
    return config;
}
```

如果不需要专门做配置就可以直接让 await 之后的代码运行在默认的上下文中，那么有很多代码写起来可能会变得简单一些，但是与此同时，程序也会变得更加容易崩溃，因为其中可能有一些代码确实需要运行在早前捕获到的上下文中。C# 语言目前采用的这种办法可以让程序把 await 下面的语句都放回早前捕获到的上下文中去执行，这样做虽然较为安全，但是会降低程序的效率。为了让用户能够更顺畅地使用程序，我们应该调整代码的结构，把必须运行在特定的上下文中的代码从其他代码中剥离出来，并尽量考虑在 await 语句那里调用 ConfigureAwait(false)，使得程序可以把该语句下面的代码放在默认的上下文中运行，而不用切换回早前的上下文。

第 32 条：通过 Task 对象来安排异步工作

Task（任务）是一种抽象机制，可以用来表示某项工作，于是，就能够把该工作转交给其他资源去完成。Task 类型以及与之相关的类与结构体提供了丰富的 API，让开发者可以操控 Task 对象以及由该对象所表示的工作。此外，Task 对象自身也具备一些方法与属性，可以用来操作本对象所表示的任务。这些 Task 对象可以合起来构成一项比较大的任务，它们之间既能够按顺序执行，也能够平行地执行。可以通过 await 语句来确保某些任务之间能够按照一定的顺序运行，也就是说，只有当该语句所要等待的那项任务完毕之后，语句下方的代码才能够执行。你可以要求某些任务只在另一项任务完成之后才启动。总之，由于 C# 提供了一套丰富的 API，因此可以写出相当优雅的算法来处理 Task 对象，并对这些对象所表示的任务做出安排。对任务的用法理解得越透彻，写出来的异步代码就越清晰。

　　首先看这样一个例子。假如要在异步方法中启动多项任务，并等候这些任务全都执行完毕，那么有些人可能会直接写出下面这种代码：

```
public static async Task<IEnumerable<StockResult>>
    ReadStockTicker(IEnumerable<string> symbols)
{
    var results = new List<StockResult>();
    foreach (var symbol in symbols)
    {
        var result = await ReadSymbol(symbol);
        results.Add(result);
    }
    return results;
}
```

　　由于其中的任务都是相互独立的（或者说相互之间并不依赖），因此，没有必要等前一项任务完成之后才启动下一项任务，而是应该稍微修改一下，把所有的任务全都启动起来。等这些任务执行完毕，我们再做汇总。

```
public static async Task<IEnumerable<StockResult>>
    ReadStockTicker(IEnumerable<string> symbols)
{
    var resultTasks = new List<Task<StockResult>>();
    foreach (var symbol in symbols)
    {
        resultTasks.Add(ReadSymbol(symbol));
    }
    var results = await Task.WhenAll(resultTasks);
    return results.OrderBy(s => s.Price);
}
```

　　如果 ReadStockTicker 方法必须等所有的 ReadSymbol 任务都执行完毕才能往下运行，那么就可以像上面这样实现。WhenAll 会根据现有的一批任务创建出一项新的任务，只有当那批任务全都执行完毕时，这项新任务才算完成。对 Task.WhenAll 所返回的新任务进行 await 操作会获得一份列表，早前那些任务的执行结果就位于该列表中。

在另外一些情况下，为了尽早获取某个结果，可能要启动多项任务，使它们分别从不同的途经去获取该结果。只要其中有一项任务完成，你的目标就达到了。针对这种需求，可以考虑调用 Task.WhenAny() 方法，并把自己所创建的那些任务传进去。该方法会返回一项新的任务，只要早前那些任务中有任意一项执行完毕，这项新任务就算完成。

比方说，如果要根据股票代码从网上的多个信息源那里查询行情，那么当任何一个信息源给出答复时，ReadStockTicker 方法就可以结束工作了。对 WhenAny 方法所返回的 Task 对象进行 await 操作可以获取到一项任务，它指的就是 resultTasks 列表中最先执行完毕的那项任务：

```
public static async Task<StockResult>
    ReadStockTicker(string symbol, IEnumerable<string> sources)
{
    var resultTasks = new List<Task<StockResult>>();
    foreach (var source in sources)
    {
        resultTasks.Add(ReadSymbol(symbol, source));
    }
    return await (await Task.WhenAny(resultTasks));
}
```

还有一些情况要求你必须对已经执行完的每项任务都做一些处理。有人可能会像下面这样实现：

```
public static async Task<IEnumerable<StockResult>>
    ReadStockTicker(IEnumerable<string> symbols)
{
    var resultTasks = new List<Task<StockResult>>();
    var results = new List<StockResult>();
    foreach (var symbol in symbols)
    {
        resultTasks.Add(ReadSymbol(symbol));
    }
    foreach(var task in resultTasks)
    {
        var result = await task;
        results.Add(result);
    }
    return results;
}
```

上面这段代码无法保证这些任务的完成顺序一定与启动它们时所采用的顺序相同。因此，这种算法的效率很低。如果启动比较晚的某些任务很早就完成了，而先启动起来的某项任务却迟迟没有完成，那么第二个 foreach 循环就会卡在这项尚未完成的任务上，一直等它完工。

可以像下面这样，试着利用 Task.WhenAny() 来改善刚才的算法：

```csharp
public static async Task<IEnumerable<StockResult>>
    ReadStockTicker(IEnumerable<string> symbols)
{
    var resultTasks = new List<Task<StockResult>>();
    var results = new List<StockResult>();
    foreach (var symbol in symbols)
    {
        resultTasks.Add(ReadSymbol(symbol));
    }
    while (resultTasks.Any())
    {
            // Each time through the loop, this creates a
            // new task. That can be expensive.
        Task<StockResult> finishedTask = await
            Task.WhenAny(resultTasks);
        var result = await finishedTask;
        resultTasks.Remove(finishedTask);
        results.Add(result);
    }
    return results;
}
```

上面这段代码中的注释已经指出了算法的缺陷。它每次调用 Task.WhenAny() 的时候，都会创建出一项新的任务。如果要处理的任务总数很多，那么这个算法所分配的任务也会变多，从而使得效率变差。

另一种修改方式是借助 TaskCompletionSource 类。任务的执行方可以在任务有了结果的时候，把这个结果写入该类的实例中，而任务的消费方则可以通过该类实例所提供的 Task 对象来等待并获取执行方所放入的结果。因此，TaskCompletionSource 实际上相当于一个可以容纳异步任务执行结果的地方。开发者经常把它当成源任务与目标任务之间的对应机制来使用。为此，需要写出程序在各项源任务执行完毕时所要运用的处理逻辑。在这段逻辑中，开发者要通过 TaskCompletionSource 将源任务与某项目标任务相关联，使客户端对目标任务做 await 操作所得到的结果就是与之相关的这项源任务在执行完毕时所得到的结果。然后，开发者可以把与这些源任务有所联系的目标任务返回给客户端。当客户端代码等候目标任务的执行结果时，它所获取到的正是开发者早前关联到该任务上的那项源任务所给出的执行结果。

接下来的这个范例方法会假设你有一系列源任务需要完成，它将创建出一个由 Task-CompletionSource 对象所构成的数组，每执行完一项源任务，它就从数组中找到一个还没有用过的 TaskCompletionSource 对象，并把该任务的结果放在这个对象中，使得客户端稍后可以在该对象所包含的 Task 上进行 await 操作，以获取该结果。下面给出范例方法的代码：

```csharp
public static Task<T>[] OrderByCompletion<T>(
    this IEnumerable<Task<T>> tasks)
{
    // Copy to List because it gets enumerated multiple times.
    var sourceTasks = tasks.ToList();

    // Allocate the sources; allocate the output tasks.
    // Each output task is the corresponding task from
    // each completion source.
    var completionSources =
        new TaskCompletionSource<T>[sourceTasks.Count];
    var outputTasks = new Task<T>[completionSources.Length];
    for (int i = 0; i < completionSources.Length; i++)
    {
        completionSources[i] = new TaskCompletionSource<T>();
        outputTasks[i] = completionSources[i].Task;
    }

    // Magic, part 1:
    // Each task has a continuation that puts its
    // result in the next open location in the completion
    // sources array.
    int nextTaskIndex = -1;
    Action<Task<T>> continuation = completed =>
    {
        var bucket = completionSources
            [Interlocked.Increment(ref nextTaskIndex)];
        bucket.TrySetResult(completed.Result);
    };

    // Magic, part 2:
    // For each input task, configure the
    // continuation to set the output task.
    // As each task completes, it uses the next location.
    foreach (var inputTask in sourceTasks)
    {
        inputTask.ContinueWith(continuation,
            CancellationToken.None,
```

```
                TaskContinuationOptions.ExecuteSynchronously,
                TaskScheduler.Default);
    }

    return outputTasks;
}
```

这段代码很长，我们分几个部分来解释。首先，它分配了名为 completionSources 的数组，用来存放 TaskCompletionSource 类型的元素。然后，它把程序在每一项源任务执行完毕后要继续执行的处理逻辑表示成 continuation。这段逻辑会寻找 completionSources 数组中下一个空闲的 TaskCompletionSource 对象，并把当前这项执行完毕的任务所产生的结果放到该对象中。为了确保线程安全（或者说，为了使这段逻辑能够在多线程环境下正确运作），它采用 Interlocked.Increment() 方法来递增数组下标。接下来，它通过 ContinueWith 方法对每项源任务进行设置，使得系统在执行完这项源任务之后能够继续执行与之相应的 continuation 逻辑。最后，它把每一个 TaskCompletionSource 对象中所包含的 Task 合起来作为 outputTasks 数组返回给调用方。

调用方在获取到 OrderByCompletion 方法所返回的列表之后，可以列举其中的各项任务，这些任务之间的顺序与它们的完成顺序相同。现在我们就来模拟一下。假设有 10 项任务，它们是按照 3、7、2、0、4、9、1、6、5、8 的顺序执行完毕的。首先执行完的是 3 号任务，此时，系统会运行 OrderByCompletion 方法给该任务安排的 continuation 逻辑，使得这项任务的结果（也就是 completed.Result）能够通过 TrySetResult 方法保存在 completionSources 数组中的 0 号元素中（或者说，保存在数组中下标为 0 的那个 TaskCompletionSource 型对象中）。接下来完成的是 7 号任务，系统会把它的结果保存在 1 号位。其后完成的是 2 号任务，系统会把它的结果保存在 2 号位。依此类推，直至 8 号任务执行完毕。此时，系统会把它的结果保存在 9 号位。图 3-1 演示了任务的启动顺序与完成顺序之间的关系。

现在可以扩充刚才那段代码，把任务出错的情况也考虑进来。为此，只需要对 continuation 中的逻辑稍加修改就可以了。

```
// Magic, part 1:
// Each task has a continuation that puts its
// result in the next open location in the completion
// sources array.
int nextTaskIndex = -1;
Action<Task<T>> continuation = completed =>
{
```

```
    var bucket = completionSources
        [Interlocked.Increment(ref nextTaskIndex)];
    if (completed.IsFaulted)
        bucket.TrySetException(completed.Exception);
    else if (completed.IsCompleted)
        bucket.TrySetResult(completed.Result);
};
```

有很多方法与 API 都可以对任务的执行方式进行安排，使得我们可以在任务完成或出错的时候采取相应的措施。

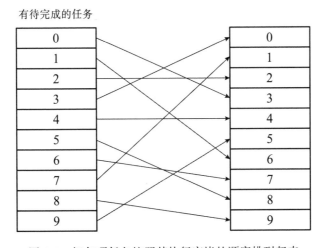

图 3-1　把各项任务按照其执行完毕的顺序排列起来

我们可以用这些方法较为轻松地构建出优雅的算法，从而及时处理异步任务的执行结果。Task 库中有一些这样的方法可以用来指定某项任务执行完毕时程序应采取的措施。可以通过这些方法写出清晰易懂的代码，以便高效地安排各项任务的执行流程，而不应该像本节前面所举的反例一样，采用效率相当低的算法去执行它们。

第 33 条：考虑实现任务取消协议

异步任务的编程模型（也叫作基于任务的异步编程模型）提供了标准的 API，用来取消任务或汇报任务的执行进度。虽然这些 API 是可选的，但如果某项任务确实能够汇报其进度，或是能够予以取消，那就可以考虑用合适的办法来实现这些 API。

并不是每项异步任务都能够取消，因为你可能无法保证它所依赖的底层机制一定带有取消功能。如果任务无法取消，那么你所编写的异步 API 就不应该给人造成一种假象，让他们误以为这种任务能够取消。否则，调用者可能会白白浪费时间去实现取消功能，而不知道取消功能根本就没有效果。

进度汇报功能也是如此。虽然编程模型支持该功能，但只有在某项任务确实能够汇报其进度的情况下才应该实现此功能。反之，如果这项任务没有办法有效地估量其执行进度，那么就不应该重写与此有关的方法。以 Web 请求为例，在收到响应之前，并不会从网络栈那里得到与投递情况或处理情况有关的任何进度信息。你只能确定一旦自己收到响应，这项任务就算完成。对于这样的任务来说，提供进度汇报功能并不会带来多大好处。

反之，如果这不是单独的某一次 Web 请求，而是接连发生的五次 Web 请求，而且，它们要访问不同的任务以便最终完成一项复杂的操作，那么进度汇报功能就比较有意义了。例如，要写一套 API 来处理薪酬支付工作。你可能会按照下面这 5 个步骤执行：

1. 调用某项 Web 服务，以获取员工名单及他们的工作时长。

2. 调用另一项 Web 服务，以计算税额并报税。

3. 调用第三项 Web 服务，以生成工资条，并将其通过电子邮件发送给员工。

4. 调用第四项 Web 服务，将工资存入相关员工的账户。

5. 结束薪酬支付工作。

你可以认为其中每项服务所完成的工作都占总工作量的 20%，于是，可以根据程序所执行到的步骤来汇报整个操作的执行进度。此外，还可以考虑实现取消功能，因为只要第 4 步还没开始执行，RunPayroll 操作就能够取消。然而一旦开始执行第 4 步，工资就有可能已经支付出去了，此时，RunPayroll 是无法取消的。

现在我们来看看整个 RunPayroll 操作可以用几种办法来实现。首先来看最简单的办法，就是既不汇报进度也不支持取消：

```csharp
public async Task RunPayroll(DateTime payrollPeriod)
{
    // Step 1: Calculate hours and pay
    var payrollData = await RetrieveEmployeePayrollDataFor(
        payrollPeriod);

    // Step 2: Calculate and report tax
    var taxReporting = new Dictionary<EmployeePayrollData,
        TaxWithholding>();
    foreach(var employee in payrollData)
    {
        var taxWithholding = await RetrieveTaxData(employee);
        taxReporting.Add(employee, taxWithholding);
    }
```

```
    // Step 3: Generate and email paystub documents
    var paystubs = new List<Task>();
    foreach(var payrollItem in taxReporting)
    {
        var payrollTask = GeneratePayrollDocument(
            payrollItem.Key, payrollItem.Value);
        var emailTask = payrollTask.ContinueWith(
            paystub => EmailPaystub(
                payrollItem.Key.Email, paystub.Result));
        paystubs.Add(emailTask);
    }
    await Task.WhenAll(paystubs);

    // Step 4: Deposit pay
    var depositTasks = new List<Task>();
    foreach(var payrollItem in taxReporting)
    {
        depositTasks.Add(MakeDeposit(payrollItem.Key,
            payrollItem.Value));
    }
    await Task.WhenAll(depositTasks);

    // Step 5: Close payroll period
    await ClosePayrollPeriod(payrollPeriod);
}
```

接下来看第二个版本，也就是只能够汇报进度但不支持取消：

```
public async Task RunPayroll2(DateTime payrollPeriod,
    IProgress<(int, string)> progress)
{
    progress?.Report((0, "Starting Payroll"));
    // Step 1: Calculate hours and pay
    var payrollData = await RetrieveEmployeePayrollDataFor(
        payrollPeriod);

    progress?.Report((20, "Retrieved employees and hours"));

    // Step 2: Calculate and report tax
    var taxReporting = new Dictionary<EmployeePayrollData,
        TaxWithholding>();
    foreach (var employee in payrollData)
    {
        var taxWithholding = await RetrieveTaxData(employee);
        taxReporting.Add(employee, taxWithholding);
```

```
    }
    progress?.Report((40, "Calculated Withholding"));

    // Step 3: Generate and email paystub documents
    var paystubs = new List<Task>();
    foreach (var payrollItem in taxReporting)
    {
        var payrollTask = GeneratePayrollDocument(
            payrollItem.Key, payrollItem.Value);
        var emailTask = payrollTask.ContinueWith(
            paystub => EmailPaystub(payrollItem.Key.Email,
                paystub.Result));
        paystubs.Add(emailTask);
    }
    await Task.WhenAll(paystubs);
    progress?.Report((60, "Emailed Paystubs"));

    // Step 4: Deposit pay
    var depositTasks = new List<Task>();
    foreach (var payrollItem in taxReporting)
    {
        depositTasks.Add(MakeDeposit(payrollItem.Key,
            payrollItem.Value));
    }
    await Task.WhenAll(depositTasks);
    progress?.Report((80, "Deposited pay"));

    // Step 5: Close payroll period
    await ClosePayrollPeriod(payrollPeriod);
    progress?.Report((100, "complete"));
}
```

调用方可以像下面这样写出某个实现了 IProgress<int, string> 接口的类，以便在收到进度通知的时候执行相关的逻辑：

```
public class ProgressReporter :
    IProgress<(int percent, string message)>
{
    public void Report((int percent, string message) value)
    {
        WriteLine(
            $"{value.percent} completed: {value.message}");
    }
}
```

```
await generator.RunPayroll(DateTime.Now,
    new ProgressReporter());
```

既然可以实现出进度汇报功能，那么同样也应该能实现出取消功能。接下来的这个版本
只支持取消不支持进度汇报：

```
public async Task RunPayroll(DateTime payrollPeriod,
    CancellationToken cancellationToken)
{
    // Step 1: Calculate hours and pay
    var payrollData = await RetrieveEmployeePayrollDataFor(
        payrollPeriod);
    cancellationToken.ThrowIfCancellationRequested();

    // Step 2: Calculate and report tax
    var taxReporting = new Dictionary<EmployeePayrollData,
        TaxWithholding>();
    foreach (var employee in payrollData)
    {
        var taxWithholding = await RetrieveTaxData(employee);
        taxReporting.Add(employee, taxWithholding);
    }
    cancellationToken.ThrowIfCancellationRequested();

    // Step 3: Generate and email paystub documents
    var paystubs = new List<Task>();
    foreach (var payrollItem in taxReporting)
    {
        var payrollTask = GeneratePayrollDocument(
            payrollItem.Key, payrollItem.Value);
        var emailTask = payrollTask.ContinueWith(
            paystub => EmailPaystub(payrollItem.Key.Email,
                paystub.Result));
        paystubs.Add(emailTask);
    }
    await Task.WhenAll(paystubs);
    cancellationToken.ThrowIfCancellationRequested();

    // Step 4: Deposit pay
    var depositTasks = new List<Task>();
    foreach (var payrollItem in taxReporting)
    {
        depositTasks.Add(MakeDeposit(payrollItem.Key,
            payrollItem.Value));
```

```
    }
    await Task.WhenAll(depositTasks);

    // Step 5: Close payroll period
    await ClosePayrollPeriod(payrollPeriod);
}
```

调用方可以像下面这样来使用该版本的 RunPayroll 操作：

```
var cts = new CancellationTokenSource();
generator.RunPayroll(DateTime.Now, cts.Token);
// To cancel:
cts.Cancel();
```

调用方可以通过 CancellationTokenSource 对象来请求取消 RunPayroll 操作。这种对象与第 32 条中讲到的 TaskCompletionSource 对象类似，都是一种起到中介作用的对象。该对象处在有可能发出取消请求的客户代码与支持取消功能的那项操作之间。

同时，大家还应该注意到，如果 RunPayroll 操作发现客户端想要取消该操作，那么它会通过 ThrowIfCancellationRequested() 方法抛出 TaskCancelledException 异常，用以表示整个工作流程没有能够完全得到执行。此时，表示 RunPayroll 操作的 Task 对象就成了一个有问题的对象，如果让返回值的类型为 void 的异步方法支持取消功能，那么由于调用方无法遵循正常途径来处理该 Task 对象在执行过程中所出现的问题，因此，只能通过专门的处理程序来应对这种未处理的异常（参见第 28 条）。由此可见，返回值的类型为 void 的异步方法不应该支持取消功能。

在最后一个版本中，我们把进度汇报功能与取消功能一起实现出来：

```
public Task RunPayroll(DateTime payrollPeriod) =>
    RunPayroll(payrollPeriod, new CancellationToken(), null);

public Task RunPayroll(DateTime payrollPeriod,
    CancellationToken cancellationToken) =>
    RunPayroll(payrollPeriod, cancellationToken, null);

public Task RunPayroll(DateTime payrollPeriod,
    IProgress<(int, string)> progress) =>
    RunPayroll(payrollPeriod, new CancellationToken(),
        progress);

public async Task RunPayroll(DateTime payrollPeriod,
    CancellationToken cancellationToken,
```

```
    IProgress<(int, string)> progress)
{
    progress?.Report((0, "Starting Payroll"));
    // Step 1: Calculate hours and pay
    var payrollData = await RetrieveEmployeePayrollDataFor(
        payrollPeriod);
    cancellationToken.ThrowIfCancellationRequested();
    progress?.Report((20, "Retrieved employees and hours"));
    // Step 2: Calculate and report tax
    var taxReporting = new Dictionary<EmployeePayrollData,
        TaxWithholding>();
    foreach (var employee in payrollData)
    {
        var taxWithholding = await RetrieveTaxData(employee);
        taxReporting.Add(employee, taxWithholding);
    }
    cancellationToken.ThrowIfCancellationRequested();
    progress?.Report((40, "Calculated Withholding"));

    // Step 3: Generate and email paystub documents
    var paystubs = new List<Task>();
    foreach (var payrollItem in taxReporting)
    {
        var payrollTask = GeneratePayrollDocument(
            payrollItem.Key, payrollItem.Value);
        var emailTask = payrollTask.ContinueWith(
            paystub => EmailPaystub(payrollItem.Key.Email,
                paystub.Result));
        paystubs.Add(emailTask);
    }
    await Task.WhenAll(paystubs);
    cancellationToken.ThrowIfCancellationRequested();
    progress?.Report((60, "Emailed Paystubs"));

    // Step 4: Deposit pay
    var depositTasks = new List<Task>();
    foreach (var payrollItem in taxReporting)
    {
        depositTasks.Add(MakeDeposit(payrollItem.Key,
            payrollItem.Value));
    }
    await Task.WhenAll(depositTasks);
    progress?.Report((80, "Deposited pay"));

    // Step 5: Close payroll period
```

```
    await ClosePayrollPeriod(payrollPeriod);
    progress?.Report((100, "complete"));
}
```

请注意，这 4 个重载方法所共用的代码都已经提取到最后那个方法中了。如果客户端不想使用进度汇报功能，那么可以使用不支持进度汇报的那两个方法，或是把最后一个方法的 progress 参数设为 null。前 3 个方法在调用最后一个方法时，无论自己是否支持取消功能，都会传入取消标记（cancellation token），然而，如果客户端调用的是不支持取消功能的那两个方法，那么就无法通过这个标记发出取消请求。

通过本条目大家可以看到，异步编程模型提供了丰富的写法，使得开发者能够启动任务、取消任务或监控其进度。这些功能让我们可以根据底层的异步工作所具备的实际功能来设计相应的 API。如果你要执行的异步工作确实能够有效地支持这些功能，那么可以考虑提供与取消任务或汇报进度有关的 API，也可以同时把这两种 API 都实现出来。反之，若是异步工作本身不支持这些功能，则不应盲目地实现相关的 API，以免误导调用方。

第 34 条：缓存泛型异步方法的返回值

早前讨论异步编程模型的那些条目都把异步方法的返回值类型设计成了 Task 或 Task<T>，实际上，这也正是我们在完成许多异步工作时所经常使用的返回值类型。然而有些时候，把返回值类型设为 Task 可能会影响性能。如果某个循环或某段代码需要频繁地运行，那么系统有可能要分配很多个 Task 对象，从而占用相当多的资源。C# 语言的第 7 版已经不强迫你必须把异步方法（也就是经过 async 修饰的方法）的返回值类型设置成 Task 或 Task<T> 了，而是只需返回一种遵循 Awaiter 模式的类型即可。该类型必须具备可供访问的 GetAwaiter() 方法，此方法所返回的对象需要实现 INotifyCompletion 及 ICriticalNotifyCompletion 接口。这个 GetAwaiter() 可以通过扩展方法来提供。

最新版的 .NET Framework 提供了一种新的类型，叫作 ValueTask<T>，它用起来可能会比普通的 Task 更为高效。该类型是值类型，因此，创建这种类型的对象时，不需要再分配额外的空间。这项因素使得我们可以多创建一些这样的对象，而不用担心它会像 Task 对象那样占据过多的资源。如果你的异步方法可以根据早前缓存起来的结果直接返回相应的值，那么尤其应该考虑把返回值的类型设为 ValueTask<T>。

现在举个例子。比方说，你编写了下面这个方法，用来获取天气数据：

```
public async Task<IEnumerable<WeatherData>>
    RetrieveHistoricalData(DateTime start, DateTime end)
{
```

```
        var observationDate = start;
        var results = new List<WeatherData>();
        while (observationDate < end)
    {
        var observation = await RetrieveObservationData(
            observationDate);
        results.Add(observation);
        observationDate += TimeSpan.FromDays(1);
    }
    return results;
}
```

这种实现方式每次都得去联网获取天气数据。如果它用在手机 App 所提供的某个 widget（挂件）中，那么这个 App 的效率就会受到影响，因为实际上，天气信息变化得没有那样快，因此，我们只需要隔几分钟更新一次就好，而不必每次调用该方法时都进行更新。假如你决定每 5 分钟更新一次，那么可以考虑通过 Task 对象来实现缓存机制：

```
private List<WeatherData> recentObservations =
    new List<WeatherData>();
private DateTime lastReading;
public async Task<IEnumerable<WeatherData>>
    RetrieveHistoricalData()
{
    if (DateTime.Now - lastReading > TimeSpan.FromMinutes(5))
    {
        recentObservations = new List<WeatherData>();
        var observationDate = this.startDate;
        while (observationDate < this.endDate)
        {
            var observation = await RetrieveObservationData(
                observationDate);
            recentObservations.Add(observation);
            observationDate += TimeSpan.FromDays(1);
        }
        lastReading = DateTime.Now;
    }
    return recentObservations;
}
```

这样修改在许多情况下都可以有效地改善程序性能。现在，最影响代码执行速度的因素应该就是网络延迟了。

然而，如果这个 widget 运行在内存相当紧张的环境中，那么你恐怕就不能在每次运行 RetrieveHistoricalData() 方法时都分配相应的 Task 对象。这种情况下，可以考虑改用

ValueTask 类型。比方说，可以像下面这样来实现：

```csharp
public ValueTask<IEnumerable<WeatherData>>
    RetrieveHistoricalData()
{
    if (DateTime.Now - lastReading <= TimeSpan.FromMinutes(5))
    {
        return new ValueTask<IEnumerable<WeatherData>>
            (recentObservations);
    }
    else
    {
        async Task<IEnumerable<WeatherData>> loadCache()
        {
            recentObservations = new List<WeatherData>();
            var observationDate = this.startDate;
            while (observationDate < this.endDate)
            {
                var observation = await
                    RetrieveObservationData(observationDate);
                recentObservations.Add(observation);
                observationDate += TimeSpan.FromDays(1);
            }
            lastReading = DateTime.Now;
            return recentObservations;
        }
        return new ValueTask<IEnumerable<WeatherData>>
            (loadCache());
    }
}
```

　　这个方法体现出了几个与 ValueTask 有关的重要写法。首先，方法本身并不是异步方法，返回值的类型也不是普通的 Task，而是 ValueTask。真正的异步方法是内嵌在该方法中的 loadCache() 函数，它用来执行相关的异步工作。如果外围的 RetrieveHistorical Data() 方法可以直接从缓存中返回结果，那么程序就无须调用这个异步方法，这样也可以免去与管理状态机和分配空间有关的开销。其次，ValueTask 提供了一个能够接受 Task 参数的构造函数，这个构造函数会在其内部等候该 Task 的执行结果。

　　如果你衡量了程序的性能之后，发现频繁分配 Task 对象会令代码的运行效率变低，那么可以通过 ValueTask 类型来进行优化。绝大多数的异步方法可能还是应该使用 Task 类型作为返回值。笔者建议，应该先确认程序的性能瓶颈真的是由内存分配方面的开销所造成的，然后再考虑把 Task 或 Task<T> 类型改为 ValueTask。这样改起来并不困难，然而你必须确定它有助于解决性能问题。

Effective

并 行 处 理

编写并行（parallel）[⊖]算法与编写异步算法不是同一回事。在处理运算密集型的并行代码时，所遇到的困难与编写异步算法时不同，所要使用的工具或许也不一样。尽管依然可以在并行算法中使用基于 Task 的异步编程模型，但通常还会有更好的方案。

本章以多种方式来使用多个程序库及工具，以演示如何才能较为顺畅地写出并行算法。虽说这种代码写起来不是特别简单，但如果能把工具选对，那么还是可以省下很多工夫的。

第 35 条：了解 PLINQ 是怎样实现并行算法的

笔者很想告诉你，并行编程很简单，只要给相关的循环加上 AsParallel() 就可以了。然而事实并非如此。所幸 PLINQ 中有很多方法可供选用，这使得开发者所写的程序既能够发挥出多核 CPU 的优势，又可以保证运算结果正确无误。当然，这绝不是说我们可以轻而易举地写出能够在多个核心上运行的程序，而是说有了 PLINQ 之后，这种程序写起来要比从前简单一些。

⊖ parallel 也可以称为平行。这个词与 concurrent（并发）有所区别。——译者注

为了编写并行代码，必须知道什么时候需要对数据访问操作进行同步处理，而且必须学会对 ParallelEnumerable 中声明的并行及串行（sequential）版本做出权衡，看看到底哪个版本的效果更好。与 LINQ 查询有关的某些方法很容易就能以并行的方式来执行，然而另外一些方法则必须按照顺序来访问各个元素，或者说，至少要把这些元素完整地查看一遍（例如 OrderBy 方法）。

现在，我们就来看几个采用 PLINQ 编写的例子，并演示它所擅长的操作以及其中某些值得注意的问题。这些例子以及相关的讨论都是对照着 LINQ to Objects 而写的，这一点也体现在并行操作所处的 ParallelEnumerable 类上。注意看该类的名称，其结尾是 Enumerable，而不是 Queryable，这个 Enumerable 恰好就是实现了 LINQ to Objects 机制的 Enumerable 类所具备的名字。PLINQ 确实不会自动帮你把 LINQ to SQL 或 LINQ to Entities 算法转化成相应的并行算法，然而这并不值得担心，因为那些实现机制本身就能利用并行的数据库引擎，以并行的方式执行相关的查询操作。

下面是一条简单的查询语句，它以方法调用的形式来书写。该语句可以从一份含有大量整数的数据源中把小于 150 的数字找出来，并计算其阶乘：

```
var nums = data.Where(m => m < 150).
    Select(n => Factorial(n));
```

只要在执行相关查询之前先对数据源做 AsParallel() 处理，就可以将这次查询变为并行式的查询：

```
var numsParallel = data.AsParallel().
    Where(m => m < 150).Select(n => Factorial(n));
```

当然也可以用查询表达式的形式来执行同样的操作：

```
var nums = from n in data
           where n < 150
           select Factorial(n);
```

运用这种形式编写代码时，依然可以在数据源上面执行 AsParallel()，从而将该操作转化成并行版本：

```
var numsParallel = from n in data.AsParallel()
                   where n < 150
                   select Factorial(n);
```

这个并行版本的执行效果与采用方法调用的形式所实现出来的那个并行版本是相同的。

这个例子虽然很简单，但是能体现出 PLINQ 中的好几个重要概念。首先，如果想要并行地执行某条查询表达式，那么应该先在数据源上调用 AsParallel() 方法。执行了这个方法之后，系统就可以把接下来的操作放在多条线程中，并分配给多个核心去运行。AsParallel() 方法的返回值类型不是普通的 IEnumerable<T>，而是 ParallelQuery<T>。PLINQ 机制通过 ParallelEnumerable 类中的一组扩展方法来实现，这正如普通的 LINQ 机制通过 Enumerable 类中的一组扩展方法来实现。所不同的地方仅仅在于，LINQ 方法的相关参数及返回值是 IEnumerable<T> 类型，而 PLINQ 方法的相关参数及返回值则是 ParallelQuery<T> 类型。这样设计使得 PLINQ 操作的写法与 LINQ 操作的相似，因此，学起来是很容易的。一般来说，只要学会了 LINQ，就应该差不多会用 PLINQ 了。

刚才那句话说得比较宽泛，实际上并没有这么简单。我们刚才举的例子之所以能够轻易转换成 PLINQ 版本，是因为它不涉及数据共享，而且在运算结果中，各元素之间的顺序也没有特定的要求。在这种情况下，并行算法的执行速度与计算机的核心数量成正比。为了帮助你更好地发挥出 PLINQ 的性能，C# 提供了许多方法来控制任务并行库[⊖]在访问 ParallelQuery<T> 型的待处理数据时所采用的方式。

无论要执行的是哪一种并行查询，它的第一个步骤都是划分数据（partitioning，也叫作分区）。PLINQ 需要把输入给它的元素划分成若干组，并将其分布到它所创建的任务上，以便执行查询。划分数据是 PLINQ 中很重要的一个概念，因此，我们必须知道总共有多少种划分方式以及每种方式的运作原理，而且还要明白 PLINQ 如何决定自己应该采用其中的哪一种方式。

选择划分方式的时候，首先要考虑划分所需的时间。假如在这个步骤上耗费了过长的时间，那么处理数据所花的时间相对而言就显得比较少了。PLINQ 可以根据输入的源数据以及查询的类型来考虑 4 种不同的划分算法：

❏ 范围划分（range partitioning，也叫作区间划分）
❏ 区块划分（chunk partitioning，也叫作块状划分）
❏ 带状划分（striped partitioning）
❏ 哈希划分（hash partitioning，也叫作杂凑划分）

范围划分是最简单的划分方式，它会把输入到序列中的元素按照任务的数量做出划分，使得每个任务都负责其中的某一批元素。比方说，如果输入的序列中含有 1000 个元素，那么在配有 4 核处理器的计算机上，系统就会创建 4 个区间，使得每个任务都负责其中的一个区间，也就是负责处理 250 个元素。只有当源序列能够通过下标（或者说索引）来访问而且其元素总数可供查询的情况下，才可以使用这种算法。这意味着查询操作所针对的源序列必须是 List<T>、数组或支持 IList<T> 接口的序列。如果要查询的源序列支持刚才所说的那两点，那么系统通常会考虑按范围来划分。

⊖ Task Parallel Library（TPL），下文酌情将其简称为并行库。——译者注

区块划分算法在发现某个任务还有能力去处理更多的元素时，会把一些元素放到 chunk（区块）中，并把这个 chunk 交给该任务来处理。这种算法的内部逻辑可能会不断变化，因此笔者不打算深入讨论 C# 系统当前采用的实现方式。你需要知道的是，这种 chunk 刚开始会设置得比较小，因为输入的源序列可能本身就很小。对于这种序列来说，系统可能会把其中的所有元素全都放在一个 chunk 中，并将其直接交给某个任务来处理，而不进行划分。另一个问题是，在执行任务的过程中，chunk 的尺寸可能会逐渐增大，以降低线程的开销，并提升算法的处理能力（也称为吞吐量）。此外，chunk 的大小还会随着 delegate 在执行查询时所花的时间以及 where 子句所排除的元素数量而有所变化。总之，这些调整都是为了使所有的任务几乎能在同一时刻执行完毕，从而最大限度地提升整个算法的效率。

另外两种划分方式专门用来处理某些查询操作。带状划分算法是范围划分算法的特例，它能够高效地处理序列开头部分的那些元素。每一个工作线程都会跳过 N 个元素，然后处理 M 个元素，处理完这 M 个元素之后，又会跳过 N 个元素，继续处理接下来的 M 个元素。现在举个例子来帮助大家理解。假设该算法总共使用 4 个任务，且 N 是 4，M 是 1，那么其中一个工作线程要处理的是下标为 0、4、8、12 这样的元素，而另一个工作线程要处理的则是下标为 1、5、9、13 这样的元素，剩下两个线程也可以类推。在实现查询操作中的 TakeWhile() 及 SkipWhile() 逻辑时，这种划分算法无须在线程之间进行同步，而且每一个工作线程都只需依赖相当简单的算法，即可知道接下来要处理什么元素。

哈希划分算法有着特殊的用途，它是专门为 Join、GroupJoin、GroupBy、Distinct、Except、Union 及 Interset 操作而设计的。由于这些操作执行起来开销很大，因此需要通过特定的划分算法来提升其在并行执行时的效率。哈希划分算法能够确保哈希码相同的元素会交给同一个任务处理，这使得多个任务之间在执行这些操作时，无须频繁地沟通。

除了要考虑采用哪种算法来划分数据之外，PLINQ 还必须考虑自己应该用什么样的算法来并行地执行这些任务。可以选择的算法有 pipelining（管道）、stop and go 以及 inverted enumeration（反向枚举）。我们先来看默认的算法，即 pipelining。

如果用的是 pipelining 算法，那么会有一个线程来负责枚举工作（也就是负责 foreach 块或查询语句中的相应部分），同时又会有多个线程对源序列中的每个元素进行查询。如果系统发现源序列中还有某个元素尚待处理，那么可以把它交给某个线程执行。对于大多数计算密集型的查询操作来说，在 pipelining 模式下，线程的数量通常与处理器的核心数相同。以早前所举的阶乘代码为例，如果计算机是双核的，那么会有两个线程来处理查询操作。序列中的第一个元素会交给其中一个线程处理，紧接着，系统会把第二个元素取出来，交给另一个线程处理。等其中某个线程把自己得到的元素处理完，系统就会将第三个元素交给它。在对整个源序列进行查询的过程中，这两个线程始终忙碌着。如果 CPU 的核心数较多，那么同一时刻所能处理的元素数量也会比较多。

例如，在 16 核的计算机上，系统一次可以取出序列中的前 16 个元素，并把它们分别交给 16 个不同的线程去处理（这些线程可能分别运行在 16 个核心上）。请注意，笔者此处简化了一个细节，实际上，还需要多拿一个线程来处理枚举逻辑，这意味着系统实际创建的线程应该比核心数多 1 个。在绝大多数情况下，处理枚举逻辑的那个线程都需要关注查询操作的处理情况，因此，系统确实应该多开这样一个线程。

如果用的是 stop and go 算法，那么启动枚举逻辑的那个线程会对负责查询表达式的那些线程进行 join 操作。在需要通过 ToList() 或 ToArray() 方法立刻获知查询结果的情况下，系统会采用这种算法来执行查询。此外，如果 PLINQ 必须先获取经过处理的整个数据集，然后才能执行接下来的操作（如 OrderBy 等排序操作），那么系统也会采用这种算法。下面这两项查询都要用到 stop and go 算法：

```
var stopAndGoArray = (from n in data.AsParallel()
                      where n < 150
                      select Factorial(n)).ToArray();

var stopAndGoList = (from n in data.AsParallel()
                     where n < 150
                     select Factorial(n)).ToList();
```

按照 stop and go 的方式来处理效率通常会稍微高一些，同时也必须多占用一些内存。刚才那个例子在开始执行 ToArray() 或 ToList() 之前，会把所有的结果全都查询出来。与此相对的另一种做法是先把数据切几个部分，然后分别按照 stop and go 的方式来处理它们，最后用另一项查询操作将结果整合起来。这种办法在线程方面的开销比较大，会把优化的效果给抵消掉。因此，还是应该像刚才那样，把整个查询表达式合起来写在一起。

并行库所能采取的最后一种算法是 inverted enumeration。如果没有通过 foreach 循环对查询表达式所返回的结果做迭代，而是把某种行动分别实施在该结果的每一个元素上，那么 inverted enumeration 算法就可以派上用场。比方说，执行完早前那个例子之后，可以考虑对计算阶乘的查询表达式所返回的结果（即 numsParallel 变量）做迭代，从而把其中的每个元素（即用 item 变量）打印到控制台上：

```
var numsParallel = from n in data
                   where n < 150
                   select Factorial(n);
foreach (var item in numsParallel)
    Console.WriteLine(item);
```

非并行版的 LINQ to Objects 会以惰性的方式对查询操作进行求值，这意味着只有当真正用到查询结果中某个具体的值时，系统才会去生成该值。现在我们可以改用并行的方式来执行刚才那段代码。修改后的代码与非并行版本有所不同，它会一边产生查询结果中的每一个元素，一边对已经产生出来的这些元素分别实施某种操作。下面这段代码可以演示 inverted enumeration 算法的效果。

```
var nums2 = from n in data.AsParallel()
            where n < 150
            select Factorial(n);
nums2.ForAll(item => Console.WriteLine(item));
```

inverted enumeration 算法使用的内存量要比 stop and go 小一些，此外，它还能够一边计算结果，一边对已经计算出来的元素并行地进行操作。请注意，要想实现出这种效果，必须先在数据源上执行 AsParallel()，然后才能对代表查询结果的变量（即 nums2）进行 ForAll 操作。ForAll() 操作需要的内存可能比刚才那个 stop and go 范例中的 foreach 循环少一些。在某些情况下，inverted enumeration 算法可能是 3 种算法中速度最快的一种，至于是否如此，还要看你对查询结果中的元素所实施的行动的工作量到底有多大。

所有的 LINQ 查询都以惰性的方式执行。就是说，把查询逻辑创建出来之后，系统并不会立刻执行，而要等你真正对查询所产生的元素进行询问时才加以执行。LINQ to Objects 还会更进一步，它是等到你真正需要用到其中某个具体的元素时，才针对那个元素进行查询。PLINQ 与 LINQ to Objects 不同，它的执行方式有点接近 LINQ to SQL 或 Entity Framework，对于后两者来说，当你要访问查询结果中的首个元素时，它会把表示该结果的整个序列给生成出来。PLINQ 的执行方式与它们比较接近，但并不完全相同。如果你误解了 PLINQ 执行查询时所用的办法，那么有可能会浪费计算资源，甚至使得并行式的查询代码在多核心的计算机上运行得比普通的 LINQ to Objects 代码还慢。

为了演示 PLINQ 与普通的 LINQ 之间有什么区别，我们先来看一个比较简单的例子，然后观察在数据源上添加了 AsParallel() 之后程序的执行方式有哪些变化。这两种执行方式都是有效的，而且产生的结果也相同。因为 LINQ 所关注的本来就不是结果的产生方式，而是用户想要获取什么样的结果。只有当其中的子句所用的算法带有附加效果（也叫作副作用）时，这种产生方式上的区别才会体现得较为明显。

下面就是我们在演示两者的区别时所用的查询语句：

```
var answers = from n in Enumerable.Range(0, 300)
              where n.SomeTest()
              select n.SomeProjection();
```

接下来，我们对刚才那条语句所调用的 SomeTest() 及 SomeProjection() 方法进行改装，在其中添加一些调试语句，以便在程序调用这些方法时打印出相应的信息。

```
public static bool SomeTest(this int inputValue)
{
    Console.WriteLine($"testing element: {inputValue}");
    return inputValue % 10 == 0;
}

public static string SomeProjection(this int input)
{
    Console.WriteLine($"projecting an element: {input}");
    return $"Delivered {input} at {DateTime.Now:T}";
}
```

最后，为了更清楚地展示这两种执行方式究竟会在什么时候体现出区别，笔者特意在保存查询结果的 answers 变量上调用了名为 GetEnumerator() 的成员方法，并对该方法所返回的 IEnumerator<string> 型变量做了迭代，而不像平常那样采用 foreach 循环来做迭代。这样写既可以清晰地体现出序列中的元素是如何（以串行或并行的方式而）生成的，又能让你明确地看到相关的元素是怎样在 while 循环中得以列举的。（当然，这么写只是为了演示，在给正式的软件编写代码时，笔者应该会改用其他写法。）

```
var iter = answers.GetEnumerator();

Console.WriteLine("About to start iterating");
while (iter.MoveNext())
{
    Console.WriteLine("called MoveNext");
    Console.WriteLine(iter.Current);
}
```

用标准的 LINQ to Objects 机制来查询时，会看到下面这样的输出信息：

```
About to start iterating
testing element: 0
projecting an element: 0
called MoveNext
Delivered 0 at 1:46:08 PM
testing element: 1
testing element: 2
testing element: 3
testing element: 4
testing element: 5
testing element: 6
testing element: 7
testing element: 8
```

```
testing element: 9
testing element: 10
projecting an element: 10
called MoveNext
Delivered 10 at 1:46:08 PM
testing element: 11
testing element: 12
testing element: 13
testing element: 14
testing element: 15
testing element: 16
testing element: 17
testing element: 18
testing element: 19
testing element: 20
projecting an element: 20
called MoveNext
Delivered 20 at 1:46:08 PM
testing element: 21
testing element: 22
testing element: 23
testing element: 24
testing element: 25
testing element: 26
testing element: 27
testing element: 28
testing element: 29
testing element: 30
projecting an element: 30
```

只有当程序首次在 iter 枚举器上调用 MoveNext() 方法时，系统才会开始执行早前所写的查询逻辑，而且，它只执行到能够产生第一项结果的地方就够了。（对于本例来说，由于系统只需把源序列中的第一个元素处理完即可产生第一项结果，因此，SomeTest() 与 SomeProjection() 方法各调用一次就行。）当程序下次调用 MoveNext() 方法时，系统还是只需执行到能够产生下一项执行结果的地方就可以了。由此可见，在普通的 LINQ to Objects 机制下，当程序每次调用 MoveNext() 方法时，系统都有可能只会对产生下一项结果所需的那些元素进行查询。

然而，如果把普通的查询改成并行的查询，那么规则就不同了：

```
var answers = from n in ParallelEnumerable.Range(0, 300)
              where n.SomeTest()
              select n.SomeProjection();
```

这次输出的内容与早前有很大区别。下面是其中一次的运行结果（这些元素的处理顺序可能每次都不一样）：

```
About to start iterating
testing element: 150
projecting an element: 150
testing element: 0
testing element: 151
projecting an element: 0
testing element: 1
testing element: 2
testing element: 3
testing element: 4
testing element: 5
testing element: 6
testing element: 7
testing element: 8
testing element: 9
testing element: 10
projecting an element: 10
testing element: 11
testing element: 12
testing element: 13
testing element: 14
testing element: 15
testing element: 16
testing element: 17
testing element: 18
testing element: 19
testing element: 152
testing element: 153
testing element: 154
testing element: 155
testing element: 156
testing element: 157
testing element: 20
... Lots more here elided ...
testing element: 286
testing element: 287
testing element: 288
testing element: 289
testing element: 290
Delivered 130 at 1:50:39 PM
called MoveNext
Delivered 140 at 1:50:39 PM
```

```
projecting an element: 290
testing element: 291
testing element: 292
testing element: 293
testing element: 294
testing element: 295
testing element: 296
testing element: 297
testing element: 298
testing element: 299
called MoveNext
Delivered 150 at 1:50:39 PM
called MoveNext
Delivered 160 at 1:50:39 PM
called MoveNext
Delivered 170 at 1:50:39 PM
called MoveNext
Delivered 180 at 1:50:39 PM
called MoveNext
Delivered 190 at 1:50:39 PM
called MoveNext
Delivered 200 at 1:50:39 PM
called MoveNext
Delivered 210 at 1:50:39 PM
called MoveNext
Delivered 220 at 1:50:39 PM
called MoveNext
Delivered 230 at 1:50:39 PM
called MoveNext
Delivered 240 at 1:50:39 PM
called MoveNext
Delivered 250 at 1:50:39 PM
called MoveNext
Delivered 260 at 1:50:39 PM
called MoveNext
Delivered 270 at 1:50:39 PM
called MoveNext
Delivered 280 at 1:50:39 PM
called MoveNext
Delivered 290 at 1:50:39 PM
```

可以看到，这次输出的结果与早前那次相比区别相当明显。程序刚一调用 MoveNext()
方法，PLINQ 马上会启动多个线程，以计算查询结果。于是，这导致程序一下子就把很多项
结果给产生出来，而不像早前那样，每执行一次 while 循环才产生一项结果。（在刚才这种情

况下，PLINQ 几乎把全部结果都给查询出来了。）程序下次调用 MoveNext() 方法时，它会从线程所计算好的结果中直接把下一项取出来。不过，我们没办法预测源数据中的某个元素在接受处理的过程中会排在第几位，只能确定一旦程序想要获取查询结果中的首个元素，系统就会立刻开启多个线程，以执行查询。

　　用来执行查询的 PLINQ 方法其实也会考虑到执行方式对查询效率所造成的影响。假如修改查询语句，用 Skip() 跳过前 20 项结果，然后用 Take() 选出接下来的 20 项结果：

```
var answers = (from n in ParallelEnumerable.Range(0, 300)
               where n.SomeTest()
               select n.SomeProjection()).
               Skip(20).Take(20);
```

　　这次执行所输出的信息可能跟普通的 LINQ to Objects 比较像，这是因为 PLINQ 知道，只产生 20 个元素要比一下子把 300 项元素都处理完更快。（笔者在这里采用了较为简化的说法，不过，PLINQ 在实现 Skip() 与 Take() 的时候，确实更倾向于使用按顺序执行的算法，而不是其他算法。）

　　还可以进一步修改查询语句，使得 PLINQ 必须先采用并行执行的方式，把所有的结果都产生出来。为此，只需要加上这样一条 orderby 子句就够了：

```
var answers = (from n in ParallelEnumerable.Range(0, 300)
               where n.SomeTest()
               orderby n.ToString().Length
               select n.SomeProjection()).
               Skip(20).Take(20);
```

　　在编写 orderby 的 lambda 参数时，不应该使用有可能被编译器优化掉的写法，因此，笔者没有直接根据 n 值本身进行排序，而是先调用 ToString() 方法，将其转为字符串，然后根据字符串的长度来排序。假如直接根据 n 值本身来排序，那么系统可能会发现这个 n 是从 Enumerable.Range(0, 300) 这一范围内选出来的，而这个范围内的数据早就已经排好顺序了，于是，系统可能会做出相应的优化。现在这种写法会迫使 PLINQ 查询引擎必须把输出序列中的每一个元素都计算出来，因为只有这样，才能对它们正确地进行排序，而只有排好了顺序，才能知道其后的 Skip() 与 Take() 方法究竟应该返回哪些元素。在多核的计算机上，用多个线程来同时计算各项结果当然要比一项一项地计算更快，PLINQ 自然会考虑到这一点，因此，它会先启动多个线程，把有待排序的元素给计算出来，然后再进行排序。

　　PLINQ 会选用最佳的实现方式来实现你所写的查询语句，从而在较短的时间内尽量多地完成一些工作。因此，PLINQ 执行查询时所用的具体方式可能与你想象的不太一样。有的时候，它会像 LINQ to Objects 那样，要等到你真正询问输出序列中的下一个元素时，才去计算该元素，有的时候，它又像 LINQ to SQL 或 Entity Framework 那样，只要你查询第一项结果，就立刻开始计算所有的结果。还有一些时候，它的行为介于二者之间。然而无论它怎么执行，你都必须注意自己所写的查询逻辑不能够出现副作用。在编写普通的 LINQ 查询语句时，如果引入了副作用或附加效果，那么系统在按顺序进行查询的时候，就有可能产生错误的结果，而在编写并行的 PLINQ 查询语句时这样做，则更容易引发混乱。因此，你必须很谨慎地构建这些查询语句，以确保它能够正确地利用相应的底层技术，为此，你又必须理解这些技术之间的区别。

并行算法的计算效率受制于阿姆达尔定律（Amdahl's law），就是说，在多核的处理器上，并行程序的加速能力受制于程序中必须按顺序来执行的那一部分。ParallelEnumerable 类中所定义的扩展方法自然也不例外。其中有很多方法虽然可以并行地运行，但是其并行程度有可能因为它要执行的操作而受到影响。例如系统为了正确执行 OrderBy 与 ThenBy 方法，显然需要在各项任务之间进行协调。此外，Skip、SkipWhile、Take 及 TakeWhile 方法也会影响并行程度。对于并行地运行在各核心上的任务来说，其中有的任务可能会提前执行完，而另一些任务则有可能完成得慢一些。如果想让 PLINQ 在计算结果的时候把有待处理的数据当成有序（或无序）的数据来对待，从而能够在计算出来的结果中保留（或忽略）各元素在源数据中的顺序，那么可以通过 AsOrdered()（或 AsUnordered()）方法来表达这个意思。

在某些情况下，你所编写的算法可能必须依赖某些附加的效果，因此，其中有一部分逻辑或许不能以并行的方式来执行。此时，可以通过名为 ParallelEnumerable.AsSequential() 的扩展方法将并行序列解读成普通的 IEnumerable，从而迫使系统必须按顺序处理它。

最后要说的是，ParallelEnumerable 中还包含一些方法，能够控制 PLINQ 执行并行查询的方式。例如可以通过 WithExecutionMode() 方法要求 PLINQ 按照并行方式执行查询，这样做有可能导致它选用开销较大的算法。如果不使用这个方法，那么 PLINQ 会按照默认的方式执行，这意味着只有当它认为并行执行确实能够提升效率时，才会做出并行处理。WithDegreeOfParallelism() 方法可以设置并行度，从而影响算法使用的线程数量。如果没有通过这种方法进行设置，那么 PLINQ 有可能会根据当前计算机的处理器核心数来分配线程。

WithMergeOptions() 方法可以提醒 PLINQ 改用另一种方式对已经算出的查询结果进行缓冲。一般来说，PLINQ 会把已经算出的某些结果先放在缓冲区中，稍后再公布给消费线程。然而，你可以通过该方法提醒 PLINQ 不要将其放入缓冲区，而是立刻交给消费线程去使用。此外，也可以提醒 PLINQ 采用完全缓冲的方式，先把所有的结果全都保存到缓冲区中，然后再交给消费线程，这样做可以提升性能，但是也会增加延迟。PLINQ 默认的缓冲方式叫作自动缓冲,该方式能够在延迟与效率之间达成平衡。请注意,这个方法只是向 PLINQ 提出建议,而不是规定它必须这么做,因此,PLINQ 可能会忽略你的建议。

是否应该调用这些方法以及调用时应该采用什么样的选项需要根据查询语句所面对的具体情况来定。你可以在不同的计算机上换用各种设置,以观察算法的效率是否得到了提升。如果找不到这么多计算机可供测试,那么笔者建议你还是采用默认的选项比较好。

PLINQ 大幅度降低了并行计算的门槛。这套机制提供得非常及时,因为这正是并行计算逐渐开始流行的时代,当前的桌面电脑与笔记本电脑一般都配有多核的处理器。尽管有了 PLINQ 机制,但是并行算法依然不太好设计,如果设计得比较差,那么程序可能无法通过并行来提升效率。你应该做的是寻找程序中的循环以及其他一些能够以并行方式来处理的任务,然后试着把程序改写成并行的版本,并衡量其效果。你可能需要不断地修改代码才能找到效率最佳的写法。同时也要注意,有些任务无法轻易改写成并行版本,因此,最好还是按照顺序来执行。

第 36 条:编写并行算法时要考虑异常状况

刚才那一条并没有考虑到子线程会在执行任务的时候出错,然而实际情况显然不会那么乐观。如果子线程发生了异常,那么就得设法应对。而且,从很多方面来看,发生在后台线程中的异常都要比普通的异常更难处理。

异常在沿着调用栈向上传递的时候,没有办法跨越线程的边界。这意味着,如果异常始终没有得到处理,以致传播到了线程刚开始运行时执行的方法中,那么系统会令该线程终止。这样的话,当初启动该线程的主调线程就无法获取到相应的错误信息,而且,它也没有办法对其采取措施。如果你编写的并行算法必须要能够在发生问题的情况下进行回滚,那么需要了解出错的线程可能出现哪些附加效果,以便拟定自己所能采取的恢复措施。由于每个算法都有各自的需求,因此,在处理并行算法所发生的异常时是没有通式可以套用的。笔者在这里给出的建议只是教你判断怎样找出最适合当前应用程序的异常处理策略。

首先,我们拿第 31 条⊖中的异步下载做例子。该项操作中出现的异常可以用非常简单的办法来处理,因为该操作并没有产生额外的效果,而且程序依然可以继续从其他 Web 主机上下载相关的资源,而不必因为这次下载未能完成而放弃所有的下载任务。编写并行代码的人可以通过 AggregateException 类型的异常来处理并行操作中发生的错误。这种类型的对象会把并行操作中发生的错误全都保存在它的 InnerExceptions 属性中。这样的 AggregateException

---

⊖ 原文如此。实际上指的可能是《Effective C#》(第 2 版)的第 36 条。——译者注

异常对象可以用几种不同的方式来处理。我们先考虑最为通用的方式，也就是把子任务在执行过程中发生的错误放在发起子任务的代码中来进行处理。

第 31 条所用的 RunAsync() 方法使用了不止一项并行操作，因此，如果你捕获到了 AggregateException，那么该对象的 InnerExceptions 中可能会有 AggregateException 类型的异常对象。并行操作越多，这种嵌套结构可能就越深。由于并行操作之间还可以按照不同的方式来组合，因此，有的时候同一个异常可能会在最终的 AggregateException 中重复许多次。下面这段代码修改了原来的范例代码在调用 RunAsync() 方法时所用的写法，以便处理并行任务中发生的错误：

```
try
{
    urls.RunAsync(
        url => startDownload(url),
        task => finishDownload(
            task.AsyncState.ToString(), task.Result));
}
catch (AggregateException problems)
{
    ReportAggregateError(problems);
}
private static void ReportAggregateError(
    AggregateException aggregate)
{
    foreach (var exception in aggregate.InnerExceptions)
        if (exception is AggregateException agEx)
            ReportAggregateError(agEx);
        else
            Console.WriteLine(exception.Message);
}
```

ReportAggregateError 方法如果发现 aggregate 对象中的某个异常也是 AggregateException 类型，那么会以该异常为参数递归地调用自己，以便打印那个异常中所含的具体异常，反之，若发现异常不是此类型，则会将其中的消息（Message）打印出来。当然，上面这种写法有个很不好的地方：无论其中的具体异常是不是开发者想要加以处理的异常，这个 ReportAggregateError 方法都会把该异常都给吃掉。这样做相当危险。合理的做法是，如果应用程序能够从异常所表示的状况中复原，那么应该让开发者有机会来处理它，若无法复原，则应将其重新抛出。

由于这个方法本身已经做了递归，因此，为了让代码看起来清晰一些，我们应该将其设计成较为正规的工具方法。这个泛型的工具方法必须了解开发者想处理哪些类型的异常，以及想用什么样的逻辑来处理这些异常。为此，开发者必须把自己想处理的异常类型以及与之对应的处理逻辑传给该方法。这些内容其实用 Dictionary 对象就可以表示出来，对于这个字典对象中的每个条目来说，它的键是开发者想要处理的某种异常类型，而它的值则是处理这种异常时所用的 Action<T> 逻辑，这段逻辑可以写成 lambda 表达式。如果工具方法发现 InnerExceptions 中有某个具体异常没有得到处理，那么意味着程序中出现了调用方无法应对的问题，此时，它应该返回 false，使得调用方能够意识到这一点，从而把自己最初捕获到的 AggregateException 异常重新抛出去。下面就是修改之后的代码。

```
try
{
    urls.RunAsync(
        url => startDownload(url),
        task => finishDownload(task.AsyncState.ToString(),
        task.Result));
}
catch (AggregateException problems)
{
    var handlers = new Dictionary<Type, Action<Exception>>();
    handlers.Add(typeof(WebException),
        ex => Console.WriteLine(ex.Message));

    if (!HandleAggregateError(problems, handlers))
        throw;
}
```

HandleAggregateError 方法会查看 AggregateException 中的每一个异常，如果该异常本身也是 AggregateException 类型，那么就递归地调用自己，否则，就判断这种具体的异常能否为 exceptionHandlers 所处理。如果可以处理，那么就调用与之相应的处理逻辑，如果不能，那么意味着在 AggregateException 所包含的异常中至少有一种具体的异常无法正确地加以处理，于是，它会返回 false。

```
private static bool HandleAggregateError(
    AggregateException aggregate,
    Dictionary<Type, Action<Exception>> exceptionHandlers)
{
    foreach (var exception in aggregate.InnerExceptions)
    {
        if (exception is AggregateException agEx)
        {
            if (!HandleAggregateError(agEx, exceptionHandlers))
            {
```

```
                    return false;
            } else
            {
                continue;
            }
        }
        else if (exceptionHandlers.ContainsKey(
            exception.GetType()))
        {
            exceptionHandlers[exception.GetType()](exception);
        }
        else
            return false;
    }
    return true;
}
```

　　如果 AggregateException.InnerExceptions 中包含的某个异常本身也是 AggregateException 类型的异常，那么该方法就以后者为参数递归地调用自己。若不是 AggregateException 类型的异常，则在该异常对象上调用 GetType() 方法，以查询其类型，并用该类型作键，在 exceptionHandlers 字典中查找对应的值。如果可以找到，那么说明开发者在调用 HandleAggregateError 方法时已经为这种类型的异常注册了对应的 Action<>。于是，该方法就调用这个 Action<>，以处理这次异常。如果找不到，则立刻返回 false，因为这表示开发者无法处理 try 块中的 RunAsync 方法在并行查询的过程中所发生的异常。

　　有人可能会问，catch 块所抛出的为什么是最初捕获到的 AggregateException 异常，而不是某个无法得到处理的具体异常呢？这是因为，假如仅仅把那个具体的异常抛出去，那么可能会丢失其他一些重要的信息，因为 AggregateException 的 InnerExceptions 中其实是可以包含很多个异常的。如果其中有不止一个具体异常无法为编写这段代码的开发者处理，那么他应该把包含这些异常的那个大 AggregateException 抛出去才对。尽管在很多情况下 AggregateException 的 InnerExceptions 中确实只有一个异常，但也得考虑到它里面包含多个异常的情况。在这种情况下，假如只把其中某一个具体异常抛出去，那么其他那些无法为开发者处理的异常就没有办法向上传播了。

　　这种方式看上去还是有一点别扭。如果能在执行后台任务的时候直接把某些能够处理的异常给解决掉，而不让它们跑到该任务外面，是不是会更好一些呢？在绝大多数情况下确实是这样，不过，这要求我们改用其他办法来运行后台任务，以确保自己能够处理的异常不会跑到任务外面。例如，我们可以考虑通过 TaskCompletionSource<> 来运行后台任务。在这样做的时候，如果任务中发生的异常是自己能够处理的，那么就不要通过 TrySetException() 方法把这个异常传播出去，而是应该调用 TrySetResult() 方法，以表示这项任务确实执行完毕，只是没能得到正常的结果。下面我们就以早前用到的 startDownload 方法为例来演示如何确保这一点。当然，正如早前所说，我们没有必要对每一种异常都加以处理，而是只需处理那些应用程序确实能够从中恢复的异常（或者说，不影响应用程序继续执行的异常）。就本例而言，如果发生的是 WebException 异常，那么仅仅意味着远程主机不可用，在这种情况下，应用程序完全可以继续往下执行。反之，发生的若是其他异常，则说明程序中出现了较为严重的问题，因此，程序不应该继续往下运行，而是应该把异常传播出去。下面就是修改之后的 startDownload 方法：

```csharp
private static Task<byte[]> startDownload(string url)
{
    var tcs = new TaskCompletionSource<byte[]>(url);
    var wc = new WebClient();
    wc.DownloadDataCompleted += (sender, e) =>
    {
        if (e.UserState == tcs)
        {
            if (e.Cancelled)
                tcs.TrySetCanceled();
            else if (e.Error != null)
            {
                if (e.Error is WebException)
                    tcs.TrySetResult(new byte[0]);
                else
                    tcs.TrySetException(e.Error);
            }
            else
                tcs.TrySetResult(e.Result);
        }
    };
    wc.DownloadDataAsync(new Uri(url), tcs);
    return tcs.Task;
}
```

如果发生的是 WebException 异常，那么任务返回长度为 0 个字节的结果，若是其他异常，则通过 TrySetException() 方法沿着正常的渠道抛出。这意味着，开发者还是需要处理AggregateException 形式的异常，不过这次可以直接把其中的具体异常视作相当严重的错误，因为不太严重的错误已经在后台任务中处理过了。无论采用上述哪种方案，我们都必须明白，AggregateException 异常与它里面包含的具体异常是不一样的。

如果你是通过 LINQ 查询的形式来执行后台任务的，那么还有其他一些问题要注意。第35 条说过，PLINQ 在对查询操作进行并行处理时，有 3 种算法可供考虑。无论采用哪一种算法，其做法都与普通的惰性求值法有所区别，而且这种区别要求你在编写与 PLINQ 有关的代码时，必须采用与之相应的方式来处理异常。如果你写的是普通的查询语句，那么系统只会在开始询问这次查询产生的结果时才去生成其中的元素，而 PLINQ 查询则不是这样，它会运行后台线程来计算各项结果，并通过另外一项任务来构造最终的序列，以保存这些结果。与惰性求值法相对的求值办法叫作急切求值法，但是 PLINQ 遵循的这套流程跟急切求值法之间并不完全相同，因为这些查询结果不是查询语句刚一构造好就立刻开始计算的。然而，后台线程启动得还是非常快，只要调度器允许，它们就会尽早执行，因此，虽然不是立刻就开始计算，但从构造完毕到开始计算不会间隔太久。在计算每项结果的过程中，都有可能发生异常，因此，你必须修改相应的异常处理代码。编写普通的 LINQ 查询时，只需将 try/catch 块包裹在使用查询结果的语句外面即可，而不用把定义 LINQ 查询所用的表达式给囊括进来：

```
var nums = from n in data
            where n < 150
            select Factorial(n);

try
{
    foreach (var item in nums)
        Console.WriteLine(item);
}
catch (InvalidOperationException inv)
{
    // Elided
}
```

如果你编写的是 PLINQ 语句，那么定义查询操作所用的表达式必须放在 try/catch 块的范围之内，而且，一旦使用 PLINQ，就不能再捕获具体的异常，而是必须捕获这些异常所在的总异常，也就是 AggregateException。无论你用的是 pipelining（管道）、stop and go 还是 inverted enumeration（反向枚举）算法，都需要这样写。

任何算法中所发生的异常都比较复杂，而发生在并行算法中的异常尤其难办。无论这些异常出现的位置有多深，并行库都会将其存放在 AggregateException 中的某个层次上。只要有一个后台线程抛出异常，就会导致执行同一批操作的其他后台线程也停止运行。你所能做的是：如果这个异常能够得到处理，那就确保它不会离开运行算法逻辑的并行任务。反之，若是不能处理，则要将其抛到合适的地方。为此，必须学会在发起后台任务的主控线程中正确地处理 AggregateException 类型的异常。

第 37 条：优先使用线程池而不是创建新的线程

在编写自己的应用程序时，没有办法确定最佳的线程数量，因为尽管它目前会运行在多核的计算机上，但你并不知道处理器核心的数量将来会怎么变化。你现在所做的预测半年之后再来看几乎都是错的，而且也没有办法控制 CLR 为它自己的一些任务（例如垃圾收集器）所创建的线程数。此外，在 ASP.NET 或 REST 服务这样的服务器应用程序中，每一次新的请求都会由不同的线程来处理，因此，在开发应用程序或编写类库的时候，很难确定目标系统上究竟应该使用多少个线程才好。

.NET 的线程池与我们这些开发者不同，它完全知道怎样在目标系统上确定最佳的活跃线程数量。此外，如果你想在某台计算机上创建数量极多的任务或线程，那么线程池会将这些请求排入队列，等到有某个后台线程可供利用的时候，再依次加以处理。更好的地方在于，如果你是通过 Task.Run 方法来启动任务的，那么基于 Task 的程序库能够利用线程池来运行这项任务，从而发挥出它的优势。

.NET 的线程池会自动帮你完成涉及线程资源的多项管理工作，如果你写的应用程序会反复启动后台任务，同时又不太与这些任务密切地交互，那么线程池采取的这种管理方式会令应用程序的效率变得相当高。

编写应用程序的代码时，不应该自己手动创建线程，而是应该调用任务并行库等程序库，并让那些程序库帮你管理线程及线程池。

笔者不打算详细讨论线程池的实现细节，因为它的目标正是让你不用再操心这些问题，而是可以把它交给框架去做。简单来说，线程池中的线程会在数量与资源使用效率之间达成平衡，也就是既保证有足够多的线程可供使用，同时又不会出现太多闲置的线程，以致浪费资源。你所提交的任务进入待处理的队列之后，系统会尽快为它安排线程，一旦有线程闲下来，就会用它来执行你提交的那项任务。线程池的职责就是确保能够尽快找到这样的空闲线程。而从用户这一方面来看，他只要把请求提交上去就可以不用再操心了。

线程池还会在执行完某项任务之后，把相关的工作也一并处理好。任务完成之后，系统不会摧毁该线程，而是将其恢复到就绪状态，以便能够执行另一项任务。也就是说，线程池中的线程在执行完一项任务之后，可以根据需要来承担其他任务。后者未必是与前者完全相同的任务，只要应用程序中还有某个需要长时间运行的任务，系统就有可能把它安排给这个线程来执行。从开发者的角度来看，他只需要通过 Task.Run 启动自己想要执行的方法就可以了，至于该方法会放在哪个线程上执行，则可以交给线程池去管理。

系统会把线程池中活跃的任务数量管理好。也就是说，线程池会根据当前可供使用的系统资源来适量地启动任务。如果系统当前几乎已经没空再处理其他任务了，那么线程池会等待系统有空的时候再安排新的任务。反之，如果系统当前的负载比较轻，那么线程池只要一接到任务，就会立刻安排执行。这使得开发者无须为了实现负载均衡而手工编写相关的代码，因为线程池会自动帮你把这个问题处理好。

有人可能认为，任务的数量最好能够与目标计算机的 CPU 核心数相等。这样做虽然没有太严重的错误，但是仔细想想，还是显得过于简单了，因为这种策略不太可能达到最优的效果。除了核心数量，你还得考虑到等待的时间以及各线程是否会争抢 CPU 以外的资源，而且系统中还运行着其他一些不受你控制的进程，这些因素都会影响应用程序的最佳线程数量。如果创建的线程太少，那么某些核心就会闲置，从而无法令应用程序的性能达到最优；如果创建的线程太多，又会导致系统花费许多时间去调度这些线程，从而挤占了真正用来执行任务的时间。

为了给大家提供一些决策建议，笔者写了下面这个小应用程序，用希罗算法⊖来计算平方根。由于每个算法都有其独特之处，因此，笔者通过这个例子给出的建议只是一种较为宽泛的说法。就本例而言，它所采用的核心算法较为简单，多个线程可以分别执行这样的算法来完成它们各自的任务，而不用与其他线程通信。

执行希罗算法时，首先要猜测原始数字的平方根。较为简单的办法是采用 1 作为首次的猜测值。然后，将原始数字除以当前猜测的值，并把相除所得的商与当前猜测的值加起来除以 2，以求出两者的平均值。接下来，将这个平均值当成下一轮的猜测值。比方说，如果原始数字是 10，那么我们先猜它的平方根是 1，然后，发现误差太大，于是要继续猜测，这次，我们猜它的平方根是（（10/1）+1）/2，也就是 5.5，如果误差还是太大，就把 5.5 代入早前的流程，继续猜测，直至得出正确答案，或是与正确答案相当接近为止。下面是希罗算法的核心代码：

```
public static class Hero
{
    public static double FindRoot(double number)
    {
        double previousError = double.MaxValue;
        double guess = 1;
        double error = Math.Abs(guess * guess - number);

        while ((error / previousError > 1.000001) || (previousError / error > 1.000001))
        {
            guess = (number / guess + guess) / 2.0;
            previousError = error;
            error = Math.Abs(guess * guess - number);
        }
        return guess;
    }
}
```

⊖ 希罗是指亚历山大港的希罗（Hero of Alexandria）。这个算法也叫作巴比伦法（Babylonian method）。——译者注

为了在线程池、手工创建的线程以及单线程这几个版本之间进行对比，下面给出一套测试代码用来反复调用该算法，以计算各种数值的平方根：

```
private static double OneThread()
{
    Stopwatch start = new Stopwatch();
    double answer;
    start.Start();
    for (int i = LowerBound; i < UpperBound; i++)
        answer = Hero.FindRoot(i);
    start.Stop();
    return start.ElapsedMilliseconds;
}

private static async Task<double> TaskLibrary(int numTasks)
{
    var itemsPerTask = (UpperBound - LowerBound) / numTasks + 1;
    double answer;
    List<Task> tasks = new List<Task>(numTasks);
    Stopwatch start = new Stopwatch();
    start.Start();
    for(int i = LowerBound; i < UpperBound; i+= itemsPerTask)
    {
        tasks.Add(Task.Run(() =>
        {
            for (int j = i; j < i + itemsPerTask; j++)
                answer = Hero.FindRoot(j);
        }));
    }
    await Task.WhenAll(tasks);
    start.Stop();
    return start.ElapsedMilliseconds;
}

private static double ThreadPoolThreads(int numThreads)
{
    Stopwatch start = new Stopwatch();
    using (AutoResetEvent e = new AutoResetEvent(false))
    {
        int workerThreads = numThreads;
        double answer;
        start.Start();
        for (int thread = 0; thread < numThreads; thread++)
            System.Threading.ThreadPool.QueueUserWorkItem(
                (x) =>
```

```
                        {
                            for (int i = LowerBound;
                                i < UpperBound; i++)
                                if (i % numThreads == thread)
                                    answer = Hero.FindRoot(i);
                            if (Interlocked.Decrement(
                                ref workerThreads) == 0)
                                e.Set();
                        });
            e.WaitOne();
            start.Stop();
            return start.ElapsedMilliseconds;
        }
    }

private static double ManualThreads(int numThreads)
{
    Stopwatch start = new Stopwatch();
    using (AutoResetEvent e = new AutoResetEvent(false))
    {
        int workerThreads = numThreads;
        double answer;
        start.Start();
        for (int thread = 0; thread < numThreads; thread++)
        {
            System.Threading.Thread t = new Thread(
                () =>
                {
                    for (int i = LowerBound;
                        i < UpperBound; i++)
                        if (i % numThreads == thread)
                            answer = Hero.FindRoot(i);
                    if (Interlocked.Decrement(
                        ref workerThreads) == 0)
                        e.Set();
                });
            t.Start();
        }
        e.WaitOne();
        start.Stop();
        return start.ElapsedMilliseconds;
    }
}
```

　　在编写 Main 函数的时候，可以调用单线程的版本以及两个多线程的版本，并调整线程数量，以观察这些用法各自耗费的时间。图 4-1 形象地展示了测试结果。

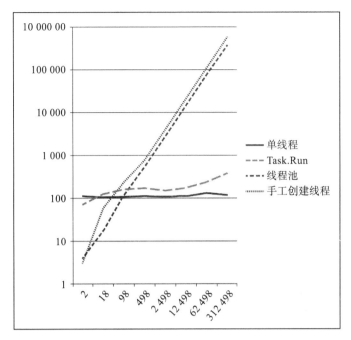

图 4-1　单线程版本与采用 System.Threading.Thread 及 System.Threading.ThreadPool. QueueUser-
　　　　WorkItem 实现的多线程版本在计算时间上的差异。纵轴以毫秒为单位，指出了在四
　　　　核的笔记本电脑中用这些版本分别执行 100 000 次计算所花的时间

从这个例子中可以看出几个问题。首先，与使用线程池中的线程或使用基于 Task 的实现机制相比，手工创建线程所引发的开销更大。如果创建的线程超过 10 个，那么这种开销会成为应用程序在性能上的主要瓶颈。

本例所用的算法相当简单，不需要花太长的时间去等待相关的数据，但即便在这种情况下，手工创建线程的效率依然很差。基于 Task 的版本其开销是固定的，在线程不太多的情况下，它的速度稍慢一些，但如果用户请求执行的任务比较多，那么 API 会自动采用数量合适的线程来执行这些任务，在这种情况下，它的效率比其他算法好。

如果采用线程池中的线程来计算，那么必须安排超过 40 项计算任务，才能使线程管理方面的开销不会过分挤占本来应该用于计算的那一部分时间。这个数字是对双核的笔记本电脑而言的。如果放在服务器级别的计算机上，那么由于它的核心数比较多，因此，为了提升效率，需要再多开一些线程才对。一般来说，应该把线程的数量设置得比处理器核心的数量多一些，然而这与应用程序本身以及其中的线程在等候相关资源时所花的时间有很大的关系。

使用线程池之所以要比手工创建线程更为高效，是由两个因素促成的。第一，线程池可以复用其中的空闲线程来执行你提交的工作，反之，如果手工创建线程，那么必须创建出一定数量的新线程，并把工作分别安排到这些线程上，而且创建与销毁线程所花的时间也大于 .NET 的线程池管理中的各个线程所花的时间。

第二，线程池会把活跃的线程数量控制在合理的范围内。如果你想使用的线程太多，那么系统会把这些使用请求排入队列，等到有足够的线程资源可供分配的时候再予以处理。此时，系统会把你通过 QueueUserWorkItem 方法提交的工作交给线程池中的空闲线程来做，并替你把这些线程资源给管理好。如果所有的线程都在忙碌，那么系统会等到有线程闲下来的时候再安排队列中的工作。

现在的处理器核心数量越来越多，于是，很有可能要编写多线程的应用程序。如果你的工作本来就是用 WCF、ASP.NET 或 .NET Remoting 在服务器端做 .NET 开发，那么你其实已经在编写多线程的应用程序了。这些 .NET 子系统正是采用线程池来管理线程资源的，因此，自己编写程序时也应该这样做才好。你慢慢就会发现，把线程资源交给线程池来管理会减少相关的开销，从而提升程序的性能。此外，.NET 的线程池机制还会把活跃线程的数量控制得恰到好处，这比你自己在应用程序这一级别来管理要好。

第 38 条：考虑使用 BackgroundWorker 在线程之间通信

第 37 条演示了怎样通过 ThreadPool.QueueUserWorkItem 方法启动多项后台任务。这个 API 用起来相当简单，因为它会让 .NET 框架与底层的操作系统（OS）帮你把线程管理方面的绝大部分问题给处理好。这样编写代码还能让你方便地复用许多功能。因此，如果要在应用程序中通过后台线程来执行任务，那么应该首先考虑 QueueUserWorkItem 方法。

QueueUserWorkItem 对你要执行的工作做出了一些预设，如果你设计的算法并不像它预设的那样来运作，那么就得多写一些代码了。在这种情况下，还是不应该直接创建 System.Threading.Thread，而是应该使用 System.ComponentModel.BackgroundWorker。这个类构建在 ThreadPool（线程池）机制之上，它添加了很多与线程之间的通信有关的特性。

在使用 QueueUserWorkItem 的时候，最重要的事情是注意 WaitCallback 参数所表示的方法会不会抛出异常。这个方法中的代码正是后台线程所要执行的任务。如果在执行该任务时抛出异常，那么应用程序就会终止。请注意，系统终止的不仅仅是发生异常的后台线程，而是整个应用程序。与后台线程有关的其他 API 方法也同样要注意这一点。然而 QueueUserWorkItem 方法与它们的区别在于，该方法没有内置错误汇报功能。

此外，QueueUserWorkItem 也没有内置相应的通信功能让后台线程可以与前台线程交流。因此，前台线程既无法判断任务是否完成，也无法得知它的执行进度，而且还不能暂停或取消该任务。在需要用到这些功能的情况下，应该考虑使用 BackgroundWorker，它是根据 QueueUserWorkItem 机制构建而成的。

BackgroundWorker 组件继承自 System.ComponentModel.Component 类，它可以给界面设计者提供相应的支持。就算你不打算设计图形界面，也依然可以使用 BackgroundWorker 来实现很多功能。例如笔者用到 BackgroundWorker 的地方基本上都不在某个 Form 类中。

要想使用 BackgroundWorker，最简单的办法是根据适当的 delegate 签名来编写方法，并将此方法关联到 BackgroundWorker 对象的 DoWork 事件上，然后调用该对象的 RunWorkerAsync() 方法：

```
BackgroundWorker backgroundWorkerExample =
    new BackgroundWorker();
backgroundWorkerExample.DoWork += (sender, doWorkEventArgs) =>
{
    // Body of work elided
};
backgroundWorkerExample.RunWorkerAsync();
```

按照上面这种写法来使用 BackgroundWorker，可以实现出与 ThreadPool.QueueUserWorkItem 相同的功能。前者在运行后台任务时，用的是 ThreadPool 类所提供的机制，而该类在实现这套机制的时候，其内部依然会使用 QueueUserWorkItem 方法。

BackgroundWorker 能够具备较为强大的功能，是因为它所依赖的框架本身已经考虑到了比较常见的那几种用法。BackgroundWorker 类会通过相应的事件在前台线程与后台线程之间通信。如果前台线程发出请求，那么 BackgroundWorker 会在后台线程上触发 DoWork 事件，该事件的处理程序可以从事件对象中读取相关的参数，并开始执行其任务。

当后台线程把任务执行完（或者说，当处理 DoWork 事件的处理程序退出）的时候，BackgroundWorker 会在前台线程上触发 RunWorkerCompleted 事件，如图 4-2 所示。此时，前台线程可以对已经执行完毕的这项任务做一些后续的处理。

开发者不仅可以对 BackgroundWorker 所触发的事件做出处理，还能够操纵相关的属性，以控制前台线程与后台线程之间的交互。例如，可以通过 WorkerSupportsCancellation 属性告诉 BackgroundWorker 后台线程知道怎样中断某项操作并正确地退出。也可以通过 WorkerReportsProgress 属性告诉 BackgroundWorker 后台线程能够定期把执行进度报告给前台线程，如图 4-3 所示。此外，BackgroundWorker 还会把前台线程发出的取消请求转发给后台线程，而后台线程则可以通过 CancellationPending 标志判断出自己是否需要停止执行该任务。

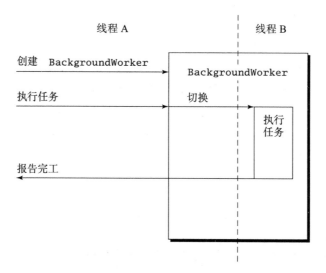

图 4-2 当任务执行完毕时，BackgroundWorker 类会通过 RunWorkerCompleted 事件通知前台线程中所定义的处理程序。开发者可以把自己所写的这种处理程序注册为该事件的监听器，等到 BackgroundWorker 执行完早前通过 DoWork delegate 安排的那项任务时，它会触发此事件，从而令处理程序中的代码有机会得到执行

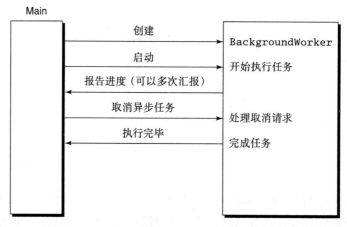

图 4-3 BackgroundWorker 类可以汇报多种情况，例如前台请求后台取消当前任务、后台向前台汇报任务执行进度、后台将任务顺利执行完毕或是在执行过程中发生错误等。该类定义了相关的协议及事件，用以实现这套通信机制。如果要汇报进度，那么后台线程应该通过该类所定义的 ReportProgress 方法来触发 ProgressChanged 事件，而前台线程也必须通过该类的 WorkerReportsProgress 属性指明这个 BackgroundWorker 能够触发此种事件，并注册相应的处理程序来应对该事件

BackgroundWorker 还有个好处是内置了一套协议，用以汇报后台线程所发生的错误。第 36 条说过，异常没有办法从一个线程抛出到另一个线程中。如果后台线程中发生的异常没有为该线程所捕获，那么系统会终止此线程。更严重的是，前台线程无法收到任何通知，因此，根本不知道后台线程其实已经停止执行了。BackgroundWorker 类能够缓解这些问题，因为它针对 RunWorkerCompletedEventArgs 事件对象增设了 Error 属性。也就是说，如果发生了异常，那么它会把这个异常放在该事件对象的 Error 属性中，使得处理此事件的程序能够知道后台线程在执行过程中发生了异常。在编写后台线程的代码时，可以把所有的异常都捕获下来（通常我们并不应该像这样过于宽泛地捕获异常，而是应该针对具体的异常进行捕获。此处是个例外），并将其以适当的形式抛出，这样的话，BackgroundWorker 会把你抛出的异常设置到 RunWorkerCompletedEventArgs 事件对象的 Error 属性中，使得前台线程在处理 RunWorkerCompleted 事件时，能够看到后台线程所抛出的这个异常。

笔者在前面说过，自己通常不是在 Form 类中使用 BackgroundWorker 的，而且有的时候，使用 BackgroundWorker 的这款应用程序根本就不是 Windows Forms 程序，而是 Web service 或其他服务。这种用法其实并没有错，但是要注意一些问题。如果 BackgroundWorker 运行在 Windows Forms 程序中，而且 Form 界面是可见的，那么系统会通过 marshalling control 及 Control.BeginInvoke（参见第 39 条）把 ProgressChanged 与 RunWorkerCompleted 事件放回到 GUI（图形化用户界面）所在的线程中加以处理。反之，则会拿线程池中的空闲线程来调用相应的 delegate，这有可能令事件的接收顺序与触发时的顺序有所不同。

最后要注意，由于 BackgroundWorker 是基于 QueueUserWorkItem 而构建的，因此，我们也可以复用它把多项任务安排到后台执行。为此，需要检查 BackgroundWorker 的 IsBusy 属性，以判断它当前是否在运行某项任务。如果这些后台任务需要并发地执行，那么可以创建多个 BackgroundWorker 对象，由于它们用的是同一个线程池，因此，其效果与通过 QueueUserWorkItem 方法来安排这些任务是相似的。在这种情况下，必须确保自己所写的事件处理程序能够通过 sender 参数判断出事件的来源，从而在后台线程与前台线程之间正确地进行通信。

对于创建后台任务时经常用到的几种写法，BackgroundWorker 类都是支持的，因此，可以直接通过该类在前台线程与后台线程之间通信，而不用大幅修改已经写好的实现代码，只需要根据需求添加相应的语句即可。有了 BackgroundWorker，你就不用自己去设计前台与后台线程之间的通信协议了。

第 39 条：学会在 XAML 环境下执行跨线程调用

Windows 控件所依循的模型是 COM（Component Object Model，组件对象模型）的 STA（single-thread apartment）模型，因为其底层组件所在的线程都位于 apartment 中。此外，许多组件通过消息泵来执行各种操作。这套模型要求系统必须把程序对每个控件发起的函数调用放回到创建该控件的线程上去执行。因此，Invoke、BeginInvoke 以及 EndInvoke 方法都会设法将相关的调用请求放到正确的线程上运行。STA 与消息泵的底层细节是类似的，此处笔者关注 Windows Forms API 本身，并且会在这两种写法有所区别的情况下把两个版本都展示出来。这套模型需要采用很多较为复杂的代码来实现，然而大家不用担心，在这一条中就要把它给讲清楚。

首先谈谈怎样编写一套通用的方法来简化与 Invoke 有关的编程工作。如果某个较为简短的方法只会在一种地方用到，那么可以很方便地将其包装成匿名的 delegate。但是对于 Control.Invoke 这样的方法来说，你无法将匿名的 delegate 直接当成参数传给它，因为该方法的参数类型是抽象的 System.Delegate 类型：

```
private void UpdateTime()
{
    Action action = () => textBlock1.Text =
        DateTime.Now.ToString();
    if (System.Threading.Thread.CurrentThread !=
        textBlock1.Dispatcher.Thread)
    {
        textBlock1.Dispatcher.Invoke
            (System.Windows.Threading.DispatcherPriority.Normal,
            action);
    }
    else
    {
        action();
    }
}
```

在 Windows Forms 程序中，可以使用 Control.Invoke 方法把相关的函数调用操作放回到正确的线程上执行：

```
private void OnTick(object sender, EventArgs e)
{
    Action action = () =>
        toolStripStatusLabel1.Text =
        DateTime.Now.ToLongTimeString();
    if (this.InvokeRequired)
```

```
        this.Invoke(action);
    else
        action();
}
```

这样写会让事件处理程序中的代码变得更加难懂，而且也更加难于维护。我们之所以专门定义这个名为 action 的 delegate，只不过是因为 Control.Invoke 方法仅能接受 System.Delegate 类型的参数。

为了简化这种写法，我们可以编写几个稍微通用一些的方法。下面这个名为 XAMLControlExtensions 的静态类就包含几个这样的方法，使得开发者可以很方便地执行不带参数或只带一个参数的 delegate。如果要调用的 delegate 带有两个或两个以上的参数，那么可以向其中添加相应的重载版本。而且，这些通用的方法还可以在内部自行判断出是应该直接调用 delegate，还是应该通过 dispatcher 将其放回到适当的线程上去调用：

```
public static class XAMLControlExtensions
{
    public static void InvokeIfNeeded(
        this System.Windows.Threading.DispatcherObject ctl,
        Action doit,
        System.Windows.Threading.DispatcherPriority priority)
    {
        if (System.Threading.Thread.CurrentThread !=
            ctl.Dispatcher.Thread)
        {
            ctl.Dispatcher.Invoke(priority,
                doit);
        }
        else
        {
            doit();
        }
    }
    public static void InvokeIfNeeded<T>(
        this System.Windows.Threading.DispatcherObject ctl,
        Action<T> doit,
        T args,
        System.Windows.Threading.DispatcherPriority priority)
    {
        if (System.Threading.Thread.CurrentThread !=
            ctl.Dispatcher.Thread)
        {
            ctl.Dispatcher.Invoke(priority,
                doit, args);
        }
```

```
        else
        {
            doit(args);
        }
    }
}
```

还可以给 Windows Forms 控件也创建一套类似的扩展方法：

```
public static class ControlExtensions
{
    public static void InvokeIfNeeded(
        this Control ctl, Action doit)
    {
        if (ctl.IsHandleCreated == false)
            doit();
        else if (ctl.InvokeRequired)
            ctl.Invoke(doit);
        else
            doit();
    }

    public static void InvokeIfNeeded<T>(this Control ctl,
        Action<T> doit, T args)
    {
        if (ctl.IsHandleCreated == false)
            throw new InvalidOperationException(
            "Window handle for ctl has not been created");
        else if (ctl.InvokeRequired)
            ctl.Invoke(doit, args);
        else
            doit(args);
    }
    // Versions built on 3 and 4 parameters elided
    public static void InvokeAsync(
        this Control ctl, Action doit)
    {
        ctl.BeginInvoke(doit);
    }
    public static void InvokeAsync<T>(this Control ctl,
        Action<T> doit, T args)
    {
        ctl.BeginInvoke(doit, args);
    }
}
```

如果应用程序有可能要在多线程环境中执行，那么 InvokeIfNeeded 这样的方法能够极大地简化事件处理工作：

```
private void OnTick(object sender, EventArgs e)
{
    this.InvokeAsync(() => toolStripStatusLabel1.Text =
        DateTime.Now.ToLongTimeString());
}
```

WPF 版本的 InvokeIfNeeded 不像 Windows Forms 版本那样可以查询 Control（控件）对象的 InvokeRequired 属性，从而了解自己是否需要通过 Invoke 方法来执行操作。因此，为了确认这一点，它需要判断出当前线程的身份，以确定该线程是不是用来处理控件交互行为的线程。DispatcherObject 类是许多 WPF 控件的基类通过该类的 Dispatcher 属性所表示的对象，我们可以把与 WPF 控件有关的操作派发到合适的线程上。另外要注意，WPF 允许开发者为事件处理程序所要执行的操作指定优先级。WPF 应用程序使用两条 UI 线程，其中一条负责 UI 渲染管道，使得 UI 能够及时地绘制动画效果或完成各项工作。开发者可以通过优先级参数告诉系统是应该优先渲染界面，还是应该优先处理后台事件。

上面这段范例代码有好几项优点。首先，它可以让开发者把处理事件所用的逻辑直接写在调用 InvokeIfNeeded 或 InvokeAsync 的地方，而不用专门通过变量来定义这个匿名的 delegate。这样写理解与维护起来都比较容易。反之，如果每次调用的时候都要用相应的变量来定义这个 delegate，并且要自己通过 Dispatcher 来提交它，那么程序中的重复代码就会比较多。第二，上面两个类中的通用方法可以自动根据控件的 InvokeRequired 属性来判断相关的操作是应该直接调用，还是应该通过 Invoke 方法来调用，或者能够自动根据当前线程的身份来判断相关的操作是应该直接在当前线程上调用，还是应该通过 Dispatcher 来调用。总之，有了这些方法之后，开发者就不用手工做判断了。笔者在编写单线程的应用程序时，并不会使用这些方法，但是如果发现自己要写的代码有可能会运行在多线程的环境中，那么可能会考虑通过它们把代码写得更加通用一些。

看到刚才那几段代码之后，你可能认为以后所有的事件处理程序都应该这样写。但是别急，先仔细看看 InvokeRequired 的原理。这个属性使用起来不是毫无开销的，笔者也不建议你盲目地采用这种写法来编程。当访问 InvokeRequired 时，它必须判断当前的代码是在创建该控件的线程上执行还是在另外一个线程上执行，若是后者，则意味着相关操作需要放回到创建控件的线程上去执行。在绝大多数情况下，这个属性只需要用相当简单的逻辑就可以实现出来，因为它仅仅需要把当前线程的 ID 与控件所在的线程所具备的 ID 相比较。如果 ID 相同，那么不需要调用 Invoke 方法，若不同，则必须调用此方法。这种比较不会耗费太长时间。

然而，这只是一般的情况，你还得考虑到特殊的情况才行。例如有这样一种情况：该控件的父控件虽然已经创建出来，但是此控件本身却处在实例化的过程中。此时，虽然与该控件有关的 C# 对象已经存在，但是它底层的 window handle（窗口句柄）却依然是 null，因此，系统没有办法通过这个 handle 来进行比较。不过，它还是会通过其他方式来帮助开发者，只是那种方式需要多花一些时间。也就是说，系统会沿着控件所在的树状体系向上查找，看看能否找到某个已经创建好的上级控件。如果能够找到这样一个已经创建出来的窗口，那么该窗口可以称为 marshalling 窗口，这意味着开发者想要提交的操作可以放回到这个窗口所在的线程中去执行。这样判断还是比较有道理的，因为下级控件本来就应该由上级控件负责创建，因此，系统找到的上级控件所在的线程正是稍后创建子控件所用的线程。找到了合适的上级控件之后，系统会执行与早前相似的逻辑，以判断当前线程的 ID 与控件所在的线程是否相同。

如果系统找不到这样一个已经创建好的上级窗口，那么它会寻找另外一种窗口。就是说，如果它在找遍了整个体系之后依然找不到合适的窗口，那么它会转而寻找 parking window（暂存窗口）。这是一种特殊的窗口，用来掩饰 Win32 API 的某些奇怪行为。简单来说，当窗口要发生某些改变时，系统可能得销毁并重新创建 Win32 窗口。（比方说，要想修改窗口的风格，就必须销毁并重建窗口。）如果系统必须销毁并重建父窗口，那么它会把该窗口的子窗口暂时停放在 parking window 上。在这段时间内，只能通过这个 parking window 来寻找相关的 UI 线程。

WPF 借助 Dispatcher 类在某种程度上简化了上述过程。每个线程都有 dispatcher，当首次请求访问某个控件的 dispatcher 时，程序库会判断该线程是不是已经有 dispatcher 了。如果有，就把它返回，若没有，则新建 Dispatcher 对象，并将其与该控件及该线程相关联。

尽管系统已经考虑得很周全了，但还是有一些覆盖不到或有可能出错的地方。例如程序目前可能连一个窗口都还没有创建出来，甚至连 parking window 也没有。在这种情况下，InvokeRequired 总是返回 false，这可能让你误以为自己不需要把相关的操作放回到另一个线程中去执行。这相当危险，而且可能会导致程序出现错误，但这确实是系统所能给出的最佳答案。在这种情况下，如果要调用的方法会用到相关窗口的 handle，那么这次调用肯定失败，因为连窗口都没有，自然也就没有相应的 handle 可供使用。此外，marshalling 当然也是无法进行的，因为没有这样一个合适的控件可以接受用户提交的操作，这使得系统能够将该操作安排在这个 UI 线程上去执行。此时系统返回 false，实际上是为了尽快向调用方返回结果，只不过要根据这个结果来执行稍后的任务，那可能无法实现出正确的效果。所幸这种情况在实际工作中特别少见。WPF 的 Dispatcher 中有一些代码可以防止程序出现这样的情况。

现在我们把 InvokeRequired 总结一遍。如果是在控件已经创建出来之后才访问它，那么执行起来应该相当迅速，而且不会出现错误。反之，若控件还未创建好，则有可能会多花一些时间。如果整个程序中连一个控件都没创建出来，那么 InvokeRequired 不仅要花费较长的时间，而且可能会给出错误的返回值。当然，我们不能因为这个原因就绕过 Control.InvokeRequired 而直接去调用 Control.Invoke，因为那样做可能会在毫无必要的情况下执行 Control.Invoke 方法。因此，我们还是应该先判断 Control.InvokeRequired，然后再决定是否调用 Control.Invoke。WPF 其实已经对某些特殊情况做了优化，而且做得比 Windows Forms 所提供的实现方式要好。

现在来正式研究 Control.Invoke 方法（这个方法要执行的逻辑很多，笔者在这里只能相当简要地谈一谈）。首先，考虑一种特殊情况：调用 Invoke 的线程就是控件所在的线程。这种情况下，系统会直接调用你传给 Invoke 方法的 delegate。换句话说，如果已经知道 InvokeRequired 返回的是 false，但还是要用 Invoke 来执行这个 delegate，那么花的时间会长一些，然而这样做并不会出错。

更应该关注的其实是另外一种情况，也就是在 InvokeRequired 返回 true 的情况下调用 Invoke 方法。在这种情况下，确实得通过该方法来执行 delegate，而不能直接在当前线程上执行。为了正确处理这种跨线程的调用操作，Invoke 方法会向目标控件的消息队列中投递一条消息。为此，它会创建一套专用的结构，把调用 delegate 所需的全部内容都装进去，包括所有的参数、指向调用栈的引用以及目标 delegate 本身。为了防止参数在调用目标 delegate 之前遭到修改，它必须把这些参数复制一份才行（请记住，这是在多线程环境下讨论的，在这种环境下，确实有可能出现这样的问题）。

把这套结构创建好并将其添加到队列之后，系统会向目标控件投递消息。Control.Invoke 方法会反复查询处理结果，如果当前还没有处理好，那就休眠一段时间，然后继续查询，直至 UI 线程处理该消息并调用相应的 delegate 为止。于是，这就引出了一个问题，也就是这些 delegate 究竟会在什么时候得到执行。当目标控件开始处理 Invoke 消息时，它并非只处理这一个 delegate，而是会对早前通过 Invoke 提交到队列中的所有 delegate 全都进行处理。如果调用的都是同步版本的 Invoke 方法，那么不会看到奇怪的结果，但如果有时调用的是同步版本的 Control.Invoke 方法，有时调用的是异步版本的 Control.BeginInvoke 方法，那么就有可能在处理顺序上出现问题。这一条快结束的时候，笔者还会谈到这个问题，但是现在，你只需要知道一旦控件开始通过 WndProc 流程来处理队列中的某一条 Invoke 消息，那么该队列中所有的 Invoke 消息都会得到处理。在 WPF 程序中，你的控制权稍微大一些，因为你可以指定异步操作的优先级，也就是说，可以建议 dispatcher 应该如何安排该消息在队列中的地位。有三种方式可供考虑：第一，根据系统或应用程序当前的状况来安排；第二，按照通常的做法来安排；第三，将其视为紧急的消息来安排。

　　当然，这些 delegate 在执行过程中有可能抛出异常，而且这种异常无法跨越线程边界。为此，控件在调用 delegate 时，需要将其包裹在 try/catch 块中，并把所有的异常都捕获下来。如果确实发生了异常，那么将其复制到某种结构中，让工作线程能够在 UI 线程完工之后看到这些异常。

　　UI 线程处理完毕后，Control.Invoke 方法会判断该线程在运行 delegate 时是否发生了异常，如果发生了，就把该异常重新抛给后台线程，若没有发生，则按正常流程继续往下运行。由此可见，为了把开发者提交的 delegate 操作放在合适的线程上正确地加以执行，系统必须把很多事情给处理好。

　　Control.Invoke 会阻塞调用该方法的这个后台线程，直到它安排给另一个线程的任务处理完毕为止。于是，这就给人一种印象：尽管提交 delegate 的线程与执行 delegate 的线程是两个不同的线程，但从效果上看，这些步骤似乎是由同一个线程依照先后顺序来完成的。

　　有的时候，Invoke 方法的运作方式与你想要实现的效果并不相符。例如应用程序中出现了一项与进度有关的事件，但由于该事件是由工作线程触发的，因此，你并不想让该线程卡在这里等候 UI 线程同步做出更新，而是想让它继续往下运行。在这种情况下，应该改用 BeginInvoke。这个方法所做的事情与 Control.Invoke 基本相同，但它只把消息投递给目标控件，然后立刻返回，而不会等待那个控件将开发者提交的 delegate 彻底执行完毕。因此，当前线程在调用完这个方法之后，可以继续往下走，而不用卡在那里等候 delegate 的执行结果，目标控件会在稍后执行这个 delegate。你可以给 ControlExtensions 类中添加一套异步版本的通用方法，让开发者能够更加轻松地执行跨线程的异步 UI 调用，然而，它并不会像早前那套同步版本那样自动为开发者执行许多判断工作。虽说如此，但为了与同步版本相互照应，还是把它们写进来比较好⊖：

```
public static void QueueInvoke(this Control ctl, Action doit)
{
    ctl.BeginInvoke(doit);
}

public static void QueueInvoke<T>(this Control ctl,
    Action<T> doit, T args)
{
    ctl.BeginInvoke(doit, args);
}
```

　　QueueInvoke 方法并没有像同步版本的 InvokeIfNeeded 那样先判断 InvokeRequired 是

　　⊖　作者在早前的范例代码中，已经以 InvokeAsync 为名实现了一套异步版本的通用方法。——译者注

否为 true，因为不管该属性的值是什么，它都想以异步的方式来执行操作，即便当前线程就是控件所在的 UI 线程，它也依然打算这么做。BeginInvoke() 方法会把这项操作安排好，也就是说，它会把相关的消息投递给控件，并将控制权返回给调用方。目标控件会在下次检查消息队列的时候处理这条消息。如果你是在 UI 线程上调用 BeginInvoke() 方法的，那么它其实并不会真正按照异步的方式执行，只不过把这项操作安排到稍后的某个时间点去执行而已，因此在这种情况下，该操作还是以同步的方式得到处理。

上面讨论的这些内容并没有提到 BeginInvoke 方法的返回值，也就是 IAsyncResult 类型的结果，因为在现实工作中，用来更新 UI 的操作很少需要返回某个值。由于不带返回值，因此开发者在以异步方式执行这些操作时所需编写的代码能够简单一些。你只需通过 BeginInvoke 方法将 delegate 提交过去即可，系统会替你把这个 delegate 安排到稍后去执行。只是在编写 delegate 方法时，要谨慎地处理好各种异常状况，因为系统在把 delegate 从一个线程推到另一个线程的过程中（或者说，系统在做跨线程 marshalling 的过程中），会把这些异常给吞掉。

在结束这一条之前，我们还有一个问题没有谈到，这个问题涉及控件的 WndProc 流程。前面说过，一旦 WndProc 收到了某条 Invoke 消息，它就会开始处理队列中的所有 Invoke 消息。因此，如果你混用了 Invoke 与 BeginInvoke，同时又想让这些事件按照特定的顺序得到处理，那么可能会面临一些困难。反之，若你调用的全都是 BeginInvoke，或全都是 Invoke，则无须担心此问题。在混用这两者的情况下，调用 BeginInvoke 方法只不过是把 delegate 放入了队列中，而没有要求它立刻得以执行，等稍后有人调用 Invoke 时，系统才会处理队列中的所有消息，这当然也包括你早前通过 BeginInvoke 投递的那一条。你只能知道该方法投递的 delegate 会于"稍后"得到执行，而无法肯定这个稍后具体是什么时间。反之，通过 Invoke 方法提交的 delegate 则会"当场"执行，而且这还意味着，系统会把队列中尚待处理的那些异步 delegate 也一并予以执行。于是这就产生一个问题：早前通过 BeginInvoke 提交的某个 delegate 可能会修改程序的状态，而系统又把那个 delegate 安排到你接下来通过 Invoke 提交的那个 delegate 之后。这样的话，在编写前者的代码时就必须特别小心，因为你不能单纯地认为程序在执行这个 delegate 时所处的状态必定与早前通过 Control.InvokeAsync 提交这个 delegate 时所处的状态相同，而是必须重新检查其状态。

下面举个简单的例子来说明这一点。这个例子本来打算先把控件的文本设置成当前的时间，然后在它后面添上 And set more stuff 这样几个词，但由于执行顺序方面的问题，导致第二条语句会先于第一条语句得到执行，于是，程序会先在控件的文本后面添上 And set more stuff，然后直接将所有的文字都换掉，改成当前的时间，这样的话，你添加的那段文字就不见了。

```
private void OnTick(object sender, EventArgs e)
{
    this.InvokeAsync(() => toolStripStatusLabel1.Text =
        DateTime.Now.ToLongTimeString());
    toolStripStatusLabel1.Text += "  And set more stuff";
}
```

在本例中，第一条语句会把 delegate 消息安排到队列中，等到控件收到下一条消息（也就是第二条语句所触发的那条消息）时，再予以处理。然而控件在收到第二条语句所发来的消息时，会先处理这条消息，而把它早前通过 InvokeAsync 收到的异步消息排在后面处理，于是，追加到 Text 末尾的那段文字就会遭到覆盖。

Invoke 与 InvokeRequired 会替开发者执行很多工作，而且这些工作都是非做不可的，因为 Windows Forms 的控件构建在单线程的 apartment 模型（也就是 STA 模型）之上，而这一点也影响到后来的 WPF 库。尽管有一些 .NET Framework 代码是新写的，但这些代码在底层仍然要依赖某种 Win32 API 与窗口消息机制。这些代码可能需要传递相关的消息，并把某些 delegate 放回到正确的线程上去执行，因此，如果操作不慎，就有可能出现意外的效果。为此，需要理解这些方法的运作原理，并编写适当的代码，以顺应其行为。

第 40 条：首先考虑用 lock() 实现同步

线程之间需要相互通信，因此，必须用某种较为安全的方式让应用程序中的各个线程能够正确地发送并接收数据。如果只是让这些线程直接去共用同一份数据，那么有可能使这份数据遭到破坏，从而令这些线程无法观察到相互一致的结果。为了避免这些错误，需要确保如果某份数据在各个线程之间共享，那么它们所观察到的状态应该相互一致才对。为此，我们可以使用同步原语⊖来保护这些共享数据，以确保当前线程在执行完某一组较为关键的操作之前，不会为其他线程所干扰。

.NET BCL（Base Class Library，基础类库）中有很多同步原语，可以确保资源在为多线程所共用时能够正确地得到同步。然而其中有一组操作在 C# 语言中有着特殊的地位，这就是 Monitor.Enter() 及 Monitor.Exit() 方法，因为它们能够实现出临界区（critical section，也称为临界区块、临界区段）。由于这是一种相当常见的同步技巧，因此，C# 语言的设计者直接提供了与之相应的 lock(...) 语句，而大家在编写与线程同步有关的代码时，也应该像这样主要通过 lock 语句来实现。

⊖　synchronization primitive，也称为同步基元、同步处理原始物件。——译者注

为什么应该多用 lock 语句呢？原因很简单，因为这样写实际上是让编译器替你去生成相关的代码，而编译器在执行这种任务时，不会像人那样经常出错。C# 语言的 lock 关键字正是用来在多线程的程序中控制同步操作的。它所生成的代码与你自己用 Monitor.Enter() 及 Monitor.Exit() 手工编写出来的代码完全相同，而且，它用起来更加简单，还会自动帮你把正确应对相关异常所需的代码给编写好。

但是，有两种情况依然要用 Monitor 类中的 Enter 及 Exit 方法来实现，而不能采用 lock 语句。第一种情况是在某一个词法作用域内加锁，而在另外一个词法作用域内解锁。由于 lock 语句只能针对单个的词法作用域，因此不便实现出这种功能。比方说，如果要在某个方法中把对象锁定，又要在该方法内的 lambda 表达式中给对象解锁，那么就不便使用 lock 语句来实现（对于这种写法所带来的问题参见第 42 条）。第二种情况是需要实现超时机制，本条目稍后会讨论这个问题。

只要变量的类型是引用类型，就可以用 lock 语句来锁定：

```
public int TotalValue
{
    get
    {
        lock (syncHandle) { return total; }
    }
}

public void IncrementTotal()
{
    lock (syncHandle) { total++; }
}
```

lock 语句可以获取到对象的互斥锁，使得其他线程无法在本线程释放这把锁之前获取到同一把锁。C# 系统会利用 Monitor.Enter() 及 Monitor.Exit() 方法为刚才那个例子中的 lock 语句产生出下面这样的代码：

```
public void IncrementTotal()
{
    object tmpObject = syncHandle;
    System.Threading.Monitor.Enter(tmpObject);
    try
    {
        total++;
    }
    finally
    {
```

```
        System.Threading.Monitor.Exit(tmpObject);
    }
}
```

lock 语句能够执行多项检查，以帮助你避开相关的错误。比方说，它会帮你核实当前要加锁的对象是引用类型而不是值类型。反之，Monitor.Enter 方法则不会自动确保这一点。因此，像下面这样采用 lock 语句给值类型的对象加锁是通不过编译的：

```
public void IncrementTotal()
{
    lock (total) // Compiler error: can't lock value type
    {
        total++;
    }
}
```

然而直接采用 Monitor.Enter 方法来加锁却可以通过编译：

```
public void IncrementTotal()
{
    // Really doesn't lock total, but rather
    // locks a box containing total
    Monitor.Enter(total);
    try
    {
        total++;
    }
    finally
    {
        // Might throw exception
        // Unlocks a different box containing total
        Monitor.Exit(total);
    }
}
```

这样写之所以能够编译，是因为 Enter 方法可以接受 System.Object 类型的参数，因此，系统会通过装箱机制把 total 变量转换成这样的 object。但是，Enter 方法锁定的并非 total 本身，而是该变量所处的箱子对象，于是，这就导致了第一个 bug。假设某个线程进入了 IncrementTotal() 方法，并给装有 total 变量的箱子对象加了锁，但是当它正在递增 total 变量时，另一个线程也进入了 IncrementTotal() 方法，那么后者同样能够加锁，因为那个线程把锁加在了另外一个对象上，也就是加在了另外一个装有 total 变量的箱子对象上。于是，这两个线程分别对两个不同的箱子对象加了锁，由此可见，这样写既费事，又无法保证同步。

此外，这样写还会导致另一个 bug：无论哪个线程想要对 total 解锁，当调用 Monitor.Exit() 时，都会导致 SynchronizationLockException 异常。之所以会产生这样的异常，是因为 Exit 方法需要 System.Object 类型的参数，于是系统会对 total 装箱，并把装箱后的对象传给该方法。这样的话，Exit 方法会对一个根本没有加锁的对象进行解锁（早前的 Enter 方法是把锁加在了另一个箱子对象上，而不是加在了 Exit 方法所收到的这个箱子对象上），于是，该方法解锁失败，并抛出异常。

有些人可能想改用一种比较聪明的写法来实现：

```
public void IncrementTotal()
{
    // Doesn't work either:
    object lockHandle = total;
    Monitor.Enter(lockHandle);
    try
    {
        total++;
    }
    finally
    {
        Monitor.Exit(lockHandle);
    }
}
```

这样写虽然不会抛出异常，但是依然无法正确同步。因为每次调用 IncrementTotal() 时，都会对 total 变量进行装箱，从而创造出新的箱子对象，于是，每个线程都能立刻获取到锁，因为它是把锁加在了每次创建出来的新对象上，而不是加在了我们本来打算保护的共享资源上。由此可见，这种写法不能保证各个线程都可以观察到同样的 total 值。

与手工调用 Enter 及 Exit 相比，lock 语句还可以避免一些很难察觉的错误。由于 Enter() 与 Exit() 是两个不同的方法，因此，开发者很有可能在无意间给它们传入不同的对象，从而导致程序出现 SynchronizationLockException 异常。如果在某种类型中要加锁的对象不止一个，那么开发者有可能把它们弄混，从而在离开临界区的时候把错误的对象传给 Exit 方法。

lock 语句能够自动生成相关的代码以应对异常，假如由开发者自己写，那么他可能会忘记把这些代码给添上。此外，由于 lock 语句只需对目标对象求一次值，因此，其效率要高于 Monitor.Enter() 与 Monitor.Exit() 的组合。基于刚才所讲的这些理由，在默认情况下，确实应该用 lock 语句来处理 C# 程序中需要同步的数据。

不过，lock 语句用起来也有一定的限制，因为它所生成的 MSIL 码与 Monitor.Enter() 的相同，这意味着它也会像 Enter 那样一直停在这里，直到把目标对象加了锁才会继续往下运行，于是，就有可能出现死锁问题。在大型的企业系统中访问关键资源时，需要特别小心。为此，可以考虑改用 Monitor.TryEnter() 来实现，因为这个方法只会在指定的时间段内尝试加锁，而不会一直卡在那里，使得程序在无法获取到关键资源的情况下能够继续执行后续的代码，而不至于陷入死锁。

```csharp
public void IncrementTotal()
{
    if (!Monitor.TryEnter(syncHandle, 1000)) // Wait 1 second
        throw new PreciousResourceException
            ("Could not enter critical section");
    try
    {
        total++;
    }
    finally
    {
        Monitor.Exit(syncHandle);
    }
}
```

现在，我们可以把这种写法包装到小巧的泛型类中，以方便复用：

```csharp
public sealed class LockHolder<T> : IDisposable
    where T : class
{
    private T handle;
    private bool holdsLock;

    public LockHolder(T handle, int milliSecondTimeout)
    {
        this.handle = handle;
        holdsLock = System.Threading.Monitor.TryEnter(
            handle, milliSecondTimeout);
    }

    public bool LockSuccessful
    {
        get { return holdsLock; }
    }
```

```
    public void Dispose()
    {
        if (holdsLock)
            System.Threading.Monitor.Exit(handle);
        // Don't unlock twice
        holdsLock = false;
    }
}
```

然后，可以像下面这样通过 LockHolder 对象实现加锁：

```
object lockHandle = new object();

using (LockHolder<object> lockObj = new LockHolder<object>
    (lockHandle, 1000))
{
    if (lockObj.LockSuccessful)
    {
        // Work elided
    }
}
// Dispose called here
```

C# 语言通过 lock 语句为 Monitor.Enter() 及 Monitor.Exit() 操作提供了默认的支持，因为这两种操作在涉及同步的代码中用得相当频繁。编译器会针对 lock 语句自动执行一些检测，以帮助你写出正确的代码。根据 C# 语言规范，只有 lock 这一种原语能够保证相关的效果可以按顺序表现出来。因此，在编写多线程的 C# 应用程序时，应该首先考虑通过 lock 实现同步。

然而，这并不意味着所有涉及数据同步的代码都只能用 lock 语句来写。实际上，如果要对数值类的变量做同步，或是要以同步的方式替换某个引用，那么可以考虑通过 System.Threading.Interlocked 类来实现，因为该类提供了与此有关的同步操作，使得开发者只需简单地调用某个方法，就可以实现出相应的效果。这些方法都能够保证在本线程执行完该操作之前，其他线程无法访问到需要受到保护的共享数据。此外，它们还能把共用数据时有可能发生的一些同步问题给处理好。

下面考虑这样一个方法：

```
public void IncrementTotal() =>
    total++;
```

如果真的采用这种写法实现递增，那么在多线程的环境下，有可能因为各线程交错执行而导致 total 数据发生错乱。变量的递增操作并不是只用一条机器指令就能实现出来的，而是需要分成三步，也就是先把变量的值从内存拷贝到寄存器，然后对寄存器做递增，接下来再把递增后的寄存器值拷贝回内存中的相应位置。如果某个线程在执行这一系列操作的过程中受到另一个线程干扰，那么变量的取值就有可能遭到破坏（例如前者还没有把递增过的寄存器值存回变量，后者就读取了这个变量）。

现在我们模拟两个线程交错执行 IncrementTotal() 的情况。假设 total 变量的值是 5。如果线程 A 刚把该值读入寄存器，系统就突然将控制权交给线程 B，那么线程 B 所读到的 total 值也一样是 5，于是，该线程对它做递增，然后把递增过的值（也就是 6）写入 total 变量。此时，如果系统又把控制权返还给线程 A，那么 A 会对早前读入寄存器中的值（也就是 5）做递增，并把递增后的值（也就是 6）存入 total 变量。当两个线程各自将 IncrementTotal() 方法执行一遍之后，按道理说，total 变量的值应该是 7 才对，但实际上它的值却是 6，这是因为两个线程都是以 5 为基准来做递增的，而不是先从 5 递增到 6，再从 6 递增到 7。如果某个线程在执行某一组比较关键的操作时为另一个线程所干扰，那么就会出现这种难以排查的错误。

这项操作可以通过 lock() 进行同步，但其实还有更简单的办法，因为 Interlocked 类本身提供了一个方法，能够轻松地解决该问题。这个方法是 InterlockedIncrement。可以用它改写刚才的 IncrementTotal，这样的话，两个线程对 total 变量所做的递增操作就全都可以生效了：

```
public void IncrementTotal() =>
    System.Threading.Interlocked.Increment(ref total);
```

Interlocked 类中还包含了其他一些方法，用以应对内置的数据类型。例如，Interlocked.Decrement() 可以对值做递减，Interlocked.Exchange() 可以把变量当前的值返回给调用方，同时用新的值来替换当前的值。如果要将变量切换到新的状态，那么可以使用这个方法，它会把切换之前的状态返回给你。比方说，可以用某个变量来记录最后访问某一份资源的用户所具备的 ID。如果有另外一位用户访问了该资源，那么可以用 Exchange 方法将他的 ID 赋给该变量，同时把上一位访问该资源的用户所具备的 ID 给取出来。

最后还有一个 CompareExchange() 方法用来读取某个共享数据的值，并将其与另一个值对比。如果相等，就用指定的值来更新前者，否则，保持前者不变。无论是哪种情况，它都会把保存在前者中的数值返回给调用方。第 41 条会演示怎样用该方法在类中创建私有的对象，以实现锁定功能。

C# 中并不是只有 Interlocked 类与 lock() 这两种同步原语。例如 Monitor 类就提供了 Pulse 与 Wait 方法，可以实现出消费者 / 生产者形式的设计方案。又例如，还有一个名为

ReaderWriterLockSlim 的类，可以用在多个线程都要读取某个值但只有少数几个线程会修改该值的场合中。这个类对旧版的 ReaderWriterLock 做了许多改进，因此在编写新的代码时，应该用它来取代旧版的 ReaderWriterLock。

大多数常见的同步问题都可以先考虑用 Interlocked 类中的相关方法去解决。如果该类中提供的方法均无法满足要求，那么接下来应该首先考虑编写 lock() 语句。只有当你遇到了这两者都解决不了的特殊问题时，才应该去寻求其他的方案。

第 41 条：尽量缩减锁定范围

编写并发程序时，应该把同步原语尽量局限在你所能控制的范围内。这些原语出现得越多，就越有可能导致死锁、忘记加锁或其他一些与并发有关的问题。也就是说，并发程序的调试难度与同步原语的数量是相关的：同步原语出现的地方越多，并发程序中的 bug 就越难排查。

在面向对象的编程语言中，成员变量的访问级别可以设为私有，这样的话，能够修改其状态的地方就会变得很少。虽然这并不能完全阻止该变量发生变化，但是当程序出现问题时，你所要排查的范围会变得比较小。编写并发代码时，我们应该遵循类似的思路，将需要予以同步的范围尽量划定得小一些。

从这个角度来看，常见的两种锁定技术其实都很糟糕，因为无论是通过 lock(this) 对当前的对象加锁，还是通过 lock(typeof(MyType)) 对当前的 MyType 类型加锁，都是把锁加在了可以公开访问到的实例上。

比方说，你设计出了下面这个类：

```
public class LockingExample
{
    public void MyMethod()
    {
        lock (this)
        {
            // Elided
        }
    }
    // Elided
}
```

假设有个名为 Alexander 的人使用你所写的这个 LockingExample 类来编程，那么他可能会写出这样的代码：

```
LockingExample x = new LockingExample();
lock (x)
    x.MyMethod();
```

像这样来设计 LockingExample 类很容易导致死锁。客户代码首先为 LockingExample 对象加锁，然后调用该对象的 MyMethod() 方法，而那个方法也要给当前的对象加锁。就目前来看，这样并没有问题，但如果有一天，程序中还有某个线程率先锁定了 x 对象，那么客户代码所在的线程就有可能一直卡在这里，无法继续往下执行。对于这种问题，并没有太好的办法能够确定这把锁究竟是在什么地方为另一个线程所获取的。因为只要线程能够访问到该对象，它就可以在任何一个地方给该对象加锁。

为了解决这个问题，需要修改该类的锁定策略。可供考虑的修改方式有 3 种。

如果要保护的是整个 MyMethod 方法，那么可以采用第一种办法，也就是通过 Method-ImplAttribute 指出本方法是个同步方法：

```
[MethodImpl(MethodImplOptions.Synchronized)]
public void IncrementTotal()
{
    total++;
}
```

当然，这个用法不是特别常见。

第二种办法是要求其他开发者只能把锁加在当前的类型或当前的对象上。换句话说，要建议每个人都只应该采取 lock(this) 与 lock(MyType) 这两种写法来加锁。这种办法只有在所有人都遵循此建议的情况下才能见效，也就是要求每一个人都不能把锁加在当前对象或当前类型之外的东西上。这恐怕行不通，因为你无法确保他们总是按照你建议的方式来加锁。

第三种办法是创建 handle [⊖]，并用它来保护对象中的共享资源，这种办法比前两种都好。此处的 handle 是个私有级别的成员变量，因此，本类型之外的其他代码是无法访问它的。这个用来确保数据得以同步的 handle 对象是本类所私有的，不会为外界代码随意修改，因此，这种写法可以保证给该 handle 加锁的代码只会出现在几个特定的地方。

在实现该方案时，可以考虑用 System.Object 类型的变量来充当这个同步的 handle。如果某段代码要修改类中的成员，而你又要求这段代码在执行过程中不能受到其他线程干扰，那么可以先对 handle 加锁，然后再进行修改。问题在于，创建 handle 时，你必须多加小心，以防在这个过程中有其他线程闯入，从而创建出多个 handle。为此，可以通过 Interlocked 类的

⊖　俗称句柄，在这里也可以理解成加锁用的一种标识符。——译者注

CompareExchange 方法来判断变量的值，并在必要的时候将其替换成新值，这样就可以保证本类的对象中只会有一个 handle 创建出来。

下面先看最简单的写法：

```
private object syncHandle = new object();

public void IncrementTotal()
{
    lock (syncHandle)
    {
        // Code elided
    }
}
```

有时候，你可能很少使用这把锁，因此只在确实要用它时才将其创建出来。为此，可以考虑用稍微高级一些的办法来创建这个 handle：

```
private object syncHandle;

private object GetSyncHandle()
{
    System.Threading.Interlocked.CompareExchange(
        ref syncHandle, new object(), null);
    return syncHandle;
}

public void AnotherMethod()
{
    lock (GetSyncHandle())
    {
        // Elided
    }
}
```

syncHandle 可以用来锁定本类对象中的共享资源，而私有级别的 GetSyncHandle() 方法返回的正是这个 syncHandle，无论哪个线程调用它，该方法返回的都是同一个 handle。GetSyncHandle() 方法调用的 CompareExchange 在执行过程中不会为其他线程所干扰，因此，能够保证 syncHandle 只会创建一次。CompareExchange 会把 syncHandle 与 null 相比较，如果 syncHandle 是 null，那么创建新的对象，并将其赋给 syncHandle。

刚才讨论的内容都是对实例方法加锁，那么，如果是静态方法又该怎么办呢？其实依然可以套用相同的技巧，只不过你要创建的 handle 也是静态的，这个静态的 handle 会为该类的所有实例共用。

　　另外要说的是，除了可以对方法本身加锁，还可以只给其中的一小部分代码加锁。方法内的任何一段代码都可以包裹在同步块中，而且不只是一般的方法，就连属性访问器与索引器内的代码也是如此。然而，无论你要对哪一个范围内的代码进行同步，都应该把加锁的范围尽量定得小一些：

```csharp
public void YetAnotherMethod()
{
    DoStuffThatIsNotSynchronized();
    int val = RetrieveValue();
    lock (GetSyncHandle())
    {
        // Elided
    }
    DoSomeFinalStuff();
}
```

　　如果要在 lambda 表达式中创建或使用 lock，那么必须多加小心，因为 C# 会针对这样的表达式创建闭包（closure）。问题在于，C# 3.0 引入了延迟执行模型，这令开发者很难判断在闭包中加了锁的对象究竟会于何时解锁。因此，这种写法更容易导致死锁，因为开发者可能误以为某个对象还没有加锁，从而想对这个实际上已经被其他线程占据的对象进行锁定。

　　还有几条建议也可以帮助你更为高效地编写与锁定有关的代码。如果某个类要针对不同的数值创建不同的 handle，那么很有可能意味着应该将该类拆解成许多比较小的类，因为这实际上表明该类的职责太过庞杂了。因此，如果类中的某些变量需要用其中一个 handle 来保护，而另一些变量需要用另外一个 handle 来保护，那么说明你确实应该把这个类按照职责拆分成好几个小类。职责较为专一的类型同步起来更加容易，在这样的类型中，需要由多个线程来共享的数据都会通过同一个 handle 进行锁定，使得同一时刻只有一个线程能够访问或更新这些数据。

　　lock 语句所针对的 handle 应该是个私有级别的字段，其他调用者是看不到该字段的。不应该让 lock 语句把锁加在外界可见的对象上。除非所有的开发者都遵循同一套方式来编程，否则，那种做法很容易导致死锁。

第 42 条：不要在加了锁的区域内调用未知的方法

　　在编写多线程的代码时，较为常见的一种错误是没有给应该受到保护的内容加锁，然而为了解决该问题，有的人又从一个极端走到了另一个极端，即给不需要加锁的对象上了锁，从而导致程序陷入死锁。例如，当前线程需要等待另一个线程完成其任务之后才能往下运行，而对方同时也在等待本线程完成任务，这样的话，两个线程就会因为同时等待对方完工而陷入死锁。.NET 框架中还有一种特殊的情况要注意。在某些场合，系统需要把相关的操作放回到正确的线程中执行，同时又要让当前线程等待该操作的执行结果，直到这项操作执行完毕，当前线程才能继续往下运行（参见第 39 条）。这实际上相当于让当前线程与另外那个线程在这段时间内必须按照先后顺序来执行。因此，如果当前线程本身已经给资源加了锁，而系统在把某项操作放回到另外一个线程中执行时，那个线程也需要对该资源加锁，那么后者就会一直卡在需要加锁的地方无法继续，与此同时，当前线程也因为要等待另一个线程执行完毕而卡在这里无法往下走。于是，程序就陷入了死锁。

有个很简单的办法能够解决这样的问题，这种办法已经在第 40 条中讲过了，就是用私有级别的数据成员来充当 handle，使得本类的开发者能够对这个 handle 进行锁定，同时又防止外界的代码过于随意地获取到这把锁，这样的话，需要加锁的范围就能变得尽量小一些，从而降低死锁的概率。但是除此之外，还有一些问题也会导致死锁。比方说，如果程序从某个已经加了锁的区域内调用一段未知的代码，那么就有可能因为另外一个线程也要对同一份资源加锁而陷入死锁。

例如，你可能会通过下面这样的代码在后台线程中处理某项任务：

```csharp
public class WorkerClass
{
    public event EventHandler<EventArgs> RaiseProgress;
    private object syncHandle = new object();

    public void DoWork()
    {
        for (int count = 0; count < 100; count++)
        {
            lock (syncHandle)
            {
                System.Threading.Thread.Sleep(100);
                progressCounter++;
                RaiseProgress?.Invoke(this, EventArgs.Empty);
            }
        }
    }

    private int progressCounter = 0;
    public int Progress
    {
        get
        {
```

```
                lock (syncHandle)
                    return progressCounter;
            }
        }
    }
```

　　DoWork() 方法在该任务有所进展的时候，会通过 RaiseProgress?.Invoke(...) 这条语句来通知所有的监听器。请注意，凡是对该事件感兴趣的人都可以向 RaiseProgress 注册。于是，在多线程的环境下，有人可能会把下面这样的方法注册成 RaiseProgress 的监听器：

```
static void engine_RaiseProgress(object sender, EventArgs e)
{
    WorkerClass engine = sender as WorkerClass;
    if (engine != null)
        Console.WriteLine(engine.Progress);
}
```

　　这样写虽然目前来看没有问题，但这只不过是由于事件处理程序运行在后台线程中，因此，没有把问题给暴露出来。

　　假如这个应用程序是个 Windows Forms 程序，那么可能得把事件处理逻辑放回到 UI 线程中运行（参见第 38 条）。例如你会通过 Control.Invoke 来执行相应的代码，用以更新图形界面，而不像刚才那样直接把进度打印到控制台上。在这种情况下，Invoke 方法会令当前线程（也就是后台线程）阻塞在这里，直到目标 delegate（也就是你要执行的事件处理逻辑）执行完毕。这听上去并没有什么错误，你只不过是把事件处理逻辑放到了另一个线程中执行。

　　然而程序恰恰会因为要在另一个线程中执行这段逻辑而陷入死锁。这是因为，你想运行的事件处理逻辑需要查询 engine 对象的 Progress 属性，以了解其具体状态，而该属性的访问器在运行的时候又要对 syncHandle 加锁。然而问题在于，这个访问器是运行在另一个线程中的，而没有运行在等候处理结果的这个后台线程中。由于当前线程早前在触发 RaiseProgress 事件时已经对 syncHandle 加了锁，因此，另一个线程没有办法获取到这把锁，于是，就会卡在 Progress 属性的 get 访问器那里无法继续，而与此同时，当前线程也卡会在这里，等候那个线程的执行结果。

　　如果我们只是单独讨论 Progress 属性的 get 访问器，那么该访问器给 syncHandle 对象加锁的做法是没错的，但如果把这种行为与 get 访问器所在的具体线程结合起来考虑，那么就有可能出现问题，因为该访问器可能是在 UI 线程上运行的，而与此同时，它想要控制的 syncHandle 对象可能已经由某一个后台线程给率先锁定了。那个后台线程会卡在那里，一直等待 RaiseProgress 事件的处理结果。但由于它已经把 syncHandle 给锁定了，因此 UI 线程在处理此事件的过程中获取不到这把锁，故而卡在 Progress 属性的 get 访问器这里无法继续。于是，应用程序就陷入了死锁。

表 4-1 由上至下按照主调与受调的顺序演示了此时的调用栈。由这张表格可以看出，这种情况下的死锁问题是很难调试的。从最初加锁的方法算起，一共要经过 6 个方法才能找到后来想要加锁但又迟迟无法成功的方法。如果在执行这一系列方法的过程中框架中的其他线程也混了进来，那么问题就会更加复杂，而且那些线程你可能根本就观察不到。

表 4-1　应用程序在把更新窗口显示效果的代码从后台线程放回到前台线程中去执行时所具备的调用栈

方　　法	线　　程
DoWork	后台线程
RaiseProgress?.Invoke	后台线程
engine_RaiseProgress	后台线程
Control.Invoke	后台线程
UpdateUI	UI 线程
Progress 属性的 get 访问器	UI 线程（死锁）

整个问题的根源在于：程序中有另外一个线程试图对当前线程已经锁定的 syncHandle 进行控制。由于你无法约束另一个线程的行为，因此，在已经加了锁的区域内不要贸然进行回调。在本例中，比较合理的做法应该是把触发 RaiseProgress 事件的那行代码移动到加锁的范围之外。

```
public void DoWork()
{
    for (int count = 0; count < 100; count++)
    {
        lock (syncHandle)
        {
            System.Threading.Thread.Sleep(100);
            progressCounter++;
        }
        RaiseProgress?.Invoke(this, EventArgs.Empty);
    }
}
```

明白了该问题的产生原因之后，接下来应该思考在哪些情况下应用程序中可能会出现这种行为不明的回调代码。最容易想到的一种情况是本类对外发布了某种事件。通过参数传入的 delegate 以及经由 public API 设置的 delegate 也有可能包含这种行为不明的代码。此外，还必须注意通过参数传入的 lambda 表达式（参见《Effective C#》(第 3 版) 第 7 条）。

　　上面这几种情况相对来说比较容易察觉。但还有一种情况就不那么明显了，这就是 virtual 方法。子类可以重写这种方法，而且能够在其中调用本类中的公有或受保护（protected）方法，于是，它就有可能试着对某份共享资源加锁，而该资源目前可能已经让别的线程给锁定了。

　　其实无论是哪种情况，过程都较为相似：首先，某个线程在执行当前这个类中的某个方法时对资源加了锁，然后，它在没有解锁的前提下调用了某个不明的方法，而那个方法中的代码又有可能反过来调用本类中的方法，而且还有可能是在另一个线程上调用的。由于你无法确定那个不明的方法究竟会不会执行有可能导致死锁的代码，因此，最稳妥的办法就是在已经加了锁的区域中不要调用未知的代码。

Effective

动态编程

静态类型检查与动态类型检查都有各自的好处，后者可以更加迅速地实现某些功能，而且可以跨越多个彼此之间区别较大的系统。与之相比，静态类型检查的优势则在于它可以让编译器去检查错误，而不用把问题留到运行的时候再去检查，于是，程序的性能会比较高。C# 目前属于执行静态类型检查的编程语言，而且将来也是如此，不过，它提供了一些与动态编程有关的特性，使得开发者能够在某些情况下利用这些特性实现出更为有效的动态解决方案。你可以根据自己的需求，灵活选用静态类型检查或动态类型检查。然而由于 C# 针对前者提供了相当多的特性，因此，大多数 C# 代码还是应该采用静态类型检查，只有当动态类型检查比它更为合适的情况下，才应该改用后者。本章将专门讲解与此有关的一些技巧，帮助你在这种情况下写出更为高效的代码。

第 43 条：了解动态编程的优点及缺点

C# 支持动态类型是为了能够与某些用法相衔接，而不是鼓励你全面采用动态编程中的做法来编写 C# 程序。通过与此有关的一些特性，你可以在强类型且执行静态类型检查的 C# 代码与采用动态类型模型所写的代码之间较为顺畅地进行切换。

当然，这不是说 C# 的动态编程特性只能用来与动态代码相衔接。你也可以把普通类型的 C# 对象转换成动态对象，并将其当成动态对象那样进行操作。然而与生活中的其他做法一样，这种做法也是既有好处又有坏处。现在我们就通过一个范例仔细看看其中的优点与缺点。

C# 的泛型功能有很多限制，其中一条是：如果要求泛型参数表示的类型必须具备 System.Object 类型之外的一些能力，那么必须通过 constraint（约束）来表达这种需求，而且，你所能选用的 constraint 也只有少数几种。例如，只能规定某个类型必须继承自某个基类，必须实现某一套接口，必须是引用类型，必须是值类型或必须具备无参数的公有构造函数。问题在于，有时候我们对类型提出的要求是它必须支持特定的方法或操作符，如必须支持 + 操作符，这样的话，我们才能用这种类型的对象实现出某个较为通用的方法。这种要求无法直接用 constraint 来表达，所幸，动态调用功能可以解决这个问题。也就是说，只要某对象在程序运行期间具备某个成员，我们就可以使用该成员。

下面这个方法可以将两个动态对象相加。只要这两个对象在运行期支持 + 运算符，该方法就能正常执行：

```
public static dynamic Add(dynamic left,
    dynamic right)
{
    return left + right;
}
```

由于这是本书第一次讨论动态类型，因此应该把其中的细节讲一讲才对。动态类型可以认为是在运行期进行绑定的 System.Object 类型。也就是说，这种类型的对象在编译期只具备 System.Object 所定义的那些方法。如果开发者要访问对象中的某个成员，那么编译器会添加相应的代码，以便通过动态调用点来实现这次访问。等到程序运行的时候，系统会判断对象是否真的具备这个成员。（如何实现动态对象，请参见第 45 条。）这种类型的处理方式通常称为 duck typing（鸭子类型），也就是说，如果某个动物走路像鸭子、叫声也像鸭子，那么它很可能就是一只鸭子。根据 duck typing 规则，开发者不需要专门声明某个接口并把自己想要调用的方法放在该接口中以及通过编译期的类型检查来确保某个对象所在的类型确实已经实现了这个接口，而是只需在对象上直接使用相关的成员，只要该对象在程序运行的时候具备这个成员，程序就能够正常执行。

对于刚才举出的那个方法来说，系统会让动态调用点来判断对象所在的实际类型是否支持 + 运算符。于是，下面这几种用法都能够正确地得到执行：

```
dynamic answer = Add(5, 5);
answer = Add(5.5, 7.3);
answer = Add(5, 12.3);
```

　　请注意，Add 方法的返回值必须声明成 dynamic 对象。由于该方法执行的是动态调用，因此编译器无法确定返回值的静态类型，该类型必须在程序运行到相应的代码时才能够确定下来，因此，为了在代码中表示这样的返回值，只有将其声明成 dynamic 对象。这意味着该值在代码中的静态类型是 dynamic 型，而其运行期类型则要等到程序运行起来之后再做解析。

　　当然，Add 方法的参数不只局限于数字，也可以把两个字符串相加，因为字符串所在的 string 类型同样定义了 + 运算符：

```
dynamic label = Add("Here is ", "a label");
```

此外，还可以把时间段加到某个日期上：

```
dynamic tomorrow = Add(DateTime.Now, TimeSpan.FromDays(1));
```

　　只要对象具有可供访问的 operator+（加号运算符），那么这个 dynamic 版本的 Add 方法就可以正常地运行。

　　刚才这段话有可能导致你过多地使用与动态编程有关的特性，其实动态编程除了有很多优点之外，也同样存在一些缺点。由于你绕开了静态类型系统，因此，编译器无法帮你执行相关的检查。万一把类型理解错了，那么必须等程序运行起来，这个错误才得以暴露。

　　此外，只要运算符中有一个操作数是 dynamic 类型，整个运算结果就会变成 dynamic 类型（请注意，this 引用也有可能成为运算符的操作数）。有的时候，你或许想把对象从 dynamic 类型转回普通的静态类型。为此，需要使用 cast 运算符（强制类型转换运算符）或调用相应的类型转换方法：

```
dynamic answer = Add(5, 12.3);
int value = (int)answer;
string stringLabel = System.Convert.ToString(answer);
```

　　只有当 dynamic 对象的类型本身就是目标类型或是可以强制转为目标类型时，cast 运算符才能够正常运作。为此，必须先正确判断出某项动态操作的执行结果究竟是什么类型，然后才能将该结果通过 cast 运算符转换成这种类型。否则，程序会在执行转换时发生故障，从而抛出异常。

　　如果要写的程序无法提前为对象所属的类型做出说明，但同时又必须在运行期去调用该对象的某个方法，那么就可以考虑使用 duck typing 来实现，除此之外的其他情况还是应该通过 lambda 表达式以及一些与函数式编程有关的写法来实现才好。例如可以改用下面这种写法，通过 lambda 表达式来实现早前的 Add 方法：

```
public static TResult Add<T1, T2, TResult>(T1 left, T2 right,
    Func<T1, T2, TResult> AddMethod)
{
    return AddMethod(left, right);
}
```

这样的话，每次使用 Add 方法时，调用方都可以指定具体的逻辑来描述自己想要执行的加法操作。刚才那个例子中的相关语句如果改用 lambda 表达式来编写，那么会变成：

```
var lambdaAnswer = Add(5, 5, (a, b) => a + b);
var lambdaAnswer2 = Add(5.5, 7.3, (a, b) => a + b);
var lambdaAnswer3 = Add(5, 12.3, (a, b) => a + b);
var lambdaLabel = Add("Here is ", "a label",
    (a, b) => a + b);
dynamic tomorrow=Add(DateTime.Now,TimeSpan.FromDays(1),(a, b)=>a+b);
var finalLabel = Add("something", 3,
    (a, b) => a + b.ToString());
```

大家可以看到，在把 something 与 3 相加时，为了强调它们在类型上的区别，笔者特意通过 ToString() 方法把代表 3 的参数 b 从 int 转为 string，然后再将其添加到代表 something 的参数 a 的后面。像上面这样反复出现相似的 lambda 表达式而没有将其提取到公用的方法中确实让人觉得有点别扭。之所以要这样做，是因为只有把 lambda 表达式写在调用泛型 Add 方法的地方，系统才能够自动推断出泛型参数的类型，因此，尽管这种写法看上去觉得特别啰唆，但对于编译器来说却很有必要，因为每次调用泛型 Add 方法时所传入的 lambda 表达式其实并不完全相同，而是有着各自要针对的类型。这个例子只是想演示这样一种用法，而不是提倡你专门定义 Add 方法来实现 Add 操作。在现实工作中，该技巧主要用来表示那种需要以特殊方式来加以运用的 lambda 表达式。比方说，.NET 库的 Enumerable. Aggregate() 就是如此。该方法会运用 lambda 表达式将序列中的所有元素累加起来（这里所说的加也可以是其他某种操作，而不一定是数学意义上的加法）：

```
var accumulatedTotal = Enumerable.Aggregate(sequence,
    (a, b) => a + b);
```

即便明白了这个道理，你可能还是觉得代码有些重复。为此，可以考虑用表达式树来消除重复代码，这也是一种在运行期构建相关逻辑的办法。你可以通过 System.Linq.Expression 类及其子类提供的 API 构建出表达式树，进而将其转为 lambda 表达式，然后，把这个表达式编译成 delegate 并加以执行。比方说，下面这个方法可以通过表达式树构建对应的 lambda，以便将类型相同的两个值给加起来：

```
// Naive implementation. Read on for a better version.
public static T AddExpression<T>(T left, T right)
{
    ParameterExpression leftOperand = Expression.Parameter(
        typeof(T), "left");
    ParameterExpression rightOperand = Expression.Parameter(
```

```
        typeof(T), "right");
    BinaryExpression body = Expression.Add(
        leftOperand, rightOperand);
    Expression<Func<T, T, T>> adder =
        Expression.Lambda<Func<T, T, T>>(
        body, leftOperand, rightOperand);
    Func<T, T, T> theDelegate = adder.Compile();
    return theDelegate(left, right);
}
```

这段代码中值得注意的地方基本上都跟类型信息有关。因此，笔者专门把每个变量的类型给写了出来，而不是像在编写产品代码时那样直接用 var 去声明那些变量。

前两行代码分别创建了两个参数表达式，用以表示加法操作的左侧参数及右侧参数。这两个参数在表达式里的名字分别叫作 left 及 right，它们在表达式中的类型都是 T 型。第三行代码根据这两个参数创建了一条 Add 表达式，该表达式继承自 BinaryExpression（二元表达式）。除了加法运算符之外，还可以针对其他的二元运算符创建相应的 BinaryExpression。

接下来的那行代码根据表达式的 body（主体）及两个 operand（操作数）创建了一个 lambda 表达式，然后，对该表达式进行编译，以创建出 Func<T,T,T> 形式的 delegate。有了这个 delegate 之后，我们通过它对 left 与 right 做运算，并把计算结果返回给调用方。这个 AddExpression 泛型方法可以像其他的泛型方法一样直接使用：

```
int sum = AddExpression(5, 7);
```

刚才这段代码的开头有一行注释，说明这种实现方式是一种较为原始的实现方式。这意味着你不应该在正式的代码中这样写，因为这种写法有两个缺点。

首先，早前那个通过动态编程所实现的 Add() 方法能够处理很多种情况，但是刚才写的这个 AddExpression 方法却无法处理其中的某些情况。比方说，早前那个 Add 方法可以接受两个虽然相关但又不完全相同的对象。例如，它可以把 int 与 double 相加，也可以把 DateTime 与 TimeSpan 相加。与之相比，刚才写的这个 AddExpression 方法无法处理后一种情况。为此，必须再增加两个泛型参数，以便在左侧操作数具备的类型之外还能够分别针对右侧操作数与计算结果来指定其类型，而不强行要求这三者保持一致。这次我们直接用 var 声明变量，而不明确地写出其类型。这样修改虽然隐藏了类型方面的信息，但却能让方法的执行逻辑变得清楚一些：

```
// A little better
public static TResult AddExpression<T1, T2, TResult>
```

```
    (T1 left, T2 right)
{
    var leftOperand = Expression.Parameter(typeof(T1),
        "left");
    var rightOperand = Expression.Parameter(typeof(T2),
        "right");
    var body = Expression.Add(leftOperand, rightOperand);
    var adder = Expression.Lambda<Func<T1, T2, TResult>>(
        body, leftOperand, rightOperand);
    return adder.Compile()(left, right);
}
```

这个版本与修改前相比并没有多大区别，只是它现在允许给左侧操作数及右侧操作数指定不同的类型。然而缺点在于，调用的时候必须把两个操作数的类型以及运算结果的类型全都写出来：

```
int sum2 = AddExpression<int, int, int>(5, 7);
```

由于可以明确指出操作数的类型，因此，左右两个操作数的类型相关但又不完全相同的情况便可以正确地加以处理：

```
DateTime nextWeek = AddExpression<DateTime, TimeSpan,
    DateTime>(
    DateTime.Now, TimeSpan.FromDays(7));
```

用表达式树实现的版本还有一个令人担忧的问题，就是每次调用 AddExpression() 时，系统都要对表达式进行编译，以便将其转为 delegate，进而予以执行。这样做是很没有效率的，当要反复执行同一种形式的表达式时更是如此。由于对表达式进行编译比较耗时，因此，可以考虑把编译好的 delegate 缓存起来，这样以后就可以直接用编译好的 delegate 来进行计算。下面给出这种方案的第一个版本：

```
// Working with many limitations
public static class BinaryOperator<T1, T2, TResult>
{
    static Func<T1, T2, TResult> compiledExpression;

    public static TResult Add(T1 left, T2 right)
    {
        if (compiledExpression == null)
            createFunc();
```

```
        return compiledExpression(left, right);
    }
    private static void createFunc()
    {
        var leftOperand = Expression.Parameter(typeof(T1),
            "left");
        var rightOperand = Expression.Parameter(typeof(T2),
            "right");
        var body = Expression.Add(leftOperand, rightOperand);
        var adder = Expression.Lambda<Func<T1, T2, TResult>>(
            body, leftOperand, rightOperand);
        compiledExpression = adder.Compile();
    }
}
```

　　现在我们先讨论一下什么样的情况适合用表达式来实现，什么样的情况适合用动态类型来实现。其实，这要依照具体的需求来定。如果用表达式来实现，那么运行期所做的计算会简单一些，这在很多情况下都有助于提升程序的运行速度。但是，与动态调用相比，它在灵活程度方面稍微差一些，因为大家在前面已经看到了，动态调用能够同时应对类型各异的数据，例如能够把 int 与 double 相加，也能够把 short 与 float 相加。总之，只要这两份数据可以在普通的 C# 代码中做加法，它就可以将其相加。于是，还可以通过动态调用功能把字符串跟数字加到一起。然而，如果改用 BinaryOperator 类中的 Add 方法来执行刚才所举出的这些运算，那么无论是哪项运算，都会导致 InvalidOperationException 异常。尽管有相应的类型转换操作可以将数据转换成合适的类型，但由于我们构建 lambda 表达式的时候没有明确执行这样的转换，因此，构建出来的表达式是不会自动转换的。与之相比，动态调用则显得更加灵活，它可以在许多类型的数据之间直接进行操作。

　　接下来，我们可以完善早前的 AddExpression 方法，以执行适当的转换操作，从而让其能够灵活地对各种数据进行运算。为此，只需把构建表达式所用的那一部分代码稍微调整一下即可，也就是将操作数转换成与计算结果相同的类型。下面是修改后的代码：

```
// A fix for one problem causes another
public static TResult AddExpressionWithConversion
    <T1, T2, TResult>(T1 left, T2 right)
{
    var leftOperand = Expression.Parameter(typeof(T1),
        "left");
    Expression convertedLeft = leftOperand;
    if (typeof(T1) != typeof(TResult))
    {
        convertedLeft = Expression.Convert(leftOperand,
```

```
        typeof(TResult));
    }
    var rightOperand = Expression.Parameter(typeof(T2),
        "right");
    Expression convertedRight = rightOperand;
    if (typeof(T2) != typeof(TResult))
    {
        convertedRight = Expression.Convert(rightOperand,
        typeof(TResult));
    }
    var body = Expression.Add(convertedLeft, convertedRight);
    var adder = Expression.Lambda<Func<T1, T2, TResult>>(
        body, leftOperand, rightOperand);
    return adder.Compile()(left, right);
}
```

修改之后的方法可以通过类型转换正确地处理某些情况，例如可以把 double 与 int 类型的值加起来，并把结果表示成适当的类型。然而，它还是没有办法应对一种特殊的情况。这种特殊情况是，被加数与加数不仅在类型上有所区别，而且有着不同的含义，加法操作正是要根据这两者的含义来进行计算，因此，你不能将它们都转换成与运算结果相同的类型。比方说，如果要把 DateTime 与 TimeSpan 相加，那么被加数 DateTime 指的是起算的时间点，而加数 TimeSpan 指的则是以该点为基础的时间段，加法操作要根据这两者的取值计算出另一个 DateTime 类型时间点，而不是把 TimeSpan 也转换成 DateTime 并将两个 DateTime 加起来。要想处理这种情况，必须再多写一些代码，然而那样做实际上相当于把 C# 处理动态派发的代码给重新实现了一遍（参见第 45 条）。因此，在这种情况下，还是直接使用动态类型比较好。

其实，表达式更适合用在操作数与运算结果类型相同的场合中。因为在这种情况下，很容易就能把类型参数给写出来，而且当程序在运行过程中发生故障时，也能较为明确地看出问题。因此，在操作数与运算结果均可视为同一种类型的情况下，笔者推荐采用下面这种写法来实现动态派发：

```
public static class BinaryOperators<T>
{
    static Func<T, T, T> compiledExpression;

    public static T Add(T left, T right)
    {
        if (compiledExpression == null)
            createFunc();
```

```
        return compiledExpression(left, right);
    }

    private static void createFunc()
    {
        var leftOperand = Expression.Parameter(typeof(T),
            "left");
        var rightOperand = Expression.Parameter(typeof(T),
            "right");
        var body = Expression.Add(leftOperand, rightOperand);
        var adder = Expression.Lambda<Func<T, T, T>>(
            body, leftOperand, rightOperand);
        compiledExpression = adder.Compile();
    }
}
```

这个版本依然要求你在调用 Add 时必须指出一个类型参数，不过，编译器可以根据你所指定的这个类型，在调用点上自动执行必要的转换操作，例如，将 int 提升为 double 等。

通过动态编程或构建表达式等手法来执行相关的运算确实会在运行期引发一些开销。与任何一种动态类型的系统一样，用 C# 写出的动态程序也必须在运行期执行必要的检查。由于编译器当初没有把相关的检查放在编译期来做，因此，这些检查需要放在运行期来执行。为此，编译器必须生成相应的指令，以便在程序运行的时候进行相应的检测。这种开销不应该过分夸大，因为 C# 编译器所生成的这些指令其效率是比较高的，而且在绝大多数情况下，这么做的效率都要比反射或自己实现的后期绑定机制更高。然而开销毕竟不是零。此外，编译器为了生成这些检查指令也得花一些时间才行。总之，如果某个问题可以用静态类型来解决，那么它肯定要比动态类型更快。

如果相关的类型都受你控制，而且这些类型又都可以归纳到某一套接口名下，那么通过接口来表述它们肯定比通过动态编程来处理要好，因为你可以明确地定义出这套接口，并针对它来编写代码，同时，让能够展现出某一套行为的类型都来实现这套接口。这样的话，这些类型的对象就能够用在你所编写的代码中了。C# 的类型系统会尽量拦住与类型有关的错误，同时，编译器也会因为代码中不太可能出现这种错误而生成更为高效的代码。

在很多情况下，你都可以通过 lambda 表达式构建通用的 API，而无须借助动态算法来实现。调用方在使用这种 API 时，可以把想要执行的代码以 lambda 表达式的形式传给 API。

假如上述方式不可行，那么再考虑第二种做法，也就是把 Expression 编译成 delegate。如果你要处理的数据在类型上只有少数几种组合方式，而且它们之间的转换也不是特别复杂，那么可以考虑该方案。在这种情况下，你可以控制自己创建的 Expression，进而决定自己要把多少工作推迟到运行期去做。

最后一种做法是采用动态类型来编程。系统底层的动态机制会把凡是有可能成立的那些写法都试着予以执行，然而问题在于，其中有些写法可能导致程序在运行期产生较大的开销。

对于本条开头所列举的 Add 方法来说，不可能采用第一种做法，因为它要处理的数据其类型可能早就在 .NET 的类库中定义好了，因此，你无法再让那些类型去实现 IAdd 这样的接口。而且，即便能做到这一点，也无法保证第三方库的开发者都让他们的类型去实现你所定义的这个新接口。如果要求这些数据必须具备某个成员，或必须支持某项运算，那么最好的办法是编写动态方法，这样的话，系统会等到程序执行相关代码的时候，再去核查这些数据是否真的具备这样的成员。系统会找到合适的办法来实现相关的动态逻辑，并将其缓存起来，以提升程序的性能。与纯粹用静态类型来编写的代码相比，这种做法的开销确实会大一些，但是与解析表达式树的那种办法相比，这种做法肯定要简单得多。

第 44 条：通过动态编程技术更好地运用泛型参数的运行期类型

System.Linq.Enumerable.Cast<T> 方法会把序列中的每个元素都强制转换成 T 类型。系统提供这个方法是为了让非泛型版本的 IEnumerable 也能够用在 LINQ 查询中。Cast<T> 虽然是个泛型方法，但没有对泛型参数 T 加以约束，因此，在转换元素的类型时会受到一些限制。如果你不理解这些限制，那么可能会误以为这个方法并没有什么用。其实它是有用的，只不过其用法与你想象的有所区别。现在我们就来观察它的运作原理，并了解其限制，明白了这些之后，就可以轻松地创建出另外一种版本，以实现你想要的功能。

Cast<T> 之所以会受到一些限制，其根源在于系统要把它编译成相应的 MSIL 码。然而在编译的时候，却不了解 T 究竟是什么样的类型，于是，它只能保证 T 是继承自 System. Object 的托管类型，这导致该方法在运作时只能利用 System.Object 类型所具备的那些功能。现在考虑下面这个类：

```
public class MyType
{
    public String StringMember { get; set; }

    public static implicit operator String(MyType aString)
        => aString.StringMember;

    public static implicit operator MyType(String aString)
        => new MyType { StringMember = aString };
}
```

第 11 条说过，编写 API 的时候，不应该提供类型转换运算符，但此处为了把 Cast<T>
方法讲清楚，必须谈到这种由用户定义的转换运算符。考虑下面这段代码（假设其中的
GetSomeStrings() 方法能够返回包含字符串的序列）：

```
var answer1 = GetSomeStrings().Cast<MyType>();
try
{
    foreach (var v in answer1)
        WriteLine(v);
}
catch (InvalidCastException)
{
    WriteLine("Cast Failed!");
}
```

在看到这一条之前，你可能以为 GetSomeStrings().Cast<MyType>() 方法可以把序列中的
每个字符串都通过 MyType 定义的隐式转换操作符正确地转换成 MyType 对象。然而在运行
了上述代码之后，你应该明白这样做是不行的，因为程序会抛出 InvalidCastException 异常。

刚才那种写法其实与下面这种写法等效，只不过下面这种写法用的是查询表达式：

```
var answer2 = from MyType v in GetSomeStrings()
              select v;
try
{
    foreach (var v in answer2)
        WriteLine(v);
}
catch (InvalidCastException)
{
    WriteLine("Cast failed again");
}
```

由于查询表达式中的范围变量 v 明确地声明成了 MyType 类型，因此，编译器在进行编
译时，会在相应的地点调用 Cast<MyType> 方法，试着将序列中的字符串转换成 MyType 类
型的对象。因此，这样写还是会抛出 InvalidCastException 异常。

下面我们调整代码的结构，让程序能够正确地运行：

```
var answer3 = from v in GetSomeStrings()
              select (MyType)v;
foreach (var v in answer3)
    WriteLine(v);
```

这种写法与前两种写法相比有什么区别呢？区别在于，前两种写法用的都是 Cast<T>()
方法，而刚才那种写法用的则是 Select() 方法，它把一个 lambda 表达式传给 Select，并且在
这个表达式中对变量 v 进行转换，因此，这种写法能够顺利执行。早前那两种写法用到的
Cast<T> 无法获知泛型参数所表示的运行期类型，因而，也就看不到该类型中由用户定义的
转换操作。它只能执行两种转换，一种是引用转换，另一种是装箱转换。在 is 运算符返回
true 的场合，可以执行引用转换（参见《Effective C#》（第 3 版）第 3 条），而装箱转换则用在
值类型的对象与引用类型的对象之间（参见《Effective C#》（第 3 版）第 9 条）。Cast<T> 方法
只能认定 T 类型中含有 System.Object 定义的那些成员，由于它看不到 MyType 类型所定义的
转换操作，因此无法将 v 转为 MyType 类型。与之相反，变量 v 对于 Select() 方法所接受的
lambda 表达式来说是个 string 类型的对象，同时，lambda 表达式又可以调用 MyType 类型所
定义的转换操作，因此，它能够顺利地将 v 从 string 转为 MyType。

笔者通常把转换运算符当成一种代码异味$^{\ominus}$。在个别场合，这种运算符确实有用，但一
般来说，它们所引发的问题都要盖过它们所能带来的帮助。假如 MyType 类当初没有提供转
换运算符，那么开发者就不会写出像前两个版本那样的代码来了。

既然笔者不推荐提供转换运算符，那么应该给出另外的方案来实现类型转换。由于本例
中的 MyType 对象包含一项既可读又可写的 string 属性，因此，我们不妨直接把字符串赋给
该属性，这样就可以抛开转换运算符。下面这两种写法都能够实现这一点：

```
var answer4 = GetSomeStrings().
    Select(n => new MyType { StringMember = n });
var answer5 = from v in GetSomeStrings()
                  select new MyType { StringMember = v };
```

如果有必要，还可以专门给 MyType 编写构造函数，以便根据 string 对象创建 MyType
实例。当然，这些做法都只是为了绕过 Cast<T>() 方法的限制。既然我们已经明白该方法为
什么会受限，那么接下来应该考虑一种更为通用的做法，也就是采用另一条途径来转换类
型，以便绕开 Cast<T>() 方法。下面我们就编写这样的通用方法，利用运行期的信息来实现
转换。

有人可能想通过大量的反射代码查看当前有哪些转换操作可以使用，然后通过其中某项
操作，把对象转成目标类型并返回给调用方。这样做其实会浪费许多精力，因为你完全可以
改用 C# 4.0 的动态类型机制来实现。下面这个简单的 Convert<T> 方法就通过动态编程实现
了类型转换功能：

$\ominus$ code smell，又称为代码坏味，也可以理解成不良代码或劣质代码。——译者注

```
public static IEnumerable<TResult> Convert<TResult>(
    this System.Collections.IEnumerable sequence)
{
    foreach (object item in sequence)
    {
        dynamic coercion = (dynamic)item;
        yield return (TResult)coercion;
    }
}
```

只要源类型与目标类型之间存在转换操作（无论是隐式转换还是显式转换），Convert<T>
方法就能够正确地运作。不过，它还是涉及强制转型，因此，程序在运行的时候依然有可能
出现转型错误。总之，凡是要在类型体系中进行强制转换，就必须面对这个问题。尽管为了
编写 Convert<T> 方法必须多写一些代码，但是这样的方法写出来之后，能够为用户节省很
多时间。在设计 API 时，应该多为用户着想，而不要总想着怎么样才能让自己少写几行代
码。有了这个方法之后，用户就可以很方便地把源序列中的每个元素转换成目标类型：

```
var convertedSequence = GetSomeStrings().Convert<MyType>();
```

Cast<T> 方法与其他的泛型方法一样，在编译的时候对类型参数所表示的那种类型并没
有多少了解，因此，它的运作方式或许与你想象的有所区别（或者说，它可以利用的功能没
有你想象的那么多）。造成这种限制的根本原因通常在于：泛型方法根本就不知道泛型参数
所表示的类型中究竟有哪些功能可以使用。为了解决这个问题，我们可以稍稍借助动态类型
机制，把某些与类型转换有关的工作放到运行期去做，从而让程序能够正确地实现转型。

第 45 条：使用 DynamicObject 和 IDynamicMetaObjectProvider 实现数据驱动的动态类型

动态编程的一项主要优势在于可以构建出这样一种类型：它的公有接口能够根据用户对
它的用法在运行期发生变化。这样的类型可以通过 C# 的 dynamic 关键字、System.Dynamic.
DynamicObject 类以及 System.Dynamic.IDynamicMetaObjectProvider 接口来构建。这些工具
让我们创建出的类型能够动态地发生变化。

要想创建具备动态变化能力的类型，最简单的办法是继承 System.Dynamic.DynamicObject
类。它通过其中的 private 嵌套类实现了 IDynamicMetaObjectProvider 接口。那个嵌套类
负责解析表达式，并把解析结果转发给 DynamicObject 类中的某个 virtual 方法。如果你
可以让自己想要编写的类型从 DynamicObject 类中继承，那么很容易就能将其打造成动态

的类型。

比方说，通过继承 DynamicObject 类，我们可以实现出动态属性包。这种属性包与 ASP. NET Razor 的属性包、C# 的 ExpandoObject 类以及 Clay 与 Gemini 项目⊖中的相应功能是类似的。如果你要寻求能够在正式软件中使用的成熟方案，那么请参考相关的范例，此处，我们要自己来实现这个属性包。DynamicPropertyBag 对象刚刚创建出来的时候，并不包含任何属性。如果你试着获取某项属性，那么它会抛出异常。为了正确使用其中的属性，你可以先通过 set 访问器把属性添加到包中，然后，再通过 get 访问器来读取该属性。

```
dynamic dynamicProperties = new DynamicPropertyBag();

try
{
    Console.WriteLine(dynamicProperties.Marker);
}
catch (Microsoft.CSharp.RuntimeBinder.RuntimeBinderException)
{
    Console.WriteLine("There are no properties");
}

dynamicProperties.Date = DateTime.Now;
dynamicProperties.Name = "Bill Wagner";
dynamicProperties.Title = "Effective C#";
dynamicProperties.Content = "Building a dynamic dictionary";
```

要实现动态属性包，就必须在 DynamicPropertyBag 中重写基类 DynamicObject 中的 TrySetMember 与 TryGetMember 方法：

```
class DynamicPropertyBag : DynamicObject
{
    private Dictionary<string, object> storage =
        new Dictionary<string, object>();

    public override bool TryGetMember(GetMemberBinder binder,
        out object result)
    {
        if (storage.ContainsKey(binder.Name))
        {
            result = storage[binder.Name];
            return true;
```

⊖　对应网址分别是 github.com/bleroy/clay 和 github.com/tgjones/gemini。——译者注

```
    }
    result = null;
    return false;
}

public override bool TrySetMember(SetMemberBinder binder,
    object value)
{
    string key = binder.Name;
    if (storage.ContainsKey(key))
        storage[key] = value;
    else
        storage.Add(key, value);
    return true;
}

public override string ToString()
{
    StringWriter message = new StringWriter();
    foreach (var item in storage)
        message.WriteLine($"{item.Key}:\t{item.Value}");
    return message.ToString();
}
}
```

这个动态属性包中含有一份字典（dictionary），用来存放各属性的名称及取值。获取属性及设置属性的工作分别由 TryGetMember 及 TrySetMember 方法负责。

TryGetMember 方法会通过 binder.Name 查出用户想要访问的是哪项属性，然后看看 Dictionary 中有没有叫这个名字的属性。如果有，就把该属性的值通过 result 参数告知用户，然后返回 true，以表示这次动态调用是成功的；若没有，则将 result 设为 null，并返回 false，以表示这次调用是失败的。

TrySetMember 方法与 TryGetMember 类似，它也通过 binder.Name 查出用户想要设置的是哪项属性，然后判断本对象的属性字典中有没有叫这个名字的属性。如果有，就更新该属性的值；如果没有，就添加这样的属性。由于用户无论采用什么样的属性名都可以修改或新建这样的属性，因此该方法总是返回 true，用来表示这次调用能够顺利地予以执行。

除了这两个方法之外，DynamicObject 类中还有其他一些方法，分别负责处理与索引器、方法、构造函数、一元运算符及二元运算符有关的动态调用行为。你可以重写其中的相应方法，以便按照自己所想的方式来创建并使用动态成员。在重写这些方法时，必须查看 Binder 对象，以了解用户请求访问的是哪个成员，或者想要执行的是哪项操作。如果这次访问带有返回值，那么需要把它放在 out 参数中，使得系统能够将该值告知用户。最后，需要返回 true 或 false，用以表示重写的这个方法能否处理这次的访问请求。

如果要创建带有动态行为的类型，那么从 DynamicObject 继承是最为简单的做法。这样实现出来的动态属性包确实很有用，不过，我们还可以再举一些例子，以演示其他几种更为有用的做法。

LINQ to XML 机制让开发者能够很方便地处理 XML 数据，但它还是有一些功能没有实现出来。现在举个例子。假设有这样一份 XML 文档片段，其中包含与太阳系里的几颗行星有关的信息：

```
<Planets>
  <Planet>
    <Name>Mercury</Name>
  </Planet>
  <Planet>
    <Name>Venus</Name>
  </Planet>
  <Planet>
    <Name>Earth</Name>
    <Moons>
      <Moon>Moon</Moon>
    </Moons>
  </Planet>
  <Planet>
    <Name>Mars</Name>
    <Moons>
      <Moon>Phobos</Moon>
      <Moon>Deimos</Moon>
    </Moons>
  </Planet>
  <!-- other data elided -->
</Planets>
```

要想查询其中的第 1 颗行星，你或许得编写下面这样的代码才行：

```
// Create an XElement document containing
// solar system data:
var xml = createXML();

var firstPlanet = xml.Element("Planet");
```

这看上去还不算太难，然而越往后查，要编写的代码就越复杂。比方说，如果要查询与地球（也就是 XML 中的第 3 颗行星）有关的元素，那么或许得这样写：

```
var earth = xml.Elements("Planet").Skip(2).First();
```

如果要查询的不是第 3 颗行星所在的 XElement 元素本身，而是包含行星名称（Name）的那个子元素，那么又得多写一些代码：

```
var earthName = xml.Elements("Planet").Skip(2).
    First().Element("Name");
```

如果要查询的是某颗行星的首个卫星叫什么名字，那么代码会变得特别烦琐：

```
var moon = xml.Elements("Planet").Skip(2).First().
        Elements("Moons").First().Element("Moon");
```

此外，上面那些写法要想正确执行，还必须基于一项前提，就是你要寻找的节点确实存在于 XML 中。假如 XML 文件中缺少某些节点，那么相关的查询代码就有可能抛出异常。为此，必须编写大量的代码来处理找不到相应节点的情况。这样的工作并不划算，因为它仅仅是为了应付有可能出现的节点缺失问题，与此同时，它还模糊了代码本来的意图。

现在，假设你实现出了一种由数据驱动的类型，使得用户能够采用圆点语法通过元素名称来访问 XML 中的相应元素，那么早前那些查询操作写起来就简单多了。例如，要想查询第 1 颗行星，只需要这样写就好：

```
// Create an XElement document containing
// solar system data:
var xml = createXML();

Console.WriteLine(xml);

dynamic dynamicXML = new DynamicXElement(xml);

// Old way:
var firstPlanet = xml.Element("Planet");
Console.WriteLine(firstPlanet);
// New way:
dynamic test2 = dynamicXML.Planet; // returns the first planet.
Console.WriteLine(test2);
```

有了这样的类型之后，要想查询第 3 颗行星，只需要通过索引或下标形式的写法来访问就可以了：

```
// Gets the third planet (Earth):
dynamic test3 = dynamicXML["Planet", 2];
```

如果要查的是某颗行星的某一个卫星，那么可以把下标形式的写法连用两次：

```
dynamic earthMoon = dynamicXML["Planet", 2]["Moons", 0].Moon;
```

最后，由于 dynamicXML 是动态对象，因此，你可以定义相关的语义，使得程序在没有找到相应节点的情况下返回空元素，而不是直接抛出异常。这样的话，下面这些写法就会返回空的动态 XElement 节点，而不至于让程序出错：

```
dynamic test6 = dynamicXML["Planet", 2]
    ["Moons", 3].Moon; // earth doesn't have 4 moons
dynamic fail = dynamicXML.NotAppearingInThisFile;
dynamic fail2 = dynamicXML.Not.Appearing.In.This.File;
```

如果要查的元素不存在，那么 dynamicXML 会返回空白的动态元素，于是，你就可以在这个元素上继续查询，而不用担心程序会出现相关的错误。也就是说，如果采用连写的形式访问 XML 中的元素，那么只要有其中一个环节出现空元素，整个结果就必定是空元素。为了实现刚才所说的那些功能，需要从 DynamicObject 中继承一个类，并重写它的 TryGetMember 及 TryGetIndex 方法，以返回适当的动态元素来表示相应的节点：

```
public class DynamicXElement : DynamicObject
{
    private readonly XElement xmlSource;

    public DynamicXElement(XElement source)
    {
        xmlSource = source;
    }

    public override bool TryGetMember(GetMemberBinder binder,
        out object result)
    {
        result = new DynamicXElement(null);
        if (binder.Name == "Value")
        {
            result = (xmlSource != null) ? xmlSource.Value : "";
            return true;
        }
        if (xmlSource != null)
            result = new DynamicXElement(xmlSource
                .Element(XName.Get(binder.Name)));
        return true;
    }
```

```
public override bool TryGetIndex(GetIndexBinder binder,
    object[] indexes, out object result)
{
    result = null;
    // This supports only [string, int] indexers
    if (indexes.Length != 2)
        return false;
    if (!(indexes[0] is string))
        return false;
    if (!(indexes[1] is int))
        return false;

    var allNodes = xmlSource.Elements(indexes[0]
        .ToString());
    int index = (int)indexes[1];
    if (index < allNodes.Count())
        result = new DynamicXElement(allNodes
            .ElementAt(index));
    else
        result = new DynamicXElement(null);
    return true;
}

public override string ToString() =>
    xmlSource?.ToString() ?? string.Empty;
}
```

这个类中的大部分代码其逻辑都与早前举的另外一个 DynamicObject 子类 Dynamic-PropertyBag 相似，只不过多写了名为 TryGetIndex 的方法。为了让客户端能够通过索引器（或者说下标形式的写法）来访问 XElement，我们必须重写这个方法，以实现相应的动态行为。

DynamicObject 类让我们能够轻松地实现出具备动态能力的类型，它把创建这种类型所需的很多复杂细节都隐藏了起来，在其内部会通过大量的代码来处理动态派发工作。

然而有时候要编写的类必须继承另外一个基类，而无法继承 DynamicObject。在这种情况下，必须实现 IDynamicMetaObjectProvider 接口才能让这个类变成动态类型，而不能依靠 DynamicObject 去帮你完成相关的实现工作。

实现该接口意味着要实现其中的 GetMetaObject 方法。下面我们给出另一种版本的动态属性包。这个版本的名字叫作 DynamicDictionary2，它不像早前的 DynamicPropertyBag 那样继承自 DynamicObject，而是实现了 IDynamicMetaObjectProvider 接口。

```
class DynamicDictionary2 : IDynamicMetaObjectProvider
{
    DynamicMetaObject IDynamicMetaObjectProvider.
        GetMetaObject(
        System.Linq.Expressions.Expression parameter)
    {
        return new DynamicDictionaryMetaObject(parameter, this);
    }
    private Dictionary<string, object> storage =
        new Dictionary<string, object>();

    public object SetDictionaryEntry(string key, object value)
    {
        if (storage.ContainsKey(key))
            storage[key] = value;
        else
            storage.Add(key, value);
        return value;
    }

    public object GetDictionaryEntry(string key)
    {
        object result = null;
        if (storage.ContainsKey(key))
        {
            result = storage[key];
        }
        return result;
    }

    public override string ToString()
    {
        StringWriter message = new StringWriter();
        foreach (var item in storage)
            message.WriteLine($"{item.Key}:\t{item.Value}");
        return message.ToString();
    }
}
```

只要调用 GetMetaObject() 方法，就会返回新建的 DynamicDictionaryMetaObject 对象——
这是你在实现接口的过程中第一个应该注意的地方。也就是说，只要用户请求访问
DynamicDictionary2 对象中的某个成员，系统就会调用 GetMetaObject() 方法，因此，如果有人
连续 10 次访问某成员，那么系统会把该方法调用 10 次。就算用静态的方式把某些成员定义在
了 DynamicDictionary2 中，系统也依然要通过 GetMetaObject() 把用户对这些成员的调用行为

给拦截下来，并予以处理。前面说过，在静态类型检查机制中，动态对象全都是 dynamic 型的对象，系统认为这种对象在编译期没有定义任何行为，因此，无论用户要访问的成员是否定义在相关的类型中，系统都要执行动态派发。

由 GetMetaObject() 方法所回的 DynamicMetaObject 负责构建表达式树，以执行必要的代码，用来处理动态调用行为。可以把表达式以及动态对象放在相应的参数中，以便传给基类的构造函数。将这样的 DynamicMetaObject 对象构造出来之后，系统就可以在该对象上调用相应的 Bind 方法，以处理用户对原来的动态对象所做的访问。这种 Bind 方法需要构造出包含表达式的 DynamicMetaObject 对象，以便执行这次动态调用。接下来，我们就把编写 DynamicDictionary2 类所需的 Bind 方法给实现出来，它们分别是 BindSetMember 与 BindGetMember。

BindSetMember 方法会构造表达式树，以调用 DynamicDictionary2 的 SetDictionary-Entry 方法，从而给字典中的某项属性设定新的取值。下面是 BindSetMember 方法的代码：

```
public override DynamicMetaObject BindSetMember(
    SetMemberBinder binder,
    DynamicMetaObject value)
{
    // Method to call in the containing class:
    string methodName = "SetDictionaryEntry";

    // Set up the binding restrictions:
    BindingRestrictions restrictions =
        BindingRestrictions.GetTypeRestriction(
        Expression, LimitType);

    // Set up the parameters:
    Expression[] args = new Expression[2];
    // First parameter is the name of the property to Set.
    args[0] = Expression.Constant(binder.Name);
    // Second parameter is the value:
    args[1] = Expression.Convert(value.Expression,
        typeof(object));

    // Set up the "this" reference:
    Expression self = Expression.Convert(Expression,
        LimitType);

    // Set up the method call expression:
    Expression methodCall = Expression.Call(self,
            typeof(DynamicDictionary2).GetMethod(methodName),
            args);
```

```
    // Create a meta object to invoke Set later:
    DynamicMetaObject setDictionaryEntry =
        new DynamicMetaObject(
        methodCall,
        restrictions);
    // Return that dynamic object:
    return setDictionaryEntry;
}
```

编写 meta 程序$^{\ominus}$时，代码很快会变得比较难懂，所以，我们要慢慢地讲解这个例子。第一行代码用来设置系统应该在 DynamicDictionary2 对象上调用哪个方法。此处，我们要求系统调用名为 SetDictionaryEntry 的方法。请注意，该方法必须把属性赋值操作的右侧数值返回给调用方，这样才能让下面这种写法得以正确地执行：

```
DateTime current = propertyBag2.Date = DateTime.Now;
```

假如没有把返回值写对，那么上面这种代码就无法正常地运作。

接下来，BindSetMember 方法初始化一套 BindingRestrictions（绑定限制）。在绝大多数情况下，都可以采用本例所演示的做法，也就是根据源表达式以及动态调用所针对的类型创建相应的 BindingRestrictions。

其后，BindSetMember 方法通过一系列的语句来构建方法调用表达式，以便根据用户要设置的属性及取值来调用 SetDictionaryEntry() 方法。属性的名称是个常量表达式，而属性的值则需要通过 Expression.Convert 方法来构造，以便让系统采用惰性求值的方式来评估它的值。之所以要这样做，是因为用户在给属性设定取值时所采用的值可能是某个方法的调用结果，或某条表达式的求值结果，而这两种情况都有可能引发副作用，也就是有可能在调用那个方法或评估那个表达式的过程中顺带产生某些效果，因此，属性的值必须要放在适当的时刻去计算才行，否则，下面这种写法就不能正确地运行了：

```
propertyBag2.MagicNumber = GetMagicNumber();
```

为了实现 DynamicDictionary2，还得把 DynamicDictionaryMetaObject 的 BindGetMember 方法也编写出来。这个方法与 BindSetMember 的工作原理类似，只不过它要构建的方法调用表达式调用的是 GetDictionaryEntry 方法，那个方法会把属性的值从字典中取出来。

  $\ominus$ 编写 meta 程序（也叫作元编程、超编程或后设编程），是指编写可以生成其他程序的程序。——译者注

```
public override DynamicMetaObject BindGetMember(
    GetMemberBinder binder)
{
    // Method call in the containing class:
    string methodName = "GetDictionaryEntry";
    // One parameter
    Expression[] parameters = new Expression[]
    {
    Expression.Constant(binder.Name)
    };

    DynamicMetaObject getDictionaryEntry =
        new DynamicMetaObject(
        Expression.Call(
            Expression.Convert(Expression, LimitType),
            typeof(DynamicDictionary2).GetMethod(methodName),
            parameters),
        BindingRestrictions.GetTypeRestriction(Expression,
            LimitType));
    return getDictionaryEntry;
}
```

　　看完刚才那几段代码，你可能觉得编写 Meta 对象似乎并不难。但是，笔者自己的感受却不是这样。刚才实现的动态对象其实只有两个 API，一个用来获取属性，另一个用来设置属性。由于 API 的数量比较少，而且语义也较为简单，因此，实现起来相对容易一些。但即便是这么一个简单的类型，它的代码也不太好写，例如其中的表达式树就不太容易调试。假如要实现的动态类型比本例更复杂，那么要调试的表达式树会更加困难。

　　此外，还要注意早前说过的一个问题，就是用户每次访问动态对象时，系统都要新建 DynamicMetaObject 对象，并在上面调用某个 Bind 方法。这种对象创建得很频繁，其中的 Bind 方法执行得也很频繁，而且，在创建与执行的过程中要完成的工作还相当多，因此，必须注意提升其效率。

　　实现动态行为很考验开发者的编程功力。如果要创建这样的类型，那么首先应该考虑从 System.Dynamic.DynamicObject 中继承。在个别情况下，要创建的类型可能必须继承其他的基类，而不能同时继承 DynamicObject，为此，必须实现 IDynamicMetaObject Provider 接口，这种方案要比前者复杂一些。此外，还必须考虑到，动态类型会引发相关的开销。如果你是自己来实现，而不是借用系统的 DynamicObject 机制来实现，那么这种开销会变得更大。

第 46 条：学会正确使用 Expression API

.NET Framework 提供了一些 API，可以对类型进行反射，或是在程序运行的时候创建某些代码。这种查看类型信息或在运行期动态创建代码的功能相当强大。许多问题都可以通过这两种方式很好地得到解决。然而要注意，这些 API 是相当贴近底层的，因此很难正确地予以运用。开发者其实应该寻求更为简单的办法来解决这些需要通过动态手段来处理的问题。

由于 C# 已经提供了 LINQ 机制，并且添加了相关的动态功能，因此，我们不一定要用旧式的反射 API 来编程，而是可以考虑更好的方案，也就是通过 expression（表达式）及 expression tree（表达式树）来实现。Expression 看上去和普通的 C# 代码差不多，而且在许多情况下，这种 Expression 都可以编译成 delegate。此外，还可以用它们固有的形式来使用 Expression，从而拿这样的对象表示自己想要执行的某段代码。可以用传统的反射 API 来查询某个类型具备的信息，与之类似，也可以对 Expression 具备的一些信息进行查询。

这些 expression 还可以用来在运行期创建代码。比方说，可以构造一棵表达式树，并对其进行编译，以便执行相关的表达式。由于能够在运行期创造代码，因此，这种用法可以实现出千变万化的功能。

现在，举两个常见的例子，看看 expression 是怎样简化编程工作的。第一个例子涉及通信框架中的常见问题：我们在使用 WCF（Windows Communication Foundation）、Remoting 或 Web 服务（Web Service）时，经常要通过代码生成工具，针对某项服务来制作位于客户端的代理（client-side proxy）。这种办法虽然可行，但是显得太过笨重，因为它需要上百行代码才能实现出来。如果服务器那边出现了新的方法或是修改了参数列表，那么客户端这边的 proxy 也需要相应地更新。反之，如果能像下面这样来写，那就简单多了：

```
var client = new ClientProxy<IService>();
var result = client.CallInterface<string>(
    srver => srver.DoWork(172));
```

这里的 ClientProxy<T> 虽然不清楚你要访问的是哪种服务，但却能把你想调用的每个方法以及调用时所用的参数都安排到位。它不依赖 C# 系统之外的某种代码生成器，而是通过表达式树与泛型机制来判断你要用什么样的参数来调用什么样的方法。

CallInterface() 方法接受一个参数，该参数的类型是 Expression<Func<T, TResult>>。对于这个类型中的 Func<T, TResult>> 来说，它的输入参数是个 T 型的值，用来表示某个实现了 IService 服务的对象。而它的输出值则是个 TResult 型的值，用来表示那项服务中的某个方法所返回的内容。CallInterface() 方法的这个参数本身是个 Expression，在编写该方法时，并不需要专门创建出实现了 IService 的对象。下面就是 CallInterface() 方法的核心算法。

```
public TResult CallInterface<TResult>(Expression<
    Func<T, TResult>> op)
{
    var exp = op.Body as MethodCallExpression;
    var methodName = exp.Method.Name;
    var methodInfo = exp.Method;
    var allParameters = from element in exp.Arguments
                        select processArgument(element);
    Console.WriteLine($"Calling {methodName}");

    foreach (var parm in allParameters)
        Console.WriteLine($"\tParameter type =
            {parm.ParmType},
            Value = {parm.ParmValue}");
    return default(TResult);
}

private (Type ParmType, object ParmValue) processArgument(
    Expression element)
{
    object argument = default(object);
    LambdaExpression expression = Expression.Lambda(
        Expression.Convert(element, element.Type));
    Type parmType = expression.ReturnType;
    argument = expression.Compile().DynamicInvoke();
    return (parmType, argument);
}
```

　　首先看 CallInterface 方法的第一行代码。这行代码是要查看表达式树的主体部分，也就是 lambda 运算符右侧的那一部分。具体到早前那段范例代码来说，它在调用 CallInterface() 方法时所传入的 lambda 其主体部分是 srver.DoWork(172)。CallInterface 中的首行代码正是要获取包含这一部分内容的 MethodCallExpression 对象，从而通过该对象了解用户想要调用的那个方法叫什么名字、有哪些参数以及用户在调用该方法时给这些参数传入了什么样的值。方法名很容易就能查到：可以通过 Expression 的 Method 属性获取这次方法调用请求，并通过 Method 的 Name 属性查出用户想要调用的是哪个方法。在本例中，用户想要调用的是名为 DoWork 的方法。接下来，CallInterface 通过 LINQ 查询表达式来处理用户在调用 DoWork 方法时所传入的参数。

　　处理参数时所用的 processArgument 方法很值得注意，你应该仔细看看它是怎么对每个参数表达式求值的。以早前所说的用法为例，用户在调用 DoWork 方法时，只传入了一个参数，而且这个参数是个值为 172 的常量。在真实的场景中，并非每个参数都是这样简单的常量，因此，必须考虑到其他一些用法。例如，用户可能会把另一个方法的返回值当作参数传给 DoWork，也有可能把某个属性的值或是通过索引器访问到的值传给 DoWork，甚至还可以直接把某个字段的值传过去。如果用户是拿另一个方法的返回值做参数，那么他在调用那个方法时，传入的也有可能不是简单的常量，而是刚才所提到的某一种值。processArgument 在面对这些情况时并不会逐层解析，而是利用 LambdaExpression 类型来对每个参数表达式求值。由于每个参数表达式的取值（其中也包括常量表达式的取值）都可以表示成 LambdaExpression 的返回值，因此，processArgument 只需把参数转成这样的 LambdaExpression，并对其进行编译与求值，即可得到正确的参数值。以常量表达式为例，要想求出 172 这个常量的值，可以先把它转换成等效的 LambdaExpression，也就是 ()=>172，然后对其进行编译，最后，对编译出来的 delegate 进行调用，这样得到的答案正是常量 172 本身。如果 processArgument 要处理的是更为复杂的参数表达式，那么也可以按照同样的逻辑将其转换成相应的 LambdaExpression，只不过转换出来的 LambdaExpression 要比处理常量时的情况复杂一些。

把与参数相对应的 LambdaExpression 构造出来之后，就可以通过其 ReturnType 属性来查询参数的类型。请注意，实现 CallInterface 方法时，并不需要立刻求出 lambda 表达式中的参数值，而是可以等到真正需要执行这条 lambda 时再去求值。CallInterface() 方法有个好处，就是可以把某次调用的返回值当作参数继续进行调用。就是说，可以写出下面这样的代码来：

```
client.CallInterface(srver => srver.DoWork(
    client.CallInterface(srv => srv.GetANumber())));
```

刚才演示的这个例子可以让你在程序运行起来之后，借助表达式树动态地判断用户想要执行什么样的代码。这一点在本书中很难演示出来，因为笔者所举的这个 ClientProxy<T>，是个泛型类，它要求客户端必须把表示服务的接口类型通过泛型参数指定出来，而且其中的 CallInterface 方法也是个强类型的方法。如果用户要在传给该方法的 lambda 表达式中调用某项服务中的某个方法，那么那个方法必须是该服务已经定义好的方法才行⊖。

第一个例子演示的是怎样解析 lambda 表达式，以便将其代码（或者说，将包含代码的表达式）转换成对应的数据元素，从而能够在程序运行的时候用这些元素实现出灵活的算法。接下来要举的第二个例子方向与其相反，它不是要告诉你如何将用户提供的逻辑代码转换成数据元素，而是要演示怎样依照数据元素生成相应的逻辑代码，以便在程序运行的时候加以执行。

在较为庞大的系统中，我们经常遇到这样的需求，也就是根据某种源类型来创建与之对应的目标类型，并生成这种类型的对象。比方说，如果某个大企业有多个系统，而这些系统

⊖　为了观察该例的效果，可以给 CallInterface 方法增设类型为 T 的 service 参数，并把 return 语句的返回值从 default(TResult) 改为 (TResult)op.Compile().DynamicInvoke(service)。——译者注

又是由不同的厂商开发的，那么每种系统很有可能会采用各自的类型来表示某项事物（例如联系人）。当你要把其中一个系统所用的类型转换成另一个系统所用的类型时，可以考虑通过手工编程来实现，但这样做特别枯燥。更好的办法应该是编写一种转换器，让它自动生成相应的代码，以处理那种不需要人工干预就能完成的情况。有了这种转换器之后，可以通过下面这种写法，将 SourceContact 类型的对象自动转换成 DestinationContact。

```
var converter = new Converter<SourceContact,
    DestinationContact>();
DestinationContact dest2 = converter.ConvertFrom(source);
```

在实现这种转换器的时候，可能需要让转换器逐个判断原对象中的每个属性。如果该属性是公有属性，且带有可以调用的 get 访问器，而目标对象中恰好存在同名的公有属性，并且那个属性带有可以调用的 set 访问器，那么可以命令转换器将前者赋给后者。为了实现这样的功能，可以考虑创建相应的表达式对其进行编译，并加以执行。编译出来的代码其执行效果相当于下面这段伪代码：

```
// Not legal C#; for explanation only
TDest ConvertFromImaginary(TSource source)
{
    TDest destination = new TDest();
    foreach (var prop in sharedProperties)
        destination.prop = source.prop;
    return destination;
}
```

创建出来的表达式在执行时运用的逻辑应该与上面这段伪代码相同。笔者现在完整地给出创建这种表达式所需编写的代码。这个方法会把创建出来的表达式编译成 Func 对象。请大家先看代码，然后再研究其中的每一个部分。尽管这段代码看上去很难，但仔细观察还是可以读懂的。

```
private void createConverterIfNeeded()
{
    if (converter == null)
    {
        var source = Expression.Parameter(typeof(TSource),
            "source");
        var dest = Expression.Variable(typeof(TDest), "dest");

        var assignments = from srcProp in
            typeof(TSource).GetProperties(
            BindingFlags.Public | BindingFlags.Instance)
```

```
                    where srcProp.CanRead
                    let destProp = typeof(TDest).GetProperty(
                        srcProp.Name,
                        BindingFlags.Public |
                        BindingFlags.Instance)
                    where (destProp != null) && (destProp.CanWrite)
                    select Expression.Assign(
                        Expression.Property(dest, destProp),
                        Expression.Property(source, srcProp));

            // Put together the body:
            var body = new List<Expression>();
            body.Add(Expression.Assign(dest,
                Expression.New(typeof(TDest))));
            body.AddRange(assignments);
            body.Add(dest);

            var expr =
                Expression.Lambda<Func<TSource, TDest>>(
                    Expression.Block(
                    new[] { dest }, // Expression parameters
                    body.ToArray() // Body
                    ),
                    source  // Lambda expression
                );

            var func = expr.Compile();
            converter = func;
        }
}
```

createConverterIfNeeded() 方法创建的代码应该执行与早前那段伪代码等效的操作。为了创建这样的代码，它首先声明 source 参数，用来表示有待转换的源对象。

```
var source = Expression.Parameter(typeof(TSource), "source");
```

然后，创建名为 dest 的局部变量，用来表示目标对象，也就是转换的结果：

```
var dest = Expression.Variable(typeof(TDest), "dest");
```

该方法的主体部分用来把源对象中的属性值赋给目标对象中的相应属性。此处，我们用 LINQ 查询来实现这套逻辑。

LINQ 查询针对的源序列是由源对象中的某些属性构成的，这些属性都是公有级别的实例属性，而且带有可供调用的 get 访问器（或者说，是可以读取的）。

```
from srcProp in typeof(TSource).GetProperties(
                BindingFlags.Public | BindingFlags.Instance)
            where srcProp.CanRead
```

LINQ 查询中的 let 语句声明了 destProp 这个局部变量，用来表示目标类型的对象中与源对象的上述某个属性同名的公有实例属性。如果目标类型的对象中没有这样的同名属性，那么 destProp 的值会是 null：

```
let destProp = typeof(TDest).GetProperty(
                srcProp.Name,
                BindingFlags.Public | BindingFlags.Instance)
        where (destProp != null) && (destProp.CanWrite)
```

LINQ 查询的投射部分是一系列赋值操作，它们会分别把源对象中的相关属性值赋给目标对象中的同名属性：

```
select Expression.Assign(
        Expression.Property(dest, destProp),
        Expression.Property(source, srcProp));
```

createConverterIfNeeded() 方法的最后一部分用来构建 Expression。在构建的时候，需要通过 Expression.Lambda 方法的第一个参数指出 lambda 表达式的主体部分，而这一部分又要通过 Expression 类的 Block() 方法来构造。Block 方法要求把 lambda 的所有语句都放在一个由表达式构成的数组中，为此，我们先创建 List<Expression> 类型的列表，将那些语句加入其中，这样在稍后调用 Block 时，就很容易将其转换成 Expression 数组。

```
var body = new List<Expression>();
body.Add(Expression.Assign(dest,
    Expression.New(typeof(TDest))));
body.AddRange(assignments);
body.Add(dest);
```

现在，我们用 Block 方法把已经构建出来的这些 Expression 打造成一条 BlockExpression，使其能够返回转换之后的对象，然后，用这个 BlockExpression 做参数来调用 Expression.Lambda 方法，以构建出最终的表达式。

```
var expr =
    Expression.Lambda<Func<TSource, TDest>>(
        Expression.Block(
        new[] { dest }, // Expression parameters
        body.ToArray() // Body
        ),
        source  // Lambda expression
    );
```

把所有的逻辑都写好之后，我们将这条表达式编译成 delegate，以便在适当的时候予以调用：

```
var func = expr.Compile();
converter = func;
```

这个例子比较复杂，其中的代码不是特别好写。在调试过程中，可能会经常发现一些运行期的错误，这些错误与普通程序在编译期会出现的一些错误相仿，需要据此调整相关的代码，直至将 Expression 正确地构建出来。对于比较简单的问题来说，这种办法显然不是最佳的方案，但即便如此，它也比那种通过生成 IL（intermediate language，中间语言）码来运作的老式反射 API 要好。于是，对于何时应该使用 Expression API 这个问题，我们也就有了答案：每当你想使用反射来编程的时候，都应该首先考虑能不能改用 Expression API来做。

Expression API 有两种截然不同的用法。第一种是创建能够接受 Expression 的方法，让用户可以把某套逻辑传给该方法。在接到这套逻辑之后，该方法会将其视为 Expression，并对其进行解析，以产生相应的代码，从而能够在适当的时候执行这套逻辑。第二种用法是编写可以在运行期自动产生代码的方法，这种方法所产生出的代码可以适时地予以执行。这项功能很强大，可以试着用它来解决工作中某些较为困难的问题。

第 47 条：尽量减少公有 API 中的动态对象

动态对象似乎与静态类型系统合不来，因为后者会把它们当成普通的 System.Object 来看待，而不会考虑到它们其实是一种特殊的实例。不过，可以要求这些对象执行 System.Object 没有定义的一些操作，编译器会生成相应的代码，以便试着获取想要访问的成员。

动态对象是很能传染的，凡是碰到了这种东西的地方，全都会变成动态的。比方说，如果某项操作中有一个参数是动态的，那么整个操作的结果就会变成动态的。如果某个方法返回的是动态对象，那么凡是用到这个对象的地方也都会变成动态的。这就好比培养皿中的霉菌一样，繁殖得相当迅速。很快你就会发现，整个代码几乎全都成了动态代码，从而令类型安全无法得到保证。

生物学家要把细菌放在培养皿中培养，以限制其蔓延范围，在对待动态类型时，也应该像这样，将这种对象隔离起来，并让 API 返回静态类型的对象。否则，它们就会影响应用程序中的其他代码，导致那些代码逐渐变成动态的代码。

这并不是说动态编程不好，本章中有一些条目演示的正是它的好处。然而问题在于，动态编程与静态编程之间区别很大，两者的做法、习惯以及策略都不太一样。因此，如果不采取适当措施就贸然将二者混用，那么会导致很多错误，并让程序变得低效。C# 是静态类型的语言，它只是在某些场合支持动态类型。因此，在使用 C# 编程的时候，主要还是应该采用静态类型来书写，并尽量缩减动态特性的影响范围。假如就是要用完全动态的方式来编程，那么应该选用动态类型的语言，而不是 C# 这种以静态类型为主的语言。

如果你确实打算在程序中使用动态特性，那么尽量不要让它出现在类型的公有接口中。也就是说，应该让这些特性只局限在某个对象或某个类型中，而不会传染到程序的其他地方，也不会影响其他开发者用你设计的这种类型所编写的代码。

当与 IronPython 这样的动态环境所创建的对象进行交互时，可能要用到动态类型。在这种情况下，应该把动态语言创建的动态对象包裹在 C# 对象中，这样 C# 程序中的其他代码就可以完全将其视为普通的对象，而不用专门把它当成动态对象来对待。

面对这样的需求，也可以考虑像第 43 条那样，采用 duck typing 形式的对象来实现。然而如果这样用，那么每次运算的结果都会表示成动态的对象。这看上去似乎没什么问题，但你要知道，编译器在背后可是有很多工作要做的。比方说，有这样两行代码：

```
dynamic answer = Add(5, 5);
Console.WriteLine(answer);
```

编译器为了处理动态对象，需要将其转换成下面这样的代码（这段代码只为了演示，并不是真正的 C# 代码）：

```
// Compiler generated; not legal user C# code
object answer = Add(5, 5);
if (<Main>o__SiteContainer0.<>p__Site1 == null)
{
    <Main>o__SiteContainer0.<>p__Site1 =
        CallSite<Action<CallSite, Type, object>>.Create(
        new CSharpInvokeMemberBinder(
        CSharpCallFlags.None, "WriteLine",
        typeof(Program), null, new CSharpArgumentInfo[]
        {
```

```
                new CSharpArgumentInfo(
                CSharpArgumentInfoFlags.IsStaticType |
                CSharpArgumentInfoFlags.UseCompileTimeType,
                null),
                new CSharpArgumentInfo(
                    CSharpArgumentInfoFlags.None,
                null)
            }));
    }
<Main>o__SiteContainer0.<>p__Site1.Target.Invoke(
    <Main>o__SiteContainer0.<>p__Site1,
    typeof(Console), answer);
```

　　使用动态类型是有代价的。编译器必须为此生成相当多的代码，以便在 C# 程序中执行动态调用。还有个更大的问题在于，每次调用 Add() 这样的动态方法时，都得把这些代码重复一遍，这既会增大程序的体积，又会拖慢其性能。

　　可以用泛型方法把第 43 条中的 Add() 方法包裹起来，这样的话，动态类型就会局限在比较小的范围内，而且编译器也不用在那么多地方都生成内容相同的一段代码了：

```
    private static dynamic DynamicAdd(dynamic left,
        dynamic right) =>
        left + right;

// Wrap it:
public static T1 Add<T1, T2>(T1 left, T2 right)
{
    dynamic result = DynamicAdd(left, right);
    return (T1)result;
}
```

　　这次，编译器只会针对泛型的 Add() 方法生成相关的动态调用点。而且，这次生成的调用点比刚才简单许多。刚才那种写法会让每次相加的结果都变成动态类型，而这次这种写法则会将结果表示成被加数（也就是首个参数）所在的类型。也可以再提供一个重载的版本，允许用户明确控制返回值的类型：

```
public static TResult Add<T1, T2, TResult>
    (T1 left, T2 right)
{
    dynamic result = DynamicAdd(left, right);
    return (TResult)result;
}
```

无论通过哪个版本进行计算，其结果都可以按照强类型的方式来使用。

```
int answer = Add(5, 5);
Console.WriteLine(answer);

double answer2 = Add(5.5, 7.3);
Console.WriteLine(answer2);

// Type arguments needed because
// args are not the same type
answer2 = Add<int, double, double>(5, 12.3);
Console.WriteLine(answer2);

string stringLabel = System.Convert.ToString(answer);

string label = Add("Here is ", "a label");
Console.WriteLine(label);

DateTime tomorrow = Add(DateTime.Now, TimeSpan.FromDays(1));
Console.WriteLine(tomorrow);

label = "something" + 3;
Console.WriteLine(label);
label = Add("something", 3);
Console.WriteLine(label);
```

对于刚才那段代码中执行的操作，我们在第 43 条中也做过，但这次的区别在于，相关操作返回的值是静态类型，而不是动态类型。因此，调用方不需要先对这些值做出专门的处理，然后才能用它们来执行其他一些操作，因为调用方拿到的运算结果本身就已经是静态类型的值了。他根本不需要关注你所写的算法是不是通过某些动态特性绕过了静态类型系统的安全检查机制。

本章中举的例子都在展示这样一条原则，即应该尽量缩减动态类型的影响范围。如果某段代码需要使用动态特性，那么本章中的范例会通过 dynamic 型的局部变量来使用这些特性。然后，相关的方法会将这种变量转换成强类型的对象，从而不让动态对象跑到方法的范围之外。如果你也要采用动态对象来实现算法，那么同样应该注意，不要让动态对象跑到你所设计的接口中。

不过，有的时候确实需要把动态对象放在接口中。但即便如此，也不能把所有的代码全都写成动态的，而是只应该把依赖动态对象才能运作的成员设计成动态的。同一个 API 中，固然可以同时出现静态类型与动态类型，但原则上还是应该优先使用前者。只有在确实有必要的时候，才可以考虑后者。

我们大家都会碰到某种形式的 CSV（Comma-Separated Value，以逗号分隔的值）数据，如果要在正式的产品中处理这样的数据，那么可以参考这款较为成熟的程序库：https://github.com/JoshClose/CsvHelper。此处，我们只是用一种简单的方式来处理这种数据，并以此为例来讲解相关的问题。下面这段代码会从两份 CSV 文件中读取数据，并将其中的每一行内容打印到控制台，两份文件的表头是不同的。

```csharp
var data = new CSVDataContainer(
    new System.IO.StringReader(myCSV));
    foreach (var item in data.Rows)
        Console.WriteLine($"{item.Name}, {item.PhoneNumber},
{item.Label}");

data = new CSVDataContainer(
    new System.IO.StringReader(myCSV2));
foreach (var item in data.Rows)
    Console.WriteLine($"{item.Date}, {item.high},
{item.low}");
```

如果 CSVDataContainer 是个通用的 CSV 读取器，那么确实可以把 API 设计成上面这个样子。CSVDataContainer 对象会将 CVS 中的每一行数据都解析成一条记录，并把这些记录合起来保存在 Rows 属性中。由于编译代码的时候 CSVDataContainer 无法得知这份 CSV 所采用的表头，因此，它显然不清楚每一条记录会由多少个字段构成，也不清楚这些字段分别叫什么名字。于是，它只能用动态对象来表示这样的一条记录。但是另一方面，我们不应该以此为理由将 CSVDataContainer 类的其他地方也设计成动态的。换句话说，CSVDataContainer 只需提供能够返回动态对象的 API 即可：

```csharp
public class CSVDataContainer
{
    private class CSVRow : DynamicObject
    {
        private List<(string, string)> values =
            new List<(string, string)>();
        public CSVRow(IEnumerable<string> headers,
            IEnumerable<string> items)
        {
            values.AddRange(headers.Zip(items,
                (header, value) => (header,
                    value)));
        }

        public override bool TryGetMember(
```

```
            GetMemberBinder binder,
            out object result)
        {
            var answer = values.FirstOrDefault(n =>
                n.Item1 == binder.Name);
            result = answer.Item2;
            return result != null;
        }
    }
    private List<string> columnNames = new List<string>();
    private List<CSVRow> data = new List<CSVRow>();

    public CSVDataContainer(System.IO.TextReader stream)
    {
        // Read headers:
        var headers = stream.ReadLine();
        columnNames =
            (from header in headers.Split(',')
                select header.Trim()).ToList();
        var line = stream.ReadLine();
        while (line != null)
        {
            var items = line.Split(',');
            data.Add(new CSVRow(columnNames, items));
            line = stream.ReadLine();
        }
    }
    public dynamic this[int index] => data[index];

    public IEnumerable<dynamic> Rows => data;
}
```

　　上面这个例子确实在 API 中出现了动态类型的对象，但它是在确有必要的情况下才这样做的，就是说，那个 API 必须返回动态类型的对象，否则，就无法灵活支持表头不同的 CSV 文件。如果要设计的接口也像这样，必须为了实现某项功能而返回动态类型的对象，那么要注意，只应该在与这项功能相关的地方使用动态类型，而不要把它散布到接口中的每一个方法中。

　　由于篇幅有限，笔者省略了 CSVDataContainer 的其他功能，例如表示行数的 RowCount、表示列数（或字段数）的 ColumnCount 以及查询某行中某个字段值的 GetAt (row, column) 等。设计这些 API 的时候，不应该把动态类型放在其中，而且在编写某些具体的代码时，甚至根本不需要用到动态特性。如果某项需求完全可以用静态类型去实现，那么应该首先考虑这种方式。只有在确实必要的情况下，才应该考虑让动态类型出现在公有接口中。

　　动态类型是很有用的特性，在 C# 这种静态类型的语言中，依然可以通过这些特性实现出许多功能。然而要注意，C# 毕竟是一门以静态类型为主的语言，因此，绝大部分代码还是应该采用静态类型来写，以便发挥出 C# 在这方面的优势。动态编程只应该用在必要的场合中，而且最好是尽快将动态对象转换成合适的静态类型。如果你所写的程序要依赖另外一套环境所创建出的动态对象，那么应该将这种对象包裹成合适的静态类型，并让这种静态类型出现在公有接口中。

Effective

CHAPTER 6 · 第 6 章

加入全球 C# 社区

有成千上万的开发者都在用 C# 语言编程，他们已经总结出了一套知识体系与习惯用法。跟 C# 有关的讨论帖在技术问答网站 Stack Overflow 上总是排在前十名。C# 语言的设计团队会在 GitHub 网站上与大家探讨设计问题，而且 C# 编译器也在 GitHub 上开源了⊖。既然有这么多人都在给 C# 做贡献，那么你应该跟大家一起为 C# 出力。

第 48 条：最流行的写法不一定最合适

对于采用某种流行语言编写程序的人群来说，有个比较困难的问题，即是如何将语言的新特性逐渐运用到日常工作中。C# 开发团队一直在向语言中添加新的特性，让开发者能够直接运用这些特性来编写从前不容易写对的那种代码。按道理来说，应该会有很多人采用这些特性才对。然而问题在于，有相当多的代码用的还是旧式写法，于是看到这些代码的人也会采用旧式的写法来编程。之所以出现这样的情况，是因为开发者在编写产品时用的是旧版的 C# 语言，那些旧式的写法确实是那个时候的最佳写法。另一方面，新的特性与技术出现之后，搜索引擎以及其他一些网站必须经过一段时间才

⊖　相关的链接参见第 49 条的第 1 段。——译者注

能将这些特性收录进来，并把它们排在前面。基于这些理由，你在网上找到的那些流行写法可能并不是最新或最好的写法。

　　用 C# 编程的人特别多，而且各自都有着不同的知识背景。从好的一方面来说，这种情形让你能够找到大量的信息来学习 C# 的用法，以提升你的编程技术。只要把问题放到搜索引擎中一搜，就能看到成百上千个答案。其中比较优秀的那些回答可能必须经过一段时间，才能出现在靠前的位置。等到这种答案占据榜首之后，如果又出现了更加新颖或更为合适的答案，那么这些答案也必须经过较长的时间，才能把早前的旧答案给换下来。

　　从另一方面来说，正是因为使用 C# 编程的人特别多，所以相关的变化必须经过很长的时间才能反映到网上的搜索结果中。开发新手在搜寻某个问题时，他所看到的流行方案可能针对的是两个或三个版本之前的 C# 语言。这些写法对于 C# 的设计者确实很有帮助，因为他们可以据此把相关的新特性引入到这门语言中。如果某种写法较为流行，那么 C# 的设计团队可能就会考虑是否应该提供与该写法相对应的特性，以简化日常的开发工作。正是由于网上有很多人都在通过某种权宜的技术或某段临时的代码来解决某一类问题，所以才促使 C# 设计者向语言中添加了很多新的特性，让开发者可以不必再编写这些代码。C# 中有许多特性都是由某种较为流行的临时解法而促成的，现在，既然已经有了这样的特性，我们就应该尽量采用并加以宣扬，让其他开发者都知道该特性。

　　《Effective C#》（第 3 版）的第 8 条就是这样一个例子，它建议我们应该通过 ?. 运算符来调用 delegate 或触发事件，以确保程序不会在 delegate 为 null 或某事件没有监听器的情况下出现错误，而且还能确保程序可以正确运行在多线程的环境中。但如果在网上查询这个问题，那么很多网站给出的流行解法还是手工初始化一个局部变量，然后判断该变量是否为 null，并在不为 null 的情况下调用 delegate 或触发事件。这种旧式写法之所以到现在还特别流行，是因为它们在 C# 开发者中已经用了很长时间。

　　又例如，现在仍然有很多范例代码以及正式软件的实现代码使用老式的写法向控制台输出文本，就是说，它们依然是先在字符串中留下几个位置，然后再把应该出现在这些位置上的内容按顺序指定出来。其实，现在应该改用内插字符串来写才对（参见《Effective C#》（第 3 版）第 4 条及第 5 条）。

　　开发者应该有专业精神，应该把当前最好的方案推广给大家。首先，你在上网找答案的时候不要只盯着最流行的那种写法，而是应该多看几个答案，试着把最贴近 C# 语言当前特性的答案给找出来。为此，必须多研究几种方案，看看其中哪一种更适合自己的工作环境以及自己必须支持的平台与版本。

　　其次，如果你找到了答案，那么应该鼓励大家多用这种写法，这样才能让它逐渐出现在搜索结果的前面，并取代旧式写法成为当前流行的写法。

　　第三，如果你发现某个网页给出的流行写法已经过时了，那么应该在这个页面中提供新的信息，用以指出当前有了更好的写法。

最后，对于你自己的代码项目来说，在每次更新的时候，都应该试着把代码改得更好一些。比方说，可以考虑一下能不能利用 C# 语言的某些新技术来重构自己所要添加的这些代码，如果可以，那就适当地改用新的写法来实现。你不用一次就把整个项目都更新完，可以每次更新一小部分，这样逐渐积累起来，就能让整个项目迁移到新技术上。

要是能做到上述几点，那么你可以有效地帮助其他 C# 开发者找到最为贴切的答案，让他们能够运用 C# 语言中的新技术更好地解决当前经常遇到的一些问题。

由于 C# 开发者是个庞大的群体，因此，新颖的技术与优秀的方案可能需要一定的时间才能为大家所接受。其中某些特性或许很快就会成为主流，但还有许多特性恐怕得过好几年的时间才能把旧的写法给替换掉。

第 49 条：与大家一起制定规范并编写代码

C# 语言不仅把编译器开源了，而且将其设计过程也开放给大家讨论。于是，你可以找到许多资源，以帮助自己学习并提升 C# 技能。要想及时掌握 C# 语言的新特性，最好的办法就是查看这些资源，并与大家一起推动 C# 语言向前发展，尤其是要经常关注 https://github.com/dotnet/roslyn 及 https://github.com/dotnet/csharplang 这两个项目。

C# 语言的大部分变化都是通过这样的协作而促成的。此外，它还指出了一条路径，提醒你可以通过这种方式与其他开发者交流。参与 C# 社区的方式其实有很多。

比方说，由于 C# 是开源的，因此你可以自己来构建编译器，并运用这种编译器进行开发。你可以把自己所做的修改提交给 C# 团队，还可以提出新的特性与改进方案。如果你觉得自己有个很好的想法，那么可以对原项目做 fork，并在 fork 出来的分支项目上通过 prototype（原型）演示这种想法，然后向原项目提交 pull request，请求他们把这项特性集成进去。

你可能觉得这种参与方式需要耗费太多精力，不过没关系，还可以考虑用其他方式来参与。比方说，如果你发现了某个问题，那么可以提交到 GitHub 网站的 Roslyn 库。这个代码库中处于 open 状态的那些 issue 通常表示 C# 团队正在处理或已经安排处理的事务，例如有人可能发现了 bug、可能提出了跟语言规范有关的问题、可能请求 C# 团队为语言引入某项新的特性等。还有一些 issue 反映的问题，C# 团队可能已经开始着手进行更新了。

另外，你可以在 CSharpLang 库中查看相关的规范以及新的特性。如果想知道 C# 语言可能会引入哪些特性，那么就应该查看这里所收录的提议。你也可以参与到这个设计过程中，并推动 C# 语言向前发展。这个项目中的所有规范都可以接受评论，并进行讨论。你可以看看其他开发者是怎么想的，并跟他们一起探讨。如果 C# 是你喜欢的编程语言，那么应该对它的发现方向感兴趣，对吧？某份规范在可以开始接受评审的时候，会出现在这个项目中。至于多久才会出现新的规范，则要依照发行日程来定。大多数规范都是在计划发布新版本的阶段就已经贴出来了，有少量规范会等到即将发布新版本的时候才公布出来。如果你从新版本刚刚计划发布的时候就开始关注，那么每周只需要看一到两篇这样的帖子就可以完全了解新版本的进展情况。与这些规范有关的参考文档放在 CSharpLang 项目的 proposals 文件夹中。每一份提议都有相应的 champion issue（主讨论帖），你可以通过这个 issue 来关注该提议的进展情况。如果这项提议还没有最终敲定，那么可以在对应的 champion issue 中发表自己的意见。

除了规范文档，语言设计团队把会议记录也发布到 CSharpLang 代码库中。这些记录可以让你更透彻地了解他们为什么要在 C# 中添加某项特性，而且也能让你体会到，向这种已经很成熟的语言中添加新特性要受到很多限制。语言设计团队会把引入新特性所带来的好处及坏处都提出来，而且会告诉你他们是如何在两者之间权衡的，此外，还会给出新特性的发布日程以及由此产生的影响。通过这些信息，你可以了解到每项新特性应该分别用在什么样的情境中。这些信息也能够被用户评论及讨论，因此，你可以表达自己的意见，并关注这些新特性的进展情况。语言设计团队大概每月开一次会，相关的记录很快就会发布出来，这些记录不是特别长，你应该花些时间看一看才好。它们位于 CSharpLang 项目的 meetings 文件夹中。

C# 语言规范文档也以 markdown 的形式发布了出来，这些文档同样位于 CSharpLang 代码库中⊖。如果你发现其中有错，可以发表评论、提出 issue 或发起 pull request（PR）。

你要是特别喜欢钻研，可以把 Roslyn 代码库复制一份，然后观察其中针对编译器所写的单元测试，以便更加深入地了解某些规则。C# 语言的特性正是通过这些规则体现出来的。

C# 的实现工作早前是以闭源方式进行的，只有一小部分用户能够提早使用即将发布的新版并参与讨论。开源后，所有的用户都可以参与进来，这确实是一项较大的变化。如果你对这门语言很感兴趣，那么应该与其他用户一起推动 C# 向前发展。为此，你需要密切关注接下来的版本所要引入的新特性，并积极地参与讨论。

第 50 条：考虑用分析器自动检查代码质量

《Effective C#》（第 3 版）与本书都是在告诉你怎样才能写出更好的代码。其中有许多建议能够通过分析器（analyzer）与代码修补（code fix）加以自动化。你可以用 Roslyn API 来构建它们，这套 API 能够在语义层面上分析代码，并根据你所指定的相关规则自动修改那些代码。

不过，你未必要自己编写分析器，而是可以使用许多开源项目中已经写好的分析器与代码修补程序。那些分析器会依照各自的原则来检查并修改代码。

⊖　位于 spec 文件夹下。——译者注

其中有个很流行的项目是由 Roslyn 编译器团队维护的（参见 https://github.com/dotnet/roslyn-analyzers）。这个 Roslyn Analyzers 项目原本用于验证 static analysis API（静态分析 API），后来成长为一套自动验证工具，可以根据 Roslyn 使用的编程风格对代码进行多项检查。

另外一个比较流行的项目叫作 Code Cracker（参见 https://github.com/code-cracker/code-cracker），它是由 .NET 社区的一些成员创立的。这款分析器可以根据用户推荐的风格来检查代码的质量。它有 C# 与 VB.NET 两个版本可供选用。

除了上面两个项目之外，还有一群用户也在创建他们自己的分析器。这是个名为 .NET Analyzers 的 GitHub 组织（参见 https://github.com/DotNetAnalyzers），其中包括许多项目，每个项目都对应于一款分析器，这些分析器采用的规则各不相同。你可以根据自己所要验证的应用程序或软件库的类型来选用合适的产品。

安装这些分析器之前，你应该首先了解一下它们在进行验证时依据的是什么样的规则以及这些规则的严格程度。有些分析器在发现某种写法不符合规则时，只会给出一般的提示信息，还有一些则会给出警告，甚至报错。此外，不同的分析器对于同一种写法可能有着不同的观点，这些观点或许是相互冲突的。比方说，其中一款分析器会认为某一种写法是违规的，如果按照它的规则修改了这种写法，那么有可能导致另一款分析器报错（例如，某些分析器认为开发者应该采用 var 来声明变量，而另一些分析器则认为开发者应该明确指出变量的类型）。很多分析器都提供了相关的选项，用来启用或禁用某条规则，你可以根据自己的情况来配置这些选项。在这个过程中，你还能够更加详细地了解每一款分析器使用的规则以及它推荐的编程风格。

如果这些开源的项目都没有实现出你想要的规则，那么可以考虑自己构建分析器。既然 Roslyn Analyzers 代码库中已经有一套现成的代码了，那么可以把这套代码当成模板来用。构建分析器是一项较为复杂的工作，你必须深入了解与 C# 的语法分析及语义分析有关的一些知识。不过，这项工作还是很有意义的，因为即便只构建一款相当简单的分析器，你也依然能够在这个过程中透彻地体会到 C# 语言的许多设计理念。如果你想尝试此过程，那么可以研究笔者创建的代码库：https://github.com/BillWagner/NonVirtualEventAnalyzer。其中有很多地方解释了创建分析器时所要使用的一些技术。你可以通过该项目了解如何构建一款分析器，以便将代码中的 virtual 事件找出来并加以替换（virtual 事件的缺点参见第 21 条）。这个项目除了 master 之外，还有一些以数字开头的分支，你可以通过这些分支看看该项目是怎样逐步实现分析及修复代码的功能的。

可以通过 Roslyn API 编写分析器与代码修复程序，以便根据自己所制订的规则，自动检查代码的质量并加以修改。C# 团队与其他开发者其实已经创建出了许多分析器，它们可以从各个方面来验证代码。如果这些项目还是不能满足你的要求，那么可以考虑自己来构建分析器，这么做虽然比较复杂，但能够帮助你更加透彻地理解 C# 语言的原理。

中英文词汇对照表

英　　文	本书采用的中文译法	其他中文译法
abstract property	抽象属性	
accessor	访问器	存取器；存取子；索引器
access modifier	访问修饰符	
array	数组	
Assembly（.NET 语境下的）	程序集	
attribute	特性	
auto property / auto-implemented property	自动属性 / 自动实现的属性	
backing store / backing field	后援字段	后备存储 / 支持字段
data binding	数据绑定	
delegate	（保留英文原样）	委托；委派
expression-bodied	（保留英文原样）	以表达式为主体的；以表达式的形式而出现的
indexer	索引器	索引子
local function	局部函数	本地函数
member	成员	
override	重写	覆写；覆盖
property	属性	
tuple	元组	
window	窗口	窗体；视窗

推 荐 阅 读

Effective系列

推荐阅读

增强现实：技术、应用和人体因素

作者：Steve Aukstakalnis ISBN：978-7-111-58168-0 定价：79.00元

美国国家科学基金会AR/VR技术资深专家亲笔撰写，美国国家航空航天局喷气推进实验室高级技术主管Victor Luo作序推荐，Amazon全五星评价

从介绍视觉、听觉和触觉的机制开始，深入浅出地讲解各种实现技术，以及AR/VR技术在游戏、建筑、医疗、航空航天和教育等领域的应用，是学习AR/VR的必读之作

我们已经使用过本书里讨论到的很多技术，并为即将到来的更多新技术感到兴奋……

让本书成为帮助大家理解和拓宽增强现实与虚拟现实领域的指南，因为AR技术已经如同电视机和互联网一样无处不在……

—— 维克多·罗　美国国家航空航天局喷气推进实验室软件系统工程学高级技术主管